Bau und Instandhaltung

der

Oberleitungen elektrischer Bahnen.

Von

Ingenieur P. Poschenrieder,

Oberingenieur der Österreichischen Siemens-Schuckert-Werke.

Mit 226 Text-Abbildungen und 6 Tafeln.

München und Berlin.

Druck und Verlag von R. Oldenbourg.

1904.

Vorwort.

Das vorliegende Werk befaſst sich hauptsächlich mit dem Bau und der Instandhaltung der Oberleitungen elektrischer Bahnen, doch wurden dabei auch die mit dem Bau der Oberleitungen in engem Zusammenhang stehenden Arbeiten für die Herstellung der elektrischen Schienenrückleitungen, die Anordnungen der Schutzvorrichtungen gegen atmosphärische Entladungen, die Vorkehrungen zur Verhinderung des Überganges der Starkströme in die Schwachstromleitungen und der Einfluſs derselben auf die Schwachströme ausführlich behandelt. Die einschlägige Literatur wurde tunlichst berücksichtigt, die Quellen angegeben. Weiters sind in dem Buche die Erfahrungen einer vieljährigen Praxis niedergelegt, so daſs dasselbe vorzugsweise für jene Ingenieure, die elektrische Bahnen zu projektieren und zu bauen haben oder deren Betrieb leiten, von Nutzen sein dürfte.

Wien, Oktober 1904.

P. Poschenrieder.

Inhaltsverzeichnis.

IV. Abschnitt.

V. Abschnitt.

VI. Abschnitt.

VII. Abschnitt.

VIII. Abschnitt.

IX. Abschnitt.

Anhang.

I. Abschnitt.

Geschichtliche Notizen.

Bei der ersten von Werner Siemens gebauten elektrischen Bahn
auf der Gewerbeausstellung zu Berlin (eröffnet am 31. Mai 1879) finden
wir noch keine Oberleitung, sondern eine Stromzuführung durch
eine besondere, zwischen den Fahrschienen angeordnete Schiene aus
Flacheisen. Die Rückleitung des Stromes erfolgte bereits durch die
Fahrschienen selbst. Bei der am 16. Mai 1881 dem öffentlichen Verkehr übergebenen elektrischen Bahn in Lichterfelde bei Berlin diente
die eine Fahrschiene als Stromzuleitung, die andere als Stromrück-
leitung. Ganz ähnliche Anordnungen finden wir bei den als Modell
bzw. für Versuchszwecke gebauten elektrischen Bahnen von Egger in
Wien (1880)[1], Schiebeck & Plentz in Berlin (1880)[2], T. A. Edison
(1880) zu Menlo-Park[3], T. A. Edison & Stephen D. Field 1883
auf der Weltausstellung zu Chicago usw.

Die erste elektrische Bahn mit Oberleitung aus geschlitzten
Röhren baute Werner Siemens für die Weltausstellung zu Paris
1881. Im Jahre 1882 wurde von Siemens & Halske die elektrische Bahn von Charlottenburg nach dem Spandauer Bock gebaut,
bei welcher Bahn zwei Oberleitungsdrähte und ein Kontakt-
wagen in Verwendung kamen.

Oberleitungen aus geschlitzten Eisenröhren, welche an Masten
mit besonderen Auslegern befestigt wurden und von besonderen Spann-
seilen getragen werden, weisen auch die von Siemens & Halske erbauten elektrischen Bahnen Mödling—Vorderbrühl (Eröffnung Oktober
1883) und Frankfurt a/M.—Offenbach (Eröffnung April 1884) auf.

---

[1] C. f. E. 1880. S. 319.
[2] C. f. E. 1880. S. 358.
[3] Str. R. J. 1894. S. 70. (Souvenir Number.)

In Nordamerika baute Ende 1884 H e n r y in Kansas City eine
Versuchsbahn mit Oberleitung aus zwei Fahrdrähten (hartgezogener
Kupferdraht Nr. 1 B. & S.). Im Jahre 1885 baute V a n D e p o e l e eine
Oberleitung mit an Masten aufgehängtem Fahrdraht aus Kupfer für
1000 Volt Spannung. Hier kam zum erstenmal ein Stromabnehmer
in Anwendung, dessen R o l l e v o n u n t e n gegen den Fahrdraht ge-
drückt wurde. Um das Jahr 1885 erfolgten auch die Versuche von
L e o D a f t , S y d n e y. H. S h o r t in Denver u. a.

Im Jahre 1887 fand die erste Anwendung des G l e i t b ü g e l s
auf der elektrischen Bahn Anhalter Bahnhof—Kadettenschule in Grofs-
Lichterfelde durch S i e m e n s & H a l s k e statt.

Im April des Jahres 1888 erfolgte die Eröffnung der von F r a n k
J. S p r a q u e gebauten elektrischen Bahn in Richmond, und nun be-
gann der grofse Aufschwung der nordamerikanischen elektrischen
Strafsenbahnen. Diesen grofsen Aufschwung der elektrischen Bahnen
in Nordamerika und auch in Europa hat man in erster Linie der einfachen, zweckentsprechenden und billigen Durchbildung aller Kon-
struktionsteile der Oberleitung zu verdanken. Nachstehende Zahlen
geben darüber Aufschlufs:

Nordamerika[1])

Jahr	Geleislänge	Wagenzahl
1888	210 km	265
1889	1 032 »	965
1890 (1. I.)	1 142 »	1 230
1891 (VII.)	4 600 »	4 513
1892	6 534 »	8 892
1897	23 000 »	40 000

Europa[1])

Jahr	Geleislänge	Wagenzahl
1890	71 km	140
1894	305 »	538
1897	1 459 »	3 100

Oberleitungspläne.

Bevor an den Bau der Oberleitung für eine elektrische Bahn
geschritten werden kann, müssen durchaus richtige Oberleitungspläne
vorhanden sein. In diese Pläne mufs vor allem die genaue Lage des
Geleises eingezeichnet werden; ferner müssen diese Pläne die Grund-
risse aller vom projektierten Geleise durchzogenen Strafsen mit den

---

[1]) Nach Müller & Mattersdorf: »Die Bahnmotoren für Gleichstrom«
1903. S. 5.

einmündenden Querstraßen, die Ränder der beiderseits des Geleises liegenden Bürgersteige und die Umrisse der Häuser und sonstiger Bauobjekte enthalten. Bauobjekte, welche zur Aufnahme von Wandhaken oder Wandplatten geeignet sind, sollen besonders vermerkt werden. Sehr zweckmäßig ist die Einzeichnung der auf den Straßen oder auf den Bürgersteigen vorhandenen Bäume, Gaslaternen, Hydranten, Kanalschächte usw., ferner die Einzeichnung der unter dem Straßendamm oder dem Pflaster des Bürgersteiges liegenden Leitungen der Elektrizitätswerke, der Gas- und Wasserwerke, sowie der Post- und Telegraphenanstalten. Vorteilhaft ist es ferner, auch die das Geleise kreuzenden, oberirdisch verlegten Telephon- und Telegraphenleitungen sowie sonstige elektrische Leitungen in die Pläne einzutragen.

Das Nichteintragen von unterirdisch verlegten Leitungen rächt sich meist beim Aufstellen der Maste und bringt besonders in den Kurvenstrecken oft sehr unangenehme Änderungen mit sich.

Für die Streckenpläne ist ein Maßstab 1 : 500 oder 1 : 1000 bzw. der Katastermaßstab 1 : 720 oder 1 : 1440 sehr geeignet. Besonders verwickelte Kurvenverspannungen, Abzweigungen und Kreuzungen werden besser in einem größeren Maßstabe 1 : 250 bzw. 1 : 360 hergestellt.

Längen- und Querprofile einer Bahnstrecke brauchen beim Bau der Oberleitungen für gewöhnliche Straßenbahnen im allgemeinen nicht berücksichtigt zu werden; in manchen Fällen sind dieselben jedoch notwendig und zwar die Längenprofile hauptsächlich bei Bahnen mit starken Steigungen (Bergbahnen), um die Beanspruchung der Maste, der Fahrdrähte usw. berechnen zu können; die Querprofile der Bahndämme, Unterfahrungen, Einschnitte usw. bei Bahnen mit eigenem Bahnkörper, um die Länge der Maste, die Konstruktion besonderer Stützpunkte u. dgl. bestimmen zu können.

In die Pläne pflegt man die Fahrdrähte rot, die Trag- und Spanndrähte blau einzuzeichnen. Sorgfältig durchgearbeitete Pläne müssen außer den Stützpunkten auch die Stellen der Streckenausschalter, Speisepunkte, Blitzableiter usw. enthalten. Als Stützpunkte wären Wandplatten, Holzmaste, Rohrmaste, Gittermaste deutlich erkennbar zu machen; die Stärke der Maste wird am einfachsten durch beigesetzte Nummer bezeichnet.

Bestimmung der Stützpunkte.

Die Bestimmung der Stützpunkte hat mit der größten Sorgfalt und durch wiederholtes Studium von Varianten zu erfolgen. Dies gilt für das Entwerfen von Projektplänen, noch mehr jedoch bei der Ausführung einer elektrischen Oberleitung.

Ganz selbstredend kann eine sachgemäße Austeilung der Stützpunkte erst dann erfolgen, wenn die Straßenzüge, Gehwege festgestellt

sind und das Geleise endgültig verlegt oder wenigstens genau aus-
gesteckt ist.

Die plangemäße Austeilung der Stützpunkte wird auf der Strecke
zunächst mittels Schrittmaßs vorgenommen; es tritt dann meistens die
Notwendigkeit einer Änderung ein, indem manche Objekte, wie z. B.
zu niedere Häuser, für das Anbringen von Wandplatten umgangen
werden müssen. Man gewinnt alsbald Fixpunkte wie Straßenkreuzungen, Kurvenanfang, Kurvenende, von welchen aus dann die Lage
der Stützpunkte genau bestimmt werden kann.

Hat man die grobe Austeilung der Stützpunkte mittels Schrittmaßs vorgenommen, dann erfolgt eine genauere Bestimmung derselben
mittels Meßband oder Meßkette. Am geeignetsten hiefür sind stählerne
Meßbänder von 20 m Länge.

Die Austeilung der Stützpunkte soll nur durch technisch genügend
vorgebildete Organe vorgenommen werden. Nichts rächt sich bei einer
Oberleitungsmontage mehr als eine schlechte Austeilung der Stützpunkte.

Als Instrumente bzw. Werkzeuge für das Austeilen der Stützpunkte verwendet man: Winkelspiegel, Meßband, Visierlatten und in
verbauten Straßen auch noch eine 7 m lange, in Dezimeter geteilte
Bambusstange, um die Höhen der Häuser — soweit sie für die Anbringung von Wandhaken oder Wandplatten in Betracht kommen —
abmessen zu können. Die ausgemittelten Stützpunkte werden durch
Pflöcke oder Farbstriche festgelegt.

Die Bestimmung der Stützpunkthöhen muß ebenfalls mit
großer Sorgfalt vorgenommen werden, hauptsächlich in Kurven ist
eine ziemlich genaue Festlegung der Stützpunkthöhen notwendig;
besonders jedoch dann, wenn Wandplatten oder Wandhaken in Frage
kommen. Bei Masten kann man durch die Anwendung von Schellen
die Höhen der Stützpunkte innerhalb gewisser Grenzen ändern; bei
Wandplatten und Wandhaken jedoch bringt jede Änderung des Stützpunktes nicht nur vermehrte Kosten, sondern gewöhnlich auch un-
liebsame Auseinandersetzungen mit den Hauseigentümern mit sich.

Die Höhenunterschiede der Straßenoberfläche werden in einfachster Weise mittels Meßlatten und Wasserwage bestimmt. Die
Anwendung von Schlauchwagen empfiehlt sich nicht.

Die Neigung der sog. Querdrähte, also derjenigen Drähte, welche
den Fahrdraht nur zu tragen und nicht zu verspannen oder zu verankern haben, kann beliebig groß gewählt werden. Man gibt den
Querdrähten eine Neigung $1:n$, und zwar

$1:12$ bis $1:15$ bei Verwendung von Wandplatten oder Wand-
                      haken als Stützpunkte,

$1:10$ bis $1:12$ bei Anwendung von eisernen Masten,

$1:8$ bis $1:9$ bei Anwendung von Holzmasten.

Bedeutet in Fig. 1

h die Höhe des Aufhängepunktes des Fahrdrahtes,
L die wagrechte Entfernung der Geleisemitte vom Stützpunkt,
H die Höhe des Stützpunktes über dem Bürgersteig,
δ den Höhenunterschied zwischen Schienenoberkante und dem
Bürgersteigpflaster,

dann ist

$$H = h + \frac{L}{n} \pm \delta \quad \ldots \quad 1)$$

In vielen Fällen kann man
δ als sehr klein im Verhältnis
zu L, H und h vernachlässigen.
Man hat dann einfach

$$H = h + \frac{L}{n}. \quad \ldots \quad 2)$$

Bei den Spann- und Ver-
ankerungsdrähten ist die Neigung

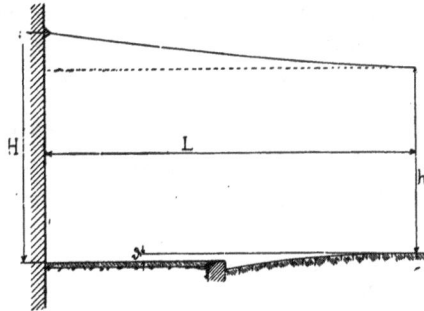

Fig. 1.

des Drahtes durch die im Angriffspunkt O (Fig. 2) wirkenden Kräfte — dem Gewicht G des zu tragenden Fahrdrahtstückes samt der Aufhängekonstruktion und dem annähernd wagrecht wirkenden Zug Z infolge der Verspannung — vollkommen genau bestimmt. Es kann daher die Neigung der Spann- und Verankerungsdrähte nicht mehr beliebig gewählt werden.

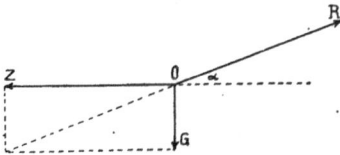

Fig. 2.

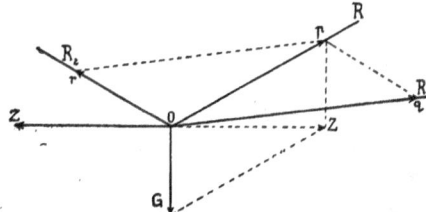

Fig. 3.

Das Gewicht G kann in einfachster Weise ermittelt werden. Die Bestimmung des Zuges Z wird in der Folge des näheren erläutert werden. Sind G und Z bekannt, so kann die Höhe der Stützpunkte für die Spanndrähte und Verankerungsdrähte wie folgt bestimmt werden:

a) Für den einfachen Spanndraht:

Das Gewicht G und die Zugkraft Z, welche im Haltepunkte O wirken, bestimmen die Neigung $\frac{1}{n} = tg\,\alpha = \frac{G}{Z}$ des Spanndrahtes.

Wir erhalten:

$$H = h + \frac{L}{\frac{Z}{G}} \pm \delta \quad \ldots \quad 3)$$

b) Für einen Spanndraht, welcher zugleich als Querdraht dient:

Die aus den beiden Kräften Z und G Resultierende $R = o\,p$ zerlegt sich nach den beiden Richtungen des Querdrahtes in die Züge R_1 und R_2. (Fig. 3).

Die Neigung von $R = o\,p$ ist $\dfrac{G}{Z}$; die von R_1 wird etwas kleiner. Die Neigung für R_2 kann beliebig angenommen werden, doch ist sie bestimmend für R_1 oder umgekehrt R_2 für R_1.

Beispiel: Es sei $G = 12$ kg ($=$ Gewicht der Aufhängungen samt den entsprechenden Fahrdrahtstücken); $Z = 360$ kg, also $\dfrac{G}{Z} = \dfrac{12}{360} = \dfrac{1}{30}$. Ist nun die Höhe des Aufhängepunktes über der Schienenoberkante $h = 5{,}8$ m und die Entfernung $L = 50$ m, dann wird $H = 5{,}8 + \dfrac{50}{\frac{360}{12}} \pm \delta$. Ist $\delta = 0{,}14$ m, dann wird $H = 5{,}8 + 1{,}66 + 0{,}14 = \mathbf{7{,}6}$ m (für den einfachen Fahrdraht).

Bei sehr großen Spannweiten, besonders bei Verwendung von schwereren Drahtseilen, muß man jedoch auch noch den Einfluß des Eigengewichtes des Seiles selbst berücksichtigen. Ein gespanntes Seil nimmt die Form einer gemeinen Kettenlinie an (Fig. 4); der Stützpunkt ist daher um ein Stück y höher zu rücken, welches Stück aus der Gleichung der gemeinen Kettenlinie bestimmt werden kann.

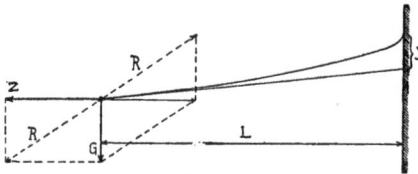

Fig. 4.

Da nun diese Kettenlinie eine sehr flache Kurve ergibt, so kann man statt der gemeinen Kettenliniengleichung die Gleichung einer parabolischen Kettenlinie setzen, und unter der weiteren Annahme, daß gleichen Horizontalprojektionen längs der ganzen Kettenlinie auch gleiche Belastungen entsprechen, gelangt man zu der Gleichung $y = \dfrac{q\,L}{2\,R}$, wobei q das Gewicht der Längeneinheit eines Seiles oder eines Drahtes, $R \sim\, = Z$ den Kurvenzug und L die Entfernung des Kurvenpunktes vom Mast oder der Wand bedeutet.

Im vorhergehenden Beispiel war $L = 50$ m, $Z = 360$ kg. Nimmt man zur Abspannung einen Stahldraht von 6 mm ϕ, entsprechend einem Gewichte von 0,22 kg für 1 m, so erhalten wir $y = \dfrac{q}{2\,R} \cdot L = \dfrac{0{,}22}{2 \times 360} \cdot 50 = \dfrac{5{,}5}{360}$ $= 0{,}015$ m $= 15$ mm, welcher Wert also noch vernachlässigt werden kann. Ist jedoch $L = 300$ m, $Z = 1000$ kg und nimmt man dann zur Abspannung ein Gußstahldrahtseil von 15 mm ϕ, dann erhalten wir $y = \dfrac{0{,}7 \cdot 300}{2 \times 1000}$ $= 0{,}105$ m $= 105$ mm, welcher Wert schon berücksichtigt werden soll.

Beispiel: Es soll die Höhe H einer Wandplatte an einem Hause ermittelt werden, und zwar bei einer in nebenstehender Figur 5 ersichtlichen Verspannung. Die Züge Z_1, Z_2 und Z_3 seien zu 220, 280 und 460 kg gefunden worden, die Teilung der Kurve sei $ab = 10$ m.

Wir erhalten (vgl. Abschnitt V) den in einem Spanndraht auftretenden Zug Z als das Produkt aus dem halben schwebenden Gewichte G und der halben Spannweite w, geteilt durch den Durchhang a

$$Z = \left(\frac{G}{2} \cdot \frac{w}{2}\right) : a$$

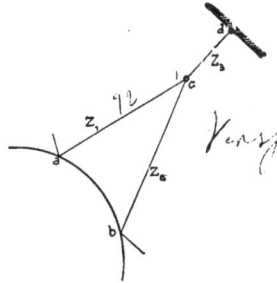

den Durchang a also $= \dfrac{G \cdot w}{4\,Z}$.

Es ist das Gewicht G des Fahrdrahtes für Doppelgleis etwa 12 kg, demnach der Durchhang:

Fig. 5.

a) für den Spanndraht ac bei 22 m Länge $\dfrac{6 \cdot 22}{220} = 0{,}60$ m,

b) » » » bc » 25 m » $\dfrac{6 \cdot 25}{280} = 0{,}53$ m,

im Mittel . . . . 0,57 m,

c) für das Spanndrahtstück cd bei 12 m Länge . . 0,31 m.

Im ganzen beträgt der Durchhang demnach . . 0,88 m.

Nimmt man nun die Höhe der Aufhängepunkte des Fahrdrahtes zu 5,8 m an, dann erhält man die Höhe H der Wandplatte zu $5{,}8 + 0{,}88 = 6{,}68$ m.

Anordnung des Fahrdrahtes in den Kurven.

In den Kurven kann der Fahrdraht nicht der Mittellinie des Geleises folgen, sondern muſs in Form eines Polygons ausgespannt werden, welches je nach der Gröſse des Zentriwinkels und des Radius sowie auch je nach der Konstruktion des Stromabnehmers mehr oder weniger Ecken erhalten wird.

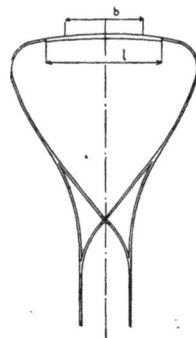

Wir unterscheiden hauptsächlich zwei Arten von Stromabnehmern: den Kontaktbügel und die Kontaktrolle. Der Bügel erlaubt im allgemeinen — bei genügender Breite — ein stärkeres Abweichen von der Geleisemitte als die Rolle, man kann demnach beim Bügel mit einem Polygon von wenigen Ecken das Auslangen finden. Bezeichnet man (Fig. 6) mit b die in Kontakt mit dem Fahrdraht kommende Schleiflänge des Bügels, mit R den Radius der

Fig. 6.

Kurve (Mittellinie des Geleises), dann ist das Polygon durch zwei Kreise mit den Radien $R + \dfrac{b}{2}$ und $R - \dfrac{b}{2}$ genau bestimmt.

Die Polygonseite s (Fig. 7) ergibt sich aus:

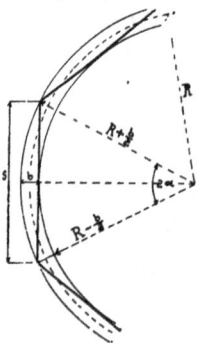

$$\left(\frac{s}{2}\right)^2 = \left(R + \frac{b}{2}\right)^2 - \left(R - \frac{b}{2}\right)^2$$

$$\left(\frac{s}{2}\right)^2 = 2\,R\,b$$

$$s = 2\,\sqrt{2\,R\,b} \quad \text{oder}$$

$$s = 2{,}8\,\sqrt{R \cdot b} \quad \ldots \ldots \ldots \quad 5)$$

für $b = 600$ mm $= 0{,}6$ m wird

$$s = 2{,}2\,\sqrt{R}, \text{ wenn } R \text{ in m gegeben ist } 6a)$$

und für $b = 900$ mm $= 0{,}9$ m

Fig. 7.

$$s = 2{,}7\,\sqrt{R}. \quad \ldots \ldots \ldots \quad 6\,b)$$

Die Formel $s = 2{,}8\,\sqrt{R \cdot b}$ gibt jedoch nur für Radien > 50 m praktisch brauchbare Werte; bei kleineren Radien (Fig. 8) wird der Winkel $\beta = 180 - \alpha$ zu klein. Da der Bügel bei kleineren Radien oftmals die Anwendung eines sog. Zusatzdrahtes erfordert, um das Anschlagen des Bügels an Quer- und Spanndrähte zu verhindern und die Zusatzdrähte um so haltbarer angebracht werden können, je stumpfer der Winkel β ist, so nimmt man bei Radien $\lessgtr 50$ m die Polygonseite $s < 2{,}8\,\sqrt{R\,b}$ und zwar um so kleiner, je kleiner der Kurvenradius ist.

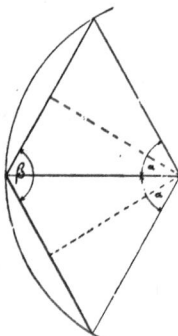

Man kann etwa nehmen:

$$s = 2{,}8\,\sqrt{R \cdot b - \frac{200}{R}} \quad \ldots \ldots \quad 7)$$

Diese Formel ergibt, wenn $b = 0{,}9$ m:

$R =$	100	75	50	40	30	20
$s =$	26,3	22,5	18,0	15,6	12,6	8,0

Hingegen würde die Formel $s = 2{,}8\,\sqrt{R \cdot b}$ ergeben:

$R =$	100	75	50	40	30	20
$s =$	26,5	23,0	18,8	16,8	14,6	11,9

Fig. 8.

Bedeutet φ den Zentriwinkel der Kurve und n die Anzahl der Polygonseiten, dann hat man auch:

$$\frac{s}{2} = R \sin \frac{\varphi}{2\,n} \qquad \frac{\alpha}{2} = \frac{\varphi}{2\,n}.$$

Da $\dfrac{\varphi}{2\,n}$ stets ein kleiner Winkel ist, so kann man den Bogen für den Sinus setzen und erhält:

$$\frac{s}{2} = \frac{R \cdot \varphi}{2\,n} \quad \text{oder}$$

$$n = \frac{R}{s} \cdot \varphi. \quad \ldots \ldots \ldots \quad 8)$$

Mißt man φ in Graden, dann wird

$$n = \frac{R}{s} \cdot \frac{2\,\pi\,\varphi^0}{360} \text{ und da } s = 2\sqrt{2\,R\,b}$$

$$n = \frac{R}{2\sqrt{2\,R\cdot b}} \cdot \frac{2\,\pi\,\varphi^0}{360} = \frac{\varphi^0}{162}\sqrt{\frac{R}{b}} = 0{,}006\,\varphi^0\sqrt{\frac{R}{b}} \sim \quad (9$$

Für einen Bügel, dessen zulässige Schleifbreite 900 mm = 0,9 m beträgt, wobei jedoch das Schleifstück mindestens 1,1 m lang sein muß, um dem Einflusse des Schaukelns der Motorwagen Rechnung zu tragen, erhalten wir[1]:

		\multicolumn{8}{c}{Zentriwinkel φ in Grad}
		30	45	60	75	90	105	120	135
$r = 10$	n	1]	1	2	2	2	3	3	3
	s	5,2	7,8	5,2	6,5	7,8	6,1	7,0	7,8
$r = 20$	n	1	2	2	3	3	4	4	4
	s	10,5	7,9	10,5	13,1	10,7	9,2	10,5	11,8
$r = 30$	n	2	2	3	3	4	4	5	5
	s	7,9	11,8	10,5	13,1	11,8	13,8	12,5	14,1
$r = 40$	n	2	2	3	4	4	5	5	6
	s	10,5	15,7	14,0	13,1	15,7	14,7	16,8	15,7
$r = 50$	n	2	3	3	4	5	5	6	7
	s	13,0	13,1	17,4	16,3	15,7	18,4	17,5	16,9
$r = 60$	n	2	3	4	4	5	6	7	7
	s	15,7	15,7	15,7	19,7	18,8	18,3	17,9	20,2
$r = 70$	n	2	3	4	5	5	6	7	8
	s	18,3	18,3	18,3	18,3	22,0	21,3	20,9	20,6
$r = 80$	n	2	3	4	5	6	7	7	8
	s	20,9	20,9	20,9	20,9	20,9	20,9	23,9	23,6
$r = 90$	n	2	3	4	5	6	7	8	9
	s	23,5	23,5	23,5	23,5	23,5	23,5	23,5	23,5
$r = 100$	n	2	3	4	5	6	7	8	9
	s	26,1	26,1	26,1	26,1	26,1	26,1	26,1	26,1
$r = 110$	n	3	4	5	6	7	8	9	10
	s	19,1	21,5	23,0	23,9	24,6	25,2	25,5	25,8
$r = 120$	n	3	4	5	6	7	8	9	10
	s	20,9	23,5	25,1	26,1	26,9	27,5	27,9	28,2

Die Werte der Tabelle sind für praktischen Gebrauch noch im Sinne der Formel 7 zu ändern.

---

[1] Vgl. E. Z. 1897, S. 398. Dr. G. Rasch. Über die Aufhängung der Oberleitung bei elektrischen Strafsenbahnen.

Bei der Rolle ist für das Durchfahren der Kurven auch noch die Zentrifugalkraft zu berücksichtigen, und man darf demnach nach der Innenseite der Geleisemitte keine so grofse Abweichung wie nach aufsen zulassen.

Bezeichnet (Fig. 9) a die Abweichung nach aufsen, a^1 die nach innen, dann nimmt man, vorausgesetzt, dafs die Kurven nicht zu rasch durchfahren werden: $a^1 = 0,2\,a$, und man erhält dann ähnlich wie früher:

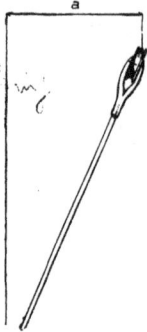

Fig. 9.

$$\left(\frac{s}{2}\right)^2 = (R + a)^2 - (R - 0,2\,a)^2$$
$$= 2\,R\,(a + 0,2\,a) - 0,04\,a^2 + a^2,$$

a^2 und $0,04\,a^2$ vernachlässigt als sehr kleine Werte:

$$s = 2\sqrt{2\,R\,(a + 0,2\,a)} = 3,1\sqrt{R \cdot a} \quad \ldots \ldots \text{(10}$$

$$n = \frac{R}{s} \cdot \varphi = \frac{R \cdot \varphi}{2\sqrt{2\,R\,(a + 0,2\,a)}} = \frac{\varphi}{2,8}\sqrt{\frac{R}{(a + 0,2)}}$$

$$\varphi = \frac{2\,\pi\,\varphi^0}{360}$$

$$n = \frac{2\,\pi\,\varphi^0}{360 \times 2,8} \cdot \sqrt{\frac{R}{(a + 0,2)}} = \frac{\varphi^0}{161}\sqrt{\frac{R}{a + 0,2\,a}} = \frac{\varphi^0}{180}\sqrt{\frac{R}{a}} \sim$$

$$n = 0,005\,\varphi^0\sqrt{\frac{R}{a}} \sim \ldots \ldots \ldots \ldots \ldots \text{(11}$$

Damit die Rolle beim Durchfahren der Ecken des Polygons den Fahrdraht nicht zu stark in Mitleidenschaft zieht, darf der von zwei Polygonseiten gebildete Winkel β nicht zu klein gewählt werden.

Nach praktischen Erfahrungen nimmt man diesen Winkel $\geq 168^0$ und erhält, da $\alpha = 180 - \beta = 12^0$ aus

$$s = R \cdot \frac{\varphi}{n} = R \cdot \alpha \; - \text{ oder } \varphi \text{ und } \alpha \text{ in } ^0 \text{ gemessen}$$

$$s = \frac{2\,\pi}{360} \cdot R \cdot \alpha^0 = \frac{2\,\pi}{360} \cdot R \cdot 12^0$$

$$s = 0,2\,R \sim \ldots \ldots \ldots \ldots \ldots \ldots \text{(12}$$

während beim Bügel bei einer Schleiflänge von nur 600 mm $s = 2,2\,R$ gefunden wurde.

Die einfache Formel $s = 0,2\,R$ benutzt man jedoch nur für Kurven, deren Radius kleiner als 50 m. Für Radien gröfser als 50 m setzt man $s = 3,1\sqrt{R \cdot a}$. Die seitliche Abweichung nach aufsen soll 300 mm ($a = 0,3$ m) nicht überschreiten; s im max. $= 1,7\sqrt{R}$. . (13

Herrik gibt folgende Abweichungen zwischen Fahrdrahtkurve und Geleiseachsenkurve an:

R [m] =	15	17	20	23	30	35	45	55	85	100
a [mm] =	250	200	175	150	150	100	100	75	75	50

Demnach wird $\left(s = 3{,}1 \sqrt{R \cdot a}\right)$

s [m] = 6,0   5,8   5,8   5,8   6,5   5,8   6,5   6,2   7,8   7

Während aus $s = 0{,}2\,R$ folgt:

s [m] = 3,0   3,4   4,0   4,6   6,0   7,0   9,0.

Für das System Dickinson gibt Zacharias (Verkehrstechnik) folgende Tabelle an, wobei die Länge der Kontaktrute nicht unter 4,6 m und die Höhe des Fahrdrahtes nicht über 6 m betragen darf:

Kurven-radius m	Teilung m	Ausladung der Kontakt-rute m	Polygon-winkel °	Ge-schwindig-keit pro Stunde km	Spannung im Kurvendraht bei einfachem Fahrdraht kg
10	5,2	0,34	150	—	250
15	7,75	0,52	150	—	250
20	10,35	0,68	150	5,—	250
25	13,0	0,85	150	5,5	250
30	15,5	1,02	150	6,—	250
40	20,75	1,35	150	6,5	250
50	22,50	1,35	154	7,—	230
60	28,—	1,5	154	8,—	230
70	30,—	1,5	156	8,5	210
80	31,5	1,5	158	9,—	200
90	34,5	1,5	159	9,5	185
100	36,—	1,5	160	10,—	175
125	38,—	1,5	163	11,—	150
150	38,—	1,2	166	13,—	130
200	38,—	1,05	170	15,—	100
300	38,—	0,75	173	20—30	100

Bei Herstellung der Fahrdrahtkurven bzw. Fahrdrahtpolygone ist auch noch auf eine etwaige Überhöhung der äußeren Fahrschiene der Geleiskurve Rücksicht zu nehmen. Für die in das Straßenpflaster gebetteten Fahrschienen der Straßenbahnen ist meistens eine Überhöhung der äußeren Kurvenschiene nicht durchführbar; man muß die Schiene vielmehr nach der Straßendecke richten. Die Oberleitung selbst muß stets den Fahrschienen angepaßt werden.

Ausführlich behandelt R. Wahle in der E. Z. 1904 S. 755 die Kurvenabspannung des Fahrdrahtes bei elektrischen Straßenbahnen mit Rollenbetrieb.

II. Abschnitt.

Wandhaken und Wandplatten.

Zum Befestigen der Quer- und Spanndrähte an den Mauern dienen Wandhaken (Mauerhaken) und Wandplatten.

Einen einfachen Wandhaken zeigt Fig. 10. Dieser Wandhaken ist aus Rundeisen von etwa 20 mm Dicke hergestellt und wird schräg in die Mauer unter einem Winkel von 30 bis 45° eingesetzt. Durch das schräge Einsetzen in die Mauer entsteht bei eintretender Belastung eine hebelartige Beanspruchung des Hakens und hierdurch ein sehr fester Halt. Beim Einsetzen des Hakens verfährt man wie folgt: Das mittels Mauerbohrer möglichst eng gebohrte Loch wird zunächst mit Wasser gut benetzt und dann etwa zur Hälfte mit flüssigem Gips (bzw. flüssigem Zement) ausgegossen. Unmittelbar darauf wird der Haken eingesetzt und hierdurch der Gips nach oben gedrängt. Auf diese Weise werden Hohlräume vermieden, und es wird eine solide Befestigung erzielt.

Zur Verzierung der Wandhaken kann eine Rosette angebracht werden, welche so hergestellt wird, daß sie über den Haken geschoben werden kann, demnach beim Eingipsen des Hakens nicht hinderlich ist.

Statt der Haken wendet man vielfach Ösen an, welche in ganz gleicher Weise in die Mauer eingesetzt werden.

Für die Wandhaken oder Wandösen ist eine maximale Beanspruchung von 400 kg anzusetzen.

An Stelle der erwähnten einfachen Haken oder Ösen kommen in neuerer Zeit vielfach lösbare Keilverschraubungen in Gebrauch.

Fig. 11 zeigt eine derartige Keilverschraubung. Es wird dabei mittels eines gezahnten, aus Stahlrohr hergestellten Bohrers ein Loch so tief in das Mauerwerk getrieben, daſs die Keilverschraubung bis zum Sechskantbund in das Loch geschoben werden kann. Nun wird mittels eines passenden Schlüssels der Bolzen gedreht, so daſs die keilförmig zugeschnittene Mutter die sog. Spreizstücke gegen die Wandungen des Loches preſst. Wichtig ist dabei, daſs die Löcher sorgfältig und nicht gröſser als absolut notwendig, gebohrt werden. Da die Oberflächen der Spreizstücke stark gerauht werden, so genügt auch schon ein kleiner Druck der Spreizstücke gegen die Bohr-wandungen, um ein Ausreiſsen der Keilverschraubung, auch ohne Ver-wendung von Gips oder Zement, zu verhindern.

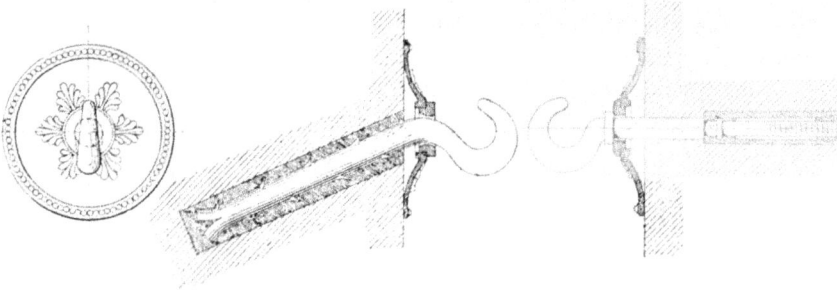

Fig. 10.   Fig. 11.

Die Keilverschraubung kann nicht nur rasch hergestellt, sondern auch wieder sehr leicht gelöst und entfernt werden, sofern hierzu weder Gips noch Zement in ·Anwendung gebracht worden ist.

Ein Nachteil der Keilverschraubung, welche ohne Gips oder Zement eingesetzt wird, ist der, daſs bei starkem Frostwetter das in die leeren, nicht ausgefüllten Räume eingedrungene Regenwasser durch Gefrieren und Wiederauftauen ein Zersprengen des Mauerwerkes und damit eine Lockerung der Keilschraube mit sich bringen kann. Um dieses Übel hintanzuhalten, ist ein sorgfältiges Verputzen aller Fugen an den Wandplatten, für welche die Keilverschraubung in Verwendung kommt, nach auſsen notwendig.

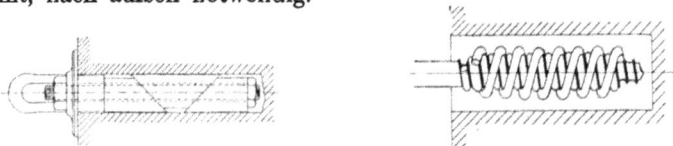

Fig. 12.   Fig. 13.

Eine andere Konstruktion einer Keilverschraubung zeigt Fig. 12, welche nach obigem ohne weiteres verständlich ist.

Eine ebenfalls einfache, leicht lösbare Mauerverschraubung ist der Böddinghaussche Spiraldübel Fig. 13. Ein verzinkter Eisendraht

ist um das Gewinde der in die Mauer einzusetzenden Schraube gewickelt und in entgegengesetzter Richtung nochmals zurückgewickelt.
Die Schraube wird nun samt der aus Draht hergestellten Mutter in
das mit Zement oder Gips zur Hälfte ausgefüllte Mauerloch gedrückt
und bleibt nun bis zum Erstarren der Bindemasse darin. Der spiral

Fig. 14 a.

förmig gewickelte Draht bildet die
Mutter, und die Schraube kann beliebig aus- oder eingedreht werden.
    Für bessere Ausführungen
wendet man durchwegs sog. Wandplatten (Mauerplatten) an, welche

Fig. 14 b.

mit 2—4 in die Mauer eingesetzten Schrauben festgehalten werden.
Zweckmäſsig können auch hier Keilschrauben in Anwendung kommen.
    Die Wandplatten aus Guſseisen, Stahl- oder Weichguſs werden
meist so ausgeführt, daſs sie eine schalldämpfende Einlage (Gummi)

Fig. 15.

Fig. 16.

aufnehmen können. Soll die architektonische Durchbildung zur Geltung
kommen, dann darf keine zu feine Ziselierung der Wandplatte Platz
greifen weil diese feinen Ziselierungen in gröſserer Entfernung für das
Auge gänzlich verschwinden würden.

Man macht die Wandplatten fast allgemein so, daſs die zur Auf-
nahme der Quer- oder Spanndrähte dienenden Haken oder Ösen
(Fig. 14 a) sich von selbst in die Richtung der Drahtzüge einstellen. Die
Fig. 15 und 16 zeigen genügend deutlich die diesbezügliche Anordnung.

Die Beanspruchung der von einer Hülse h umgebenen Gummi-
einlage g soll 25 kg pro qcm nicht überschreiten. Kork wendet man
meist nur in dünnen Scheiben an und läſst dann eine Beanspruchung
von 20 kg für 1 qcm zu. (Fig. 14 b.)

Die Beanspruchung einer in gewöhnliches Mauerwerk mit vier Keilschrauben
versetzten Wandplatte soll 600 kg nicht
überschreiten, so daſs auf jede Keilschraube
etwa 150 kg Zug entfallen.

Ausnahmsweise sind auch Winden
zum Spannen der Quer- und Spanndrähte
mit den Wandplatten in Verbindung gebracht worden. In neuerer Zeit ist man
jedoch von diesen Winden abgekommen und
allgemein zum Wirbelisolator (Spannvorrichtung mit Isolator) übergegangen (vgl.
Abschnitt III).

Die Wandhaken oder Wandplatten
erfordern ebenso wie die Maste einen dauer-
haften Anstrich oder eine gute Verzinkung.

Die schalldämpfenden Einlagen ver-
lieren im Laufe der Zeit ihre Elastizität

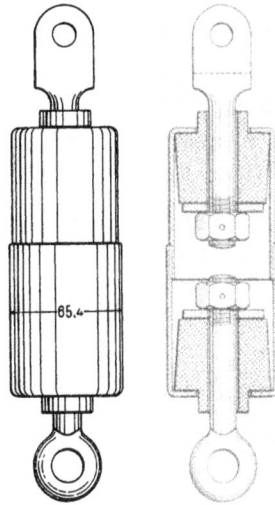

Fig. 17.

und folglich auch ihre Wirksamkeit; dieselben müssen daher oft
schon nach einigen Jahren erneuert werden. Je besser der zur
Verwendung gelangende Gummi, desto dauerhafter sind die schalldämpfenden Eigenschaften desselben. Weniger zu empfehlen ist Kork,
Filz, Leder u. dgl.

In manchen Fällen werden besonders konstruierte Schalldämpfer
zwischen Wandhaken oder Wandplatten und den Spannvorrichtungen
der Quer- und Spanndrähte eingeschaltet. Diese Schalldämpfer bestehen
meist aus Zylinder oder Kugelhälften von Weichgummi und werden
von einem Gehäuse aus gepreſstem Schmiedeisen u. dgl. umgeben (Fig. 17).

Wandhaken oder Wandplatten, welche zur Aufnahme von Kurven-
zügen dienen, können bei eintretender groſser Kälte sehr starken Beanspruchungen ausgesetzt werden; die elastischen Schalldämpfer mindern diese Beanspruchungen in nur geringem Grade. Es ist daher
empfehlenswert zur Aufnahme starker Kurvenzüge n u r Maste zu verwenden, welche infolge ihrer Elastizität einen Ausgleich der Spannungen herbeiführen.

Maste.

Als Maste für elektrische Bahnen kommen hauptsächlich Holzmaste, Rohrmaste und Gittermaste ohne und mit Ausleger in Betracht.

I. Holzmaste.[1]) Tafel 5.

Die Holzmaste ermöglichen eine billige Anlage, müssen jedoch
oft erneuert werden. Ihre Anwendung ist daher nur in holzreichen
Gegenden zu empfehlen. Nicht zu unterschätzen ist das Isolations-
vermögen der Holzmaste. Bei Nässe und insbesondere bei eintretender
Fäulnis wird jedoch dieses Isolationsvermögen bedeutend verringert,
übertrifft aber unter allen Umständen das der eisernen Maste. Die
Lebensdauer der Holzmaste wird durch Tränkung mit Kupfervitriol,
Kreosot usw. bedeutend verlängert.

Für Holzmaste kommen hauptsächlich in Betracht:

1. Die Lärche (pinus larix),
2. die Kiefer oder Föhre (pinus silvestris),
3. die Tanne (pinus abies),
4. die Fichte (pinus picea).

Außerdem seltener die Eiche, in fremden Ländern auch die
Zeder, Kastanie, der Bambus usw.

Harzreichere Hölzer weisen — bei Nichttränkung — im allgemeinen eine größere Haltbarkeit auf als harzarme Hölzer. Rasch gewachsene Baumstämme faulen schneller als Baumstämme mit lang-
samem Wuchs.

Am gebräuchlichsten sind Holzmaste mit einer Zopfstärke von
18 bis 22 cm. Die durch den natürlichen Wuchs bedingte Verjüngung
beträgt 1 cm (für den Durchmesser) pro 1 m Länge. Die Gesamt-
länge der Holzmaste nimmt man 8—10 m, das Zopfende wird dach-
förmig, das Stammende stumpf geschnitten.

Das für Maste in Verwendung kommende Holz muß im Winter
(November bis März) gefällt werden, da in dieser Zeit der Saft der
Bäume zurückgetreten ist und diese Stämme der Fäulnis besser wider-
stehen als Stämme, welche aus saftgefülltem Holze gewonnen werden.
Nach erfolgtem Fällen müssen die Stämme gut getrocknet werden,
um dann nach vorgenommenem Schälen und Behobeln brauchbare
Maste zu geben.

Frischgeschlagenes weiches Holz der gewöhnlichen Forste enthält
bis zu 40 % Wasser, nach fünf Monaten der Fällung noch 30 %, nach

---

[1]) Vgl. auch E. Z. 1903, S. 682. Vorschriften über die Herstellung und
Unterhaltung von Holzgestängen für elektrische Starkstromanlagen.

einem Jahre Lagerung noch 20 %; hingegen enthält z. B. die Rohtanne des St. Gotthard im Naturzustande nur 11—13 % Wasser.[1])

Das Reißen des Holzes tritt bei der Buche, Kiefer und Tanne in größerem Maße auf als bei der Eiche und Lärche. Zur Hintanhaltung des Reißens der Hölzer ist es zweckmäßig nach dem Fällen die gesägten Enden mit Lehm, Tonerde, Kuhmist usw. zu überstreichen und mit Papier zu überkleben.

Die Dauer des nicht imprägnierten Holzes, welches im Freien verwendet wird, beträgt[1]):

1. Tanne, Fichte . . . . 4—6 Jahre
2. Kiefer . . . . 8—10 »
3. Lärche . . . . 12—15 »
4. Buche . . . . 3—4 »
5. Eiche . . . . 12—25 »

Die Dauer des imprägnierten Holzes kann nach der Hütte 1902, S. 552, wie folgt angenommen werden:

1. Tanne, Fichte . . . . . . 14—18 Jahre
2. Kiefer . . . . 9—12 »
3. Lärche . . . . 9—12 »
4. Buche . . . . 15—30 »
5. Eiche . . . . 20—30 »

Diese Werte gelten jedoch hauptsächlich für Schwellen bei guter Durchtränkung; für Maste sind diese Werte kleiner zu nehmen.

Die Dauer der Holzmaste ist sehr gering; oft schon nach zwei bis fünf Jahren wird das Auswechseln nicht imprägnierter Holzmaste notwendig. Der Holzmast ist den Einflüssen der Atmosphäre und der Bodenfeuchtigkeit ausgesetzt, ganz besonders an der Stelle, wo der Mast die Bodenfläche verläßt, also dort, wo der Mast am stärksten beansprucht wird. An dieser Stelle wird der Holzmast dauernd feucht gehalten und durch den Zutritt der Luft wird eine Zersetzung der Holzfasern herbeigeführt. Durch Teeren, Asphaltieren oder auch durch Ankohlen des in den Boden zu setzenden Mastendes kann man die Dauer der Holzmaste etwas verlängern. Desgleichen kann man durch Einbetonieren der Holzmaste die Haltbarkeit dieser Maste vergrößern: nötig ist dabei, daß der Betonklotz ca. 10 cm über den Boden hervorragt, also einen Sockel bildet, welcher den Einfluß der Bodenfeuchtigkeit vermindert.

Ein sehr gutes Mittel, das Faulen des im Boden sitzenden Teiles des Mastes hintanzuhalten, besteht darin, daß man diesen Teil mit

[1]) Vgl. Mitteilungen des Vereines zur Förderung des Lokal- und Straßenbahnwesens 1902, S. 122.

einem Mantel aus Wellblech oder Faltenpappe (siehe Fig. 18) umgibt und die entstehenden Hohlräume mit Pech, Weifskalk, Lehm u. dgl. antiseptisch wirkenden Stoffen ausfüllt. Das untere Ende des Mastes stellt man dabei auf einen besonderen Formziegel. Der Mantel mufs ca. 10—20 cm aus dem Boden hervorragen, um den Einflufs der Bodenfeuchtigkeit möglichst zu verringern.

Um das Auswechseln der angefaulten Holzmaste zu erleichtern, steckt man dieselben häufig auch in eiserne, aus Röhren, Zoreseisen u. dgl. gebildeten Sockel, welche Sockel in die Erde versetzt sind und 30 cm bis 100 cm aus dem Boden hervorragen.

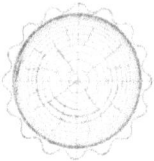

Fig. 18.

Vielfach werden die Holzmaste einem der im Telegraphenleitungsbau üblichen Konservierungsverfahren unterworfen, indem man nämlich den Baumsaft aus dem Holzstamme zu entfernen sucht und an seine Stelle einen der Fäulnis widerstehenden Stoff zu bringen bestrebt ist.

Die Zerstörung der Holzfaser wird durch Fermentation des dieselbe umgebenden Baumsaftes eingeleitet. Je mehr man demnach den Baumsaft verdrängen kann, ohne die Holzfaser selbst zu zerstören, und je besser die antiseptisch wirkenden Stoffe, welche an die Stelle des Baumsaftes treten, sind, desto besser wird das Imprägnierungsverfahren ausfallen. In Wirklichkeit tritt ein Vermischen des Baumsaftes mit den Imprägnierungsstoffen ein.

Die Imprägnierung des Holzes kann sowohl am lebenden als auch am gefällten Stamme vorgenommen werden.

Die im Herbst und Winter gefällten Bäume imprägnieren sich des leichtflüssigen, sehr wasserreichen Saftes wegen rascher als die im Frühjahr und Sommer geschlagenen Stämme.

Es kommen hauptsächlich die Tränkungen mit Kupfervitriol, mit karbolsäurehaltigem Teeröl, mit Zinkchlorid, mit Quecksilberchlorid und mit einer Lösung von schwefelsaurer Tonerde und Eisenvitriol in Anwendung.

I. Tränkung mittels Kupfervitriol. (Boucherie 1841.)

Macht man (vgl. »Die elektr. Telegraphie v. Dr. K. E. Zetzsche, III. Bd. I.‹) am Stammende eines lebenden Baumes Einschnitte und bildet um dieselben herum eine ringförmige, mit Kupfervitriollösung u. dgl. gefüllte Rinne, so fördert die Lebenstätigkeit des Baumes selbst das antiseptisch wirkende Salz nach und nach mit dem Safte in die äufsersten Zweige. Dieses am lebenden Baume vorgenommene Imprägnierungsverfahren erfordert sehr lange Zeit und bringt mit sich, dafs Teile des Baumes imprägniert werden, welche man nicht imprägnieren will. Das Verfahren wird daher auch sehr kostspielig.

Aus diesem Grunde hat man diese Tränkung ganz aufgegeben und wendet ein Verfahren an, bei welchem die natürliche Ansaugkraft der Pflanze durch künstlichen Druck ersetzt wird und welches Verfahren gestattet, einen ganz bestimmten Teil des Baumes der Imprägnierung auszusetzen.

Die Holzstämme werden sofort nach der Fällung und noch mit Rinde bedeckt der Imprägnierungsstelle zugeführt, auf welcher ein Gerüst von 10 bis 12 m Höhe erbaut wird. Das Gerüst trägt die Behälter für die Aufnahme der Lösung (1,5 Gewichtsteile Kupfervitriol auf 100 Teile Wasser). Ein Fallrohr mit Verzweigungen führt zu den Baumstämmen, welche so gelagert werden, daß das Zopfende etwas tiefer zu liegen kommt wie das Stammende.

Die Stammenden der ungeschälten Stangen erhalten Verpackungen, welche aus einfachen Brettchen bestehen, die mittels Klammern in einem Abstande von 2—3 cm am Stammende befestigt und durch Gummiringe am äußersten Umfange der Stammfläche abgedichtet werden. Die Brettchen sind mit Rohrstutzen versehen, welche mittels Gummischlauch mit den Verzweigröhren der Fallrohre in Verbindung stehen und so den Zufluß der Tränkungsflüssigkeit zu den Stämmen vermitteln. Durch Abbinden des Gummischlauches kann der Zufluß der Tränkungsflüssigkeit abgesperrt werden.

Die Zuführung der Tränkungsflüssigkeit wird so lange fortgesetzt, bis die aus dem Baumstamme tretende Flüssigkeit den halben Gehalt an Kupfervitriol im Vergleich zur eintretenden Lösung aufweist.

Bei diesem nach seinem Erfinder Boucherie benannten Verfahren vermischt sich die Kupfervitriollösung sehr vollkommen mit dem Baumsaft und drängt letzteren aus den Fasern. Der Holzstamm wird fäulnisbeständig.

Die Dauer der mit Kupfervitriol gut durchtränkten Holzmaste kann zu 9—12 Jahren angenommen werden.

II. Tränkung mit karbolsäurehaltigem Teeröl, Kreosotieren.
(Bethell 1838.)

Die lufttrockenen Stämme werden in einem besonderen Trockenraume unter Abschluß der Luft erhitzt (durch Zuführung erhitzter Luft von 100 bis 140°) und vollkommen ausgetrocknet, welches Austrocknen nur langsam vorgenommen werden darf, um ein Reißen des Holzes zu verhüten.

Nach dem Austrocknen müssen die Maste in einen zur Tränkung dienenden Kessel gebracht werden, aus welchem die Luft ausgepumpt werden muß. Nachdem eine entsprechende Luftverdünnung vorgenommen worden ist, wird die auf 50° erwärmte Tränkungsflüssigkeit in den Kessel eingeleitet und nun einem Drucke von 6—8 Atmosphären ausgesetzt, wodurch die Flüssigkeit in die Poren eindringt. Nach Beendigung des Verfahrens kommen die Maste oder Stangen auf Lager und erst nach Ablauf mehrerer Monate zum Versand.

Das monatelange Ablagern der Stangen geschieht, um die gesundheitsschädlichen Einwirkungen der Tränkungsflüssigkeit möglichst zu vermindern.

Durch das Kreosotieren wird das Holz in hohem Grad widerstandsfähig gegen Fäulnis. Das Verfahren ist jedoch verhältnismäßig teuer, weil es nicht an den Fällplätzen vorgenommen werden kann, sondern nur an Orten, welche eine entsprechende maschinelle Einrichtung besitzen.

2 *

Das als Tränkungsflüssigkeit in Verwendung kommende, aus Steinkohlen-
teer gewonnene Öl mufs trotz des hohen Siedepunktes (200—400° C) bei
normaler Temperatur genügend dünnflüssig sein, um in die Poren des Holzes
eindringen zu können.   Der Gehalt an sauren, in konzentrierten Alkalilaugen
löslichen Bestandteilen mufs 6—10% betragen.   Das Öl soll ein spez. Gewicht von 1,00—1,10 besitzen.

Die Haltbarkeit, jedoch auch die Entzündbarkeit der kreosotierten Holzmaste ist noch gröfser als die der mit Kupfervitriol getränkten.   Nach den
beim Telegraphenbau gemachten Erfahrungen kann man 12—18 Jahre Dauer
hierfür ansetzen.

III. Tränkung mit Zinkchlorid.   (Burnett 1838.)

Die Hölzer werden zunächst in einem Walzenkessel unter 2—3 atm
Dampfdruck 1—1½ Stunden lang durchgedämpft, sodann wird die Feuchtig-
keit ausgepumpt (Vakuum ⅕—¼ atm 40—50 Min. lang) und endlich die
Zinkchloridlösung unter 6—8 atm Druck 60—70 Minuten lang eingeprefst.
Die Lösung (3° Bé) besteht aus zwei Gewichtsteilen Chlorzink vom spez.
Gewicht 1,8 mit 30 Gewichtsteilen Wasser.   Das Tränken mit Zinkchlorid
kommt jedoch meist für Bahnschwellen in Verwendung.   Man braucht für
1 cbm Kiefern- oder Buchenholz 160—200 kg, für 1 cbm Eichenholz 90—110 kg
Lösung.

IV. Tränkung mit Quecksilberchlorid (Sublimat), Kyanisieren
(Kyan 1832.)

Hölzerne Bottiche ohne alle Eisenteile werden mit einer Sublimatlösung
(1 Gewichtsteil Quecksilberchlorid zu 150 Gewichtsteilen Wasser) gefüllt, in
welche dann die Schwellen oder Maste aus Nadelholz 8—10 Tage gelegt
werden.   Eichenholzschwellen bleiben 12—15 Tage in der Sublimatlösung
liegen.   Die Sublimatlösung ist sehr giftig, daher sind die Arbeiter möglichst
vor der Einwirkung der Dämpfe zu schützen.   Die Haltbarkeit der mit Queck-
silbersublimat getränkten Maste ist nach Mitteilungen der Gebr. Himmels-
bach eine sehr grofse.

V. Tränkung der Hölzer nach Hasselmann.

Die Hölzer werden in einem Kessel nach dem Evakuieren mit einer
Lösung von schwefelsaurer Tonerde und Eisenvitriol durchtränkt, worauf
durch eingeleiteten Dampf das Ganze schliefslich (in 3 Stunden) auf 125°
erhitzt wird.   Dieser ersten Kochung folgt [nach einiger Zeit eine zweite
ebensolche mit einer Lösung von Chlorkalzium und Kalkmilch.   Das Verfahren eignet sich für Buchen- und Nadelhölzer und zwar auch im grünen
Zustande.   Vgl. Hütte 1902, S. 549.

VI. Tränkung der Hölzer mit Chlorzink und Kreosot nach
Rütgers.

Eine Vereinigung der Verfahren II und III.

Bei der österreichischen Staatstelegraphenverwaltung wird das Boucherie-
Verfahren für die Imprägnierung der Telegraphenstangen angewendet.   Die
Kosten eines Werkplatzes betragen rund Kronen 10000 und die Gesamtkosten

der Imprägnierung pro cbm Kronen 10,—, wobei zur Imprägnierung einer 8 m langen Telegraphenstange 1—1½ kg Kupfervitriol verbraucht werden.

Bei der deutschen Reichstelegraphenverwaltung wird seit 1896 neben der alten Imprägnierungsmethode, bei der die Zubereitungsflüssigkeit von einem 10 m hohen, hölzernen Gerüste aus in die Stammenden der Hölzer hineingeprefst wird, versuchsweise ein neues Verfahren angewendet, bei dem die Flüssigkeit statt mit 1 Atm. Flüssigkeitsdruck mit 2 Atm. Dampfdruck in die Hölzer getrieben wird.[1]

Ganz naturgemäfs kann die Dauer eines Holzmastes durch öfteres Teeren oder Anstreichen vergröfsert werden. Zu beachten ist, dafs sich imprägnierte oder geteerte Holzmaste weniger gut streichen lassen als nicht imprägnierte oder nicht geteerte. Maste, welche mit sogen. Karbolineum gestrichen werden, nehmen keine Ölfarbe mehr auf.[2]

Ganz selbstredend spielt auch die Bodenbeschaffenheit für die Dauer eines Mastes eine ziemlich bedeutende Rolle. Der sandige Boden erzielt eine gröfsere Haltbarkeit als lehmhaltiger Boden u. dgl

II. Rohrmaste. Tafel 3, 4, 6. Fig. 22, 26, 27.

Die Rohrmaste werden aus schmiedeisernen bzw. flufseisernen und stählernen Röhren von 100—400 mm φ und 3—8 m Länge hergestellt. Es kommen hauptsächlich in Betracht:

1. Rohrmaste aus schmiedeisernen bzw. flufseisernen Röhren mit geschweifster Längsnaht.

2. Rohrmaste aus spiralgeschweifsten Röhren des Rather Metallwerkes in Düsseldorf.

3. Rohrmaste aus Stahlröhren, welche nach dem Mannesmann-Verfahren gewalzt werden.

4. Rohrmaste aus Stahlröhren, welche nach dem Erhardtschen Verfahren hergestellt werden.

5. Rohrmaste aus nahtlosen Stahlröhren mit Langrippen der Duisburger Eisen- und Stahlwerke.

1. Rohrmaste aus schmiedeisernen bzw. flufseisernen Röhren mit geschweifster Längsnaht.

Die für diese Rohrmaste in Verwendung kommenden Röhren werden durch Ziehen und Walzen aus schmiedeisernen bzw. flufseisernen Streifen (Siemens-Martin- oder Thomaseisen[3]) hergestellt, indem diese Streifen entsprechend gebogen und mit den Rändern dann zusammengeschweifs werden.

[1] Archiv für Post und Telegraphie 1902, Nr. 2.

[2] Mit Karbolineum gestrichene Maste können erst dann wieder mit Ölfarbe gestrichen werden, wenn sie vorher einen Anstrich mit einer Auflösung von Schellack in denaturiertem Spiritus erhalten haben. E. Z. 1901, S. 612.

[3] Vgl. Z. d. V. d. I. 1904, S. 492.

Als Material muſs besonders gut packetiertes, leicht schweiſsbares Eisen in Verwendung kommen. Die Streifen werden zunächst in rotwarmem Zustande zu einer Rinne gebogen, wozu verschiedene Vorrichtungen: Pressen, Walzen, Seckenzug usw. dienen, und nun mittels besonderer Gesenke und Zangen in die rohrartige Form gebracht, wobei die Ränder entweder stumpf zusammengestoſsen oder unter Anwendung eines Dornes schräg überlappt werden.

Nach dem Aufbiegen folgt das Schweiſsen gleichzeitig mit dem ersten Ziehen oder Walzen, wobei das zu schweiſsende Stück im Schweiſsofen bis zur Weiſsgluthitze erwärmt und nun in ein in unmittelbarer Nähe des Schweiſsofens befindliches Ziehloch oder Kaliber geführt, mittels einer Ziehzange gefaſst und auf einer Art Ziehbank oder in Walzen unter Anwendung eines Dornes durchgezogen wird, wodurch ein Verschweiſsen der Ränder stattfindet.

Das geschweiſste Rohr muſs dann zum Strecken und Gleichrichten noch einige Zieheisen oder Walzen passieren und wird schlieſslich auf einer entsprechend groſsen Richtplatte durch Rollen gerade gerichtet.

Gibt man den Blechstreifen eine trapezförmige Form, so kann man auch konisch geformte Röhren herstellen, welche, ineinander gefügt, konisch nach oben sich verjüngende Maste ergeben, wodurch in bezug auf Materialausnützung und Festigkeit besonders günstige Formen entstehen. (Maste der Laurahütte.)

Die schmiedeisernen geschweiſsten Rohre weisen eine Festigkeit von 35—40 kg pro qmm bei einer Dehnung von 30—25 % auf; die fluſseisernen geschweiſsten Rohre weisen bis 45 kg Festigkeit pro qmm auf. Die Festigkeit der geschweiſsten Naht beträgt 90 v. H. der Festigkeit des vollen Bleches.

2. Rohrmaste aus spiralgeschweiſsten Rohren.

Die hier in Betracht kommenden Röhren werden aus Schmiedeisen- oder Stahlblechstreifen hergestellt, indem diese Streifen mittels eines besonderen Verfahrens spiralförmig gerollt und dann geschweiſst werden. Dieses Verfahren bedingt ein ganz vorzügliches Schweiſsen, soferne dauerhafte Röhren erhalten werden sollen.

3. Mannesmann-Rohrmaste.

Das Rohmaterial — es kommt hier nur Stahl in Frage — wird von den Stahlwerken in Form von Rundstangen oder Barren geliefert. Diese Stangen oder Barren werden zunächst in Glühöfen bis zur Weiſsglut erhitzt und nun von einer groſsen Kreissäge in genau berechnete Längen zerschnitten. Die so erhaltenen Werkstücke werden hierauf in rotglühendem Zustande an der einen Stirnfläche gekörnt, dann abgewogen und nun dem 2- oder 3 fachen Mannesmann-Verfahren unterworfen.

Die erste Art des Mannesmann-Verfahrens heiſst das Blocken. Es wird dabei das Werkstück von zwei besonders geformten Guſsstahlwalzen, welche sich in gleicher Richtung drehen und schief zur Achse des Werkstückes gelagert sind, gefaſst und unter fortwährendem Drehen des Werkstückes über einen stählernen Dorn geschoben. Über den beiden genannten Walzen liegt noch eine dritte Walze, welche lediglich zur Führung des Werkstückes dient und keinen besonderen Antrieb erhält. Durch das Blocken erhält das

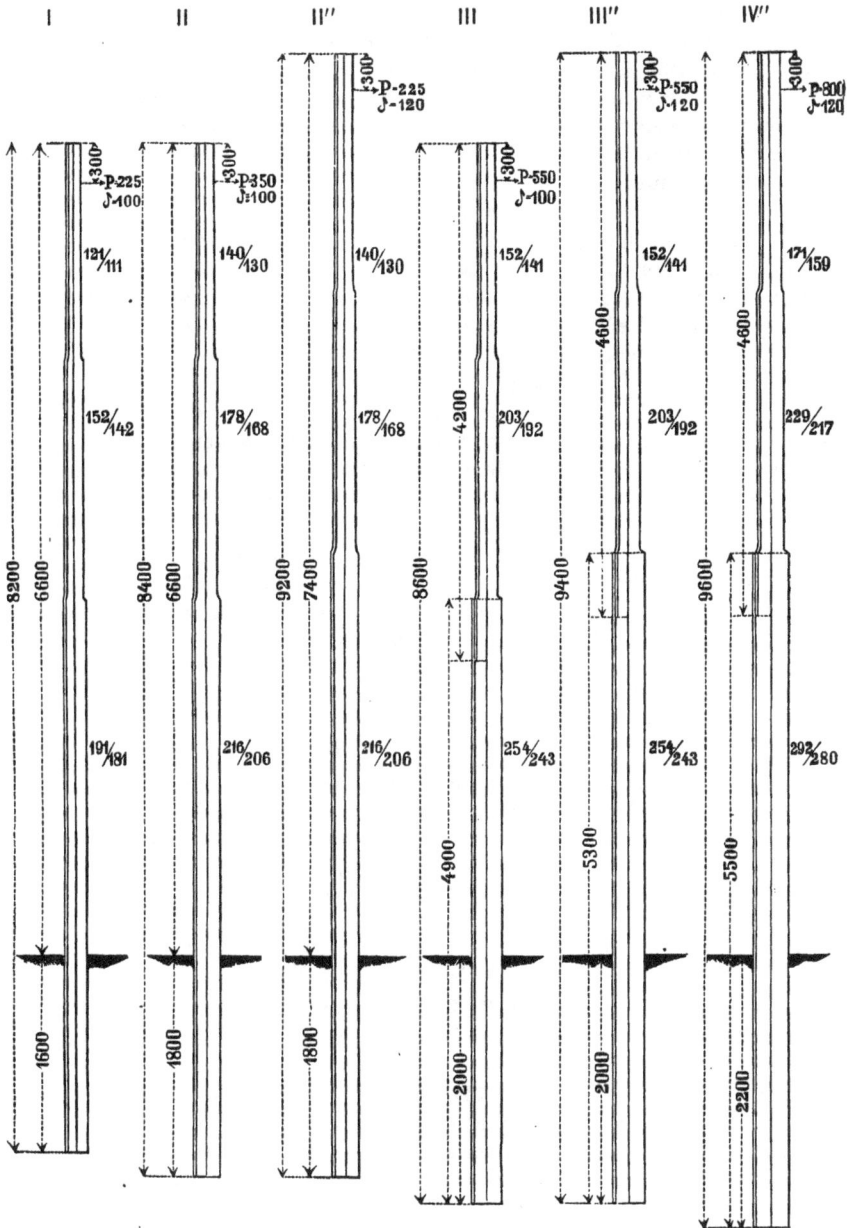

I II II'' III III'' IV''

P-225
J-120

P-550
J-120

P-800
J-120

P-225
J-100

P-350
J-100

P-550
J-100

121/111 140/130 140/130 152/141 152/141 171/159

152/142 178/168 178/168 203/192 203/192 229/217

191/181 216/206 216/206 254/243 254/243 292/280

8200 6600 8400 6600 9200 7400 8600 9400 9600

4200 4600 4600

4900 5300 5500

1600 1800 1800 2000 2000 2200

Fig. 19.

Werkstück etwa die doppelte ursprüngliche Länge und wird ein Hohlzylinder mit dicker Wandung.

Die zweite Art des Mannesmann-Verfahrens heifst das Pilgern und besteht in einem stofsbohrerartigen Vorschieben des geblockten und bis zur Weifsglut neuerdings erhitzten Werkstückes in einem Walzwerk, dessen Walzen sich dem vorgeschobenen Werkstücke entgegendrehen. Das geblockte Werkstück wird dabei auf einen besonderen stählernen Dorn gesteckt und mittels Maschinen oder von Hand pilgerschrittartig in die Walzen gestofsen und von den letzteren ausgeknetet.

Nach Beendigung des Verfahrens schwebt ein Rohr von 4—6 m Länge auf einem Dorn von 0,5—1 m Länge. Der Dorn mufs schliefslich noch auf einer besonderen Ziehbank aus dem rotglühenden Rohr gezogen werden.

Das durch das Pilgern erhaltene Rohr ist verhältnismäfsig glatt. Kleinere Rohre werden daher nur mehr durch Zieheisen gezogen, dann kalibriert, abgeschnitten und sind fertig.

Sehr weite Rohre müssen auch noch dem dritten Mannesmann-Verfahren, dem eigentlichen Schrägwalzenverfahren, unterworfen werden. Dieses Verfahren besteht in einem Aufweiten der bereits geblockten und gepilgerten Rohre. Zwei schräg gestellte Scheibenwalzen fassen das bis zur Weifsglut erhitzte Werkstück und walzen es über festgehaltene Dorne, wobei das Werkstück von zwei zwischen den Walzen liegenden Linealen geführt wird. Die nach dem Schrägwalzverfahren ausgewalzten Rohre zeigen ein welliges Aussehen, müssen daher noch mehrere Zieheisen passieren, um genügend geglättet in Gebrauch gesetzt zu werden.

Die nach dem Mannesmann-Verfahren hergestellten Rohre sind aufsen genau rund, nicht aber innen. Mannesmannrohre für Rohrmaste weichen im Durchmesser um 1—2 mm, in der Wandstärke um 0,5—1,5 mm ab.

Die Bruchfestigkeit des Materiales der Mannesmann-Rohrmaste beträgt 50—60 kg pro qcm bei einer Dehnung von 20—15 %.

Mittels des Mannesmann-Verfahrens können Röhren bis zu 9 m Länge gewalzt werden; es können daher auch Rohrmaste schwächerer Bauart aus einem Stahlblock hergestellt werden. Fig. 19 zeigt die Dimensionen einiger nach dem Mannesmann-Verfahren hergestellten Maste für Bahnzwecke.

4. Rohrmaste, welche nach dem Ehrhardtschen Verfahren hergestellt werden. Fig. 20.

Bei dem Ehrhardtschen Verfahren kommen Schmiedeisenblöcke oder Stahlblöcke a von quadrat. Querschnitte in Betracht. Diese Blöcke a werden im rotglühenden Zustande in stählerne Hohlzylinder b gesteckt, deren innerer Durchmesser genau gleich der Diagonale des quadrat. Blockes a ist. Durch Eintreiben eines spitzen Dornes c, dessen genau zentrische Führung ein Deckel d bewirkt, wird das Material des Blockes b so nach aufsen gedrängt, dafs es die Zwischenräume genau ausfüllt, wobei noch eine gewisse Stauchung des Materials stattfindet. Bezeichnet r den Radius des Prefsstempels, R den Radius der Matrize (des Hohlzylinders), dann gilt die Beziehung:

$$r^2 \pi = R^2 \pi - 2 R^2$$
$$r = 0{,}603 \; R.$$

Weil das vom Dorn a verdrängte Material seitlich ausweichen kann, so findet ein leichtes Eindringen des Dornes statt.

Der durch das Eintreiben des Dornes und Wiederentfernung desselben entstandene Hohlkörper mit geschlossenem Boden kann weiters zu dünnwandigen Röhren oder Ringen ausgezogen oder ausgepreſst werden. Durch mehrmaliges Ziehen wird die Wandstärke bis $3\,^{1}/_{2}$ mm herab-gebracht und zuletzt durch kaltes Ziehen über Dorne kalibriert.

Gegenwärtig werden nach dem Ehrhardtschen Ver-fahren Röhren bis zu 240 mm l. W. und bis zu 3 m Länge angefertigt.

Zu beachten ist, daſs bei diesem Verfahren die Werk-stücke nur rotwarm gemacht zu werden brauchen, und daſs beim Pressen eine Materialverdichtung erfolgt.

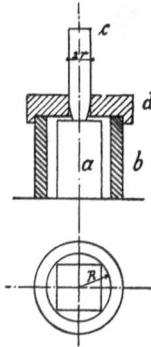

Fig. 20.

5. Maste aus nahtlosen Röhren mit Langrippen der Duisburger Eisen- und Stahlwerke.

Die für diese Maste in Verwendung kommenden Rohre werden aus Siemens-Martin-Fluſseisen erzeugt; die Festig-keit des Materials beträgt 40—50 kg pro qmm bei 20—30% Dehnung. Die Rohre werden in bedeutender Länge (bis zu 10 m) mit einem inneren Durchmesser von 105—225 mm und in Wand-stärken von 4—10 mm hergestellt. Die durch die Herstellungsmethode bedingten Langrippen versteifen ganz bedeutend die Rohre in der Richtung dieser Rippen. Beim Aufstellen von Masten aus nahtlosen Rohren mit Langrippen ist daher zu beachten, daſs die Zugrichtung mit der Richtung der Langrippen zusammenfallen muſs.

Maste, welche aus den erwähnten Rohren bestehen, sind billig, weisen jedoch kein schönes Aussehen auf.

Rohrmaste schwächerer Dimension werden z. B. beim Mannesmann-Verfahren aus einem Stück gewalzt und zwar nach oben verjüngt in zwei oder drei Absätzen. Stärkere Maste werden aus zwei oder drei Teilen zusammengesetzt. Die Verbindung der Rohre geschieht in ver-schiedener Weise.

Die Mannesmann-Werke bringen die in Fig. 21a skizzierte Ver-bindung zur Ausführung. Das kleinere Rohr wird dabei durch Aus-walzen verjüngt bis auf den Teil, welcher mit dem gröſseren Rohr in Verbindung kommen soll. Das gröſsere Rohr wird an dem zu ver-bindenden Ende bis zur Rotglut erhitzt und nun über das weitere Ende des kleineren Rohres geschoben. Beim Erkalten tritt ein sehr inniges Anschmiegen der in Berührung kommenden Rohrflächen und daher auch eine solide Verbindung ein. Andere Werke nehmen ein Aufweiten des einen Rohrendes vor und walzen dann die ineinander gesteckten Rohrenden in rotwarmem Zustande wellenartig aufeinander. Beim Erkalten wird auch hier eine Preſsung des äuſseren Rohres gegen das innere Rohr stattfinden. (Fig. 21 b.)

Das Eisenwerk Witkowitz (in Mähren) bringt die in Fig. 21c skizzierte Verbindung zur Ausführung; das Rohrenwalzwerk Schönbrunn (in Mähren) verbindet die Rohre nach Fig. 21 d.

Manchmal wird — hauptsächlich bei schmiedeisernen Röhren — die Verbindung der Rohrenden in der Art bewerkstelligt (Fig. 21 e), dafs man auf das kleinere Rohr schmiedeiserne Ringe warm aufzieht, diese Ringe dann abdreht und nun das weitere Rohr in rotwarmem

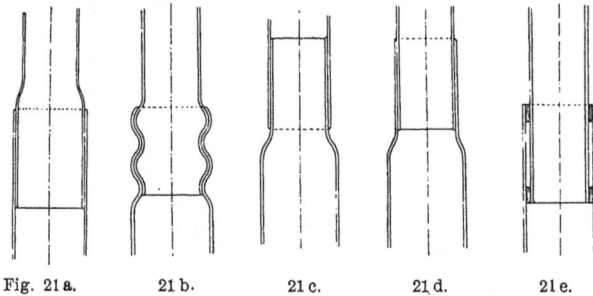

Fig. 21 a.   21 b.   21 c.   21 d.   21 e.

Zustande über die Ringe stülpt. Durch das beim Erkalten vor sich gehende Zusammenziehen des äufseren Rohres wird eine starke Pressung auf die Ringe ausgeübt und eine gute Verbindung erreicht. Die Ringe nimmt man 40—50 mm breit; die Übergreifung der Rohre 400—500 mm.

III. Gittermaste. Fig. 23, 28, 29.

Gittermaste werden entweder aus zwei einander zugekehrten ⊐-Eisen oder aus vier einander zugekehrten ∟-Eisen hergestellt, indem man die ⊏- oder ∟-Eisen durch Flacheisen oder Winkeleisen gitterförmig mittels Nieten verbindet. Die Gittermaste können sehr kräftig hergestellt werden, ergeben jedoch meist ein minder schönes Aussehen als Rohrmaste, welch letztere durch gufseiserne Sockel, Zierringe und Zierkappen besonders dekorativ ausgestattet werden können.

Die Gittermaste sind hauptsächlich dann am Platze, wenn es sich um sehr starke Beanspruchungen handelt. Zu beachten ist, dafs die Gittermaste schwieriger zu streichen sind als Rohrmaste, und dafs sie mehr dem Verrosten ausgesetzt sind als letztere.

Ob Rohrmaste oder Gittermaste anzuwenden sind, hängt oftmals nur vom Preise ab. Für manche Gegenden sind Gittermaste billiger als Rohrmaste, für manche Gegenden ist das Umgekehrte der Fall.

IV. Maste aus Walzeisen. Tafel 2.

Will man besonders billige Maste aus Eisen herstellen, ohne besondere Rücksicht auf Schönheit zu nehmen, so nimmt man einfach

Walzeisen, z. B. ⊢⊣-Eisen oder ⊏-Eisen, welches durch Zusammen-
nieten zweier Profile einen Mast ergibt. In Verbindung mit Ausleger erhält man auch mit diesen Masten ganz gut aussehende Bahn-
objekte. Vgl. Tafel 2.

V. Maste aus Zement. [1])

Maste aus Zement stellt Baron Pittel in Weifsenbach a. d. Triesting, N.-Ö., in folgender Weise her:

Alte, von Dampfkesseln herrührende Siederöhren werden durch
Rohrstücke zusammengekuppelt und bilden den Kern, auf welchen
unter fortwährendem Drehen zähflüssiger Zement in dünnen Schichten
aufgetragen wird, bis man eine gewisse Stärke der Maste erreicht hat.
Nun werden längs der Mantelfläche verzinkte Stahl- oder Eisendrähte
gezogen und weitere Zementschichten aufgetragen, wodurch die ge-
wünschte Mastform entsteht. Die längs der Mantelfläche gezogenen
Drähte geben dem Maste (ähnlich wie bei den Gewölben nach dem
Monier-System) eine grofse Festigkeit.

Als Vorteil ist noch zu betrachten, dafs man den Zementmast
leicht mit Sockel, Zierkopf usw. ausgestalten kann.

Verfasser dieses nahm am 30. April 1897 in Weifsenbach a. d. Tr. Versuche mit Zementmasten vor, welche 2 m tief in den Boden versetzt waren,
und folgende Resultate ergaben:

Mast Nr.	I	II	III	IV
Höhe über Boden mm	6000	6000	6000	6000
Zopfstärke	100	125	150	150/150
Stärke 1,2 m über Boden	175	175	205	205/205
Belastung in kg	200	250	250	380
Durchbiegung in mm	170	270	170	160
Bleibende Durchbiegung in mm .	15	25	12	12
Gewicht in kg				400 kg.

Die Maste zeigten nach dem Durchbiegen nicht die geringsten Sprünge,
auch nicht nach wiederholtem Durchbiegen.

Die Zementmaste können selbstredend nur für Länder mit hohen Eisen-
preisen und billigen Zementpreisen in Betracht kommen. Nachteilig wirkt
besonders der Umstand, dafs die Zementmaste sorgfältig verpackt in Stroh
gewickelt transportiert werden müssen, da sonst leicht eine Beschädigung
eintreten kann.

(In Weifsenbach a. d. Triesting sind nicht nur die Maste für die elektrische Beleuchtung aus Zement hergestellt, sondern auch unter vielen anderen Objekten die Radabweiser.)

---

[1]) Wilhelm Schütz in Kassel nahm auch ein Patent auf einen ›Mast
für elektrische Leitungen und andere Zwecke aus Glas mit und ohne Draht-
einlage.‹

VI. Maste mit Ausleger. Tafel 2, 3, 4, 5, 6.

In vielen Fällen kann der Mast sehr nahe dem Geleise zur Aufstellung kommen, wodurch die Anwendung von Auslegern ermöglicht wird. Die Ausleger werden an Holzmasten, Rohrmasten (Fig. 22) oder Gittermasten (Fig. 23) oder Masten aus Walzeisen befestigt.

Werden zwei Geleise derart angelegt, daſs zwischen ihnen ein Mast zur Aufstellung gelangen kann, dann nimmt man gern Maste mit Doppelausleger. Die Konstruktion dieser Doppelausleger wird aus Tafel 5 und 6 ohne weiteres verständlich.

Die Anwendung von Masten mit Doppelauslegern findet hauptsächlich bei Bahnen mit eigenem Bahnkörper statt; in belebten Straſsen bilden diese Maste gewöhnlich ein Verkehrshindernis und sind daher möglichst zu vermeiden.

Die Maste mit Auslegern, besonders die mit Doppelauslegern, gewähren ein elegantes Aussehen der Oberleitung. In den geraden Strecken ist die Beanspruchung dieser Maste klein, sie können daher verhältnismäſsig zart gehalten werden; in den Kurven tritt ein mehr oder minder groſses Biegungsmoment auf und man muſs dabei die Zahl der Maste ganz beträchtlich vermehren (der polygonartigen Verspannung des Fahrdrahtes wegen). Man vermeidet daher in Kurven nach Tunlichkeit Maste mit Auslegern.

Die ursprünglich gewählte starre Aufhängung des Arbeitsdrahtes an den Auslegern ist in neuerer Zeit fast gänzlich verlassen worden und man bringt jetzt ausschlieſslich eine nachgiebige federnde Aufhängung des Fahrdrahtes an, welche man am einfachsten durch ein Querseil am Ausleger selbst erreicht. Man hat dabei den Vorteil, daſs man die doppelte Isolation in ganz gleicher Weise wie bei der Querdrahtaufhängung erreichen kann: man legt nämlich die eine Isolation wieder in die Aufhängung, die andere Isolation in die Spannvorrichtung oder sonstige Befestigungsvorrichtung für das Querseil. Durch die

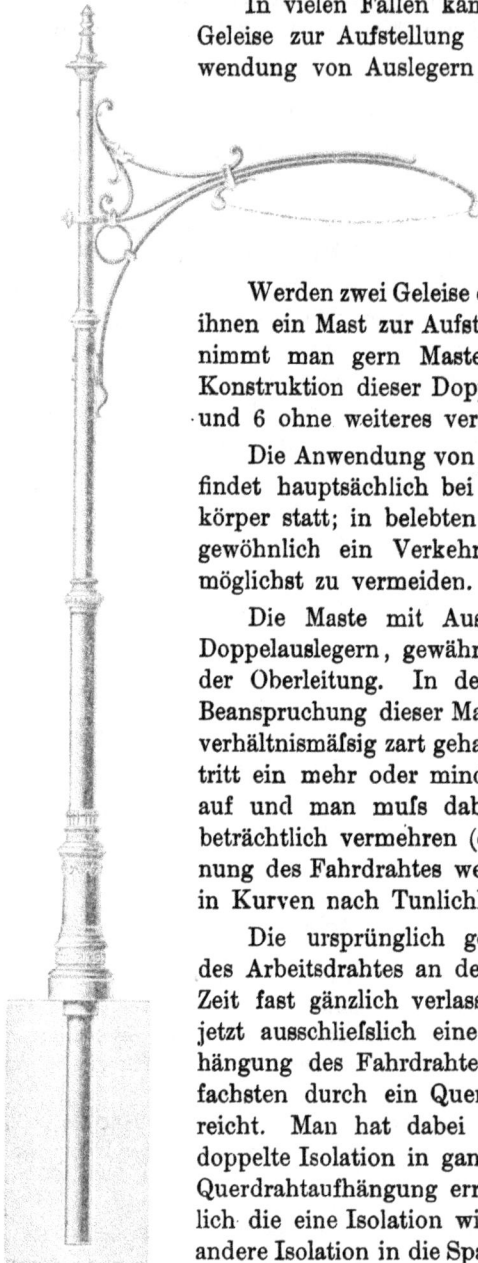

Fig. 22.

Anwendung von Querseilen erhält
man jedoch eine bedeutende Ausladung der Ausleger. Tafel 2—6.

Zum Befestigen der Querdrähte
an den Masten dienen fast allgemein
Schellen aus Schmiedeisen oder
Weichgufs (Fig. 24), welche ca.
30—50 cm unter dem Mastzopfe
angebracht und durch Stellschrauben
festgehalten werden. Bei Holzmasten
pflegt man auch die Querdrähte
mittels durch den Mast gesteckte
Schraubenbolzen mit Öse oder
Haken zu befestigen. Diese Haken-
oder Ösenschrauben bedingen jedoch eine genau bestimmte Höhenlage des Querdrahtes, während die
Mastschellen durch einfaches Verschieben ein nachträgliches Einstellen der Leitungshöhe gestatten.

Die Ausleger zu den Masten
werden mehr oder minder reich
ornamentiert ausgestattet; auf eine
gute Befestigung der Ausleger an
den Masten ist besondere Sorgfalt
zu verwenden.

Die Maste dienen auch vielfach
zur Aufnahme der Blitzableiter, der
Ausschalter für die Streckentren-
nung, zur Anbringung von Warnungs-
aufschriften, Haltestellentafeln usw.

Mastarmaturen.

Die Holzmaste, welche gewöhnlich nur glatt behobelt und dann gestrichen werden, erhalten meist nur

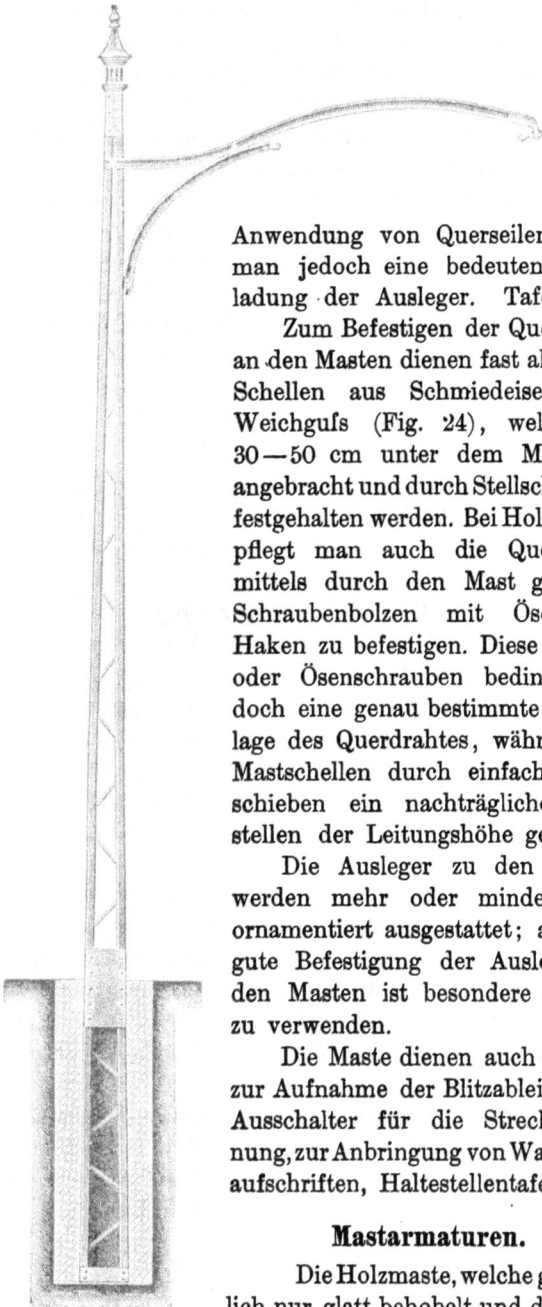

Fig. 23.

Fig. 24.

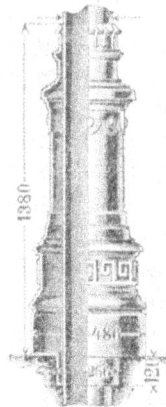

Fig. 25.

eine mehr oder minder einfache Zierkappe aus Eisen- oder Zinkblech oder auch aus Gußeisen, selten auch noch Sockel oder Zierringe. Der Sockel wird manchmal aus einem Mantel von Wellblech mit einem gußeisernen Abschlußring nach oben gebildet. Vorteilhaft läßt man diesen Mantel 20 cm in das Erdreich hineinragen und füllt dann den Raum zwischen Mast und Mantel mit Kalk u. dgl. aus.

Da die Holzmaste meist nur eingeschottert und nicht einbetoniert werden, so versieht man dieselben mit Querriegeln, um in dem nach-giebigen Erdreiche einen besseren Halt zu erzielen. Diese Querriegel werden zweckmäßig aus dem obern Teile des Holzstammes, aus welchem der Mast gewonnen wird, hergestellt und können mittels Schellen aus Rund- oder Flacheisen an dem in den Boden zu fundierenden Teil des Holzmastes befestigt werden. Statt der Querriegel können auch Wellbleche, Winkeleisen u. dgl. in Verwendung kommen. Bei gutem Erdreich kann man Querriegel, Wellbleche u. dgl. entbehren.

Die eisernen oder stählernen Rohrmaste erhalten meist Sockel und Zierringe aus Gußeisen und Zierkappen aus Eisen- oder Zinkblech oder auch aus Gußeisen (Fig. 25). Sämtliche Armaturen werden einfach auf den Mast geschoben, ohne daß eine besondere Befestigung in Anwendung zu kommen braucht. Die Zierkappen pflegt man erst dann aufzusetzen, wenn die Maste aufgestellt sind, bzw. wenn die Leitungsanlage vollständig fertiggestellt ist.

Die Zierringe dienen gleichzeitig dazu, die Verbindungsstellen der Rohre — die Maste sind oftmals aus mehreren Rohren zusammen-gesetzt — oder auch die Absätze der Maste zu verdecken. Bei konisch verlaufenden Masten ist ein genaues Passen der Zierringe nötig, da sonst die Zierringe verschiedener Maste in verschieden hoher Lage zu sitzen kommen.

Mastfüße können bei Einbetonierung der Maste ganz entfallen. Brustlehnen aus Wellblech kommen nur dann zur Verwendung, wenn ein Einschottern der Maste vorgenommen wird. In manchen Fällen müssen die Ziersockel durch besondere Radabweiser gegen etwaige Be-schädigungen durch Fuhrwerke geschützt werden.

Die Gittermaste versieht man gewöhnlich nur mit Zierkappen, nicht mit Zierringen oder Sockeln.

Die Armaturteile pflegt man innen zu asphaltieren und außen zu minisieren. Nach erfolgter Montierung am Maste bzw. mit dem Maste, werden dieselben (gleichzeitig mit dem Maste) mit Ölfarbe ge-strichen.[1] Zierkappen aus Zinkblech oder gut verzinktem Eisenblech können auch ungestrichen in Verwendung kommen.

---

[1] Es muß dabei darauf gesehen werden, daß auch die von den Arma-turen bedeckten Stellen der Maste gestrichen werden, da sonst diese Stellen leicht rosten und der Rost auch tiefer liegende Stellen in Mitleidenschaft zieht.

Manchmal stellt man die Zierkappen aus Gufseisen her und bildet dieselben so aus, dafs sie zur Aufnahme von Isolatoren geeignet sind (siehe Taf. 5).

Versieht man das obere Mastende mit einem Pfropfen aus Hartholz und setzt die Zierkappe oder den Zierkopf auf den Holzpfropfen auf, so kann man eine ziemlich gute Isolation zwischen Mastkopf und Mastschaft erreichen. Um den Holzpfropfen dauerhafter zu machen, kocht man denselben in Paraffin (im Vakuum).

Eine Vereinigung von Bahnmasten mit Lichtmasten ist im allgemeinen nicht empfehlenswert. Maste, welche Quer- und Spanndrähte aufzunehmen haben, zeigen gewöhnlich — sofern die Maste nicht aufsergewöhnlich stark gemacht werden — eine so starke Durchbiegung, dafs aufgesetzte Bischofsstäbe usw. für Bogenlampen u. dgl. ein sehr unschönes Aussehen ergeben würden. Anders liegt die Sache bei Masten mit Auslegern. Diese Maste haben nur das am Ausleger wirkende Gewicht des Fahrdrahtes zu tragen, werden daher wenig beansprucht und nur unbedeutend durchgebogen; sie eignen sich daher zum Aufsetzen von Lyras und Bischofsstäben für Bogenlampen usw.

Wird eine Vereinigung von Bahnmasten mit Lichtmasten gewünscht, so müssen die Maste schon gleich anfangs diesem Doppelzwecke entsprechend hergestellt werden, und auch die Aufstellung der Maste mufs entsprechend vorgenommen werden.

Gewichte der Rohrmaste. Fig. 26 u. 27.

Art	Gewicht nackt rd. kg	Gewicht verziert ohne Sockel. rd. kg	Gewicht verziert mit niederem Sockel rd. kg	Gewicht verziert mit hohem Sockel rd. kg
0	145	160	200	275
I	180	195	240	335
I'	200	215	260	355
II	235	255	300	425
II'	240	260	305	430
II''	230	250	295	420
III	290	320	370	500
III'	300	330	380	510
III''	350	380	430	560
IV'	365	400	455	650
IV''	450	485	540	735
IV'''	575	610	665	860

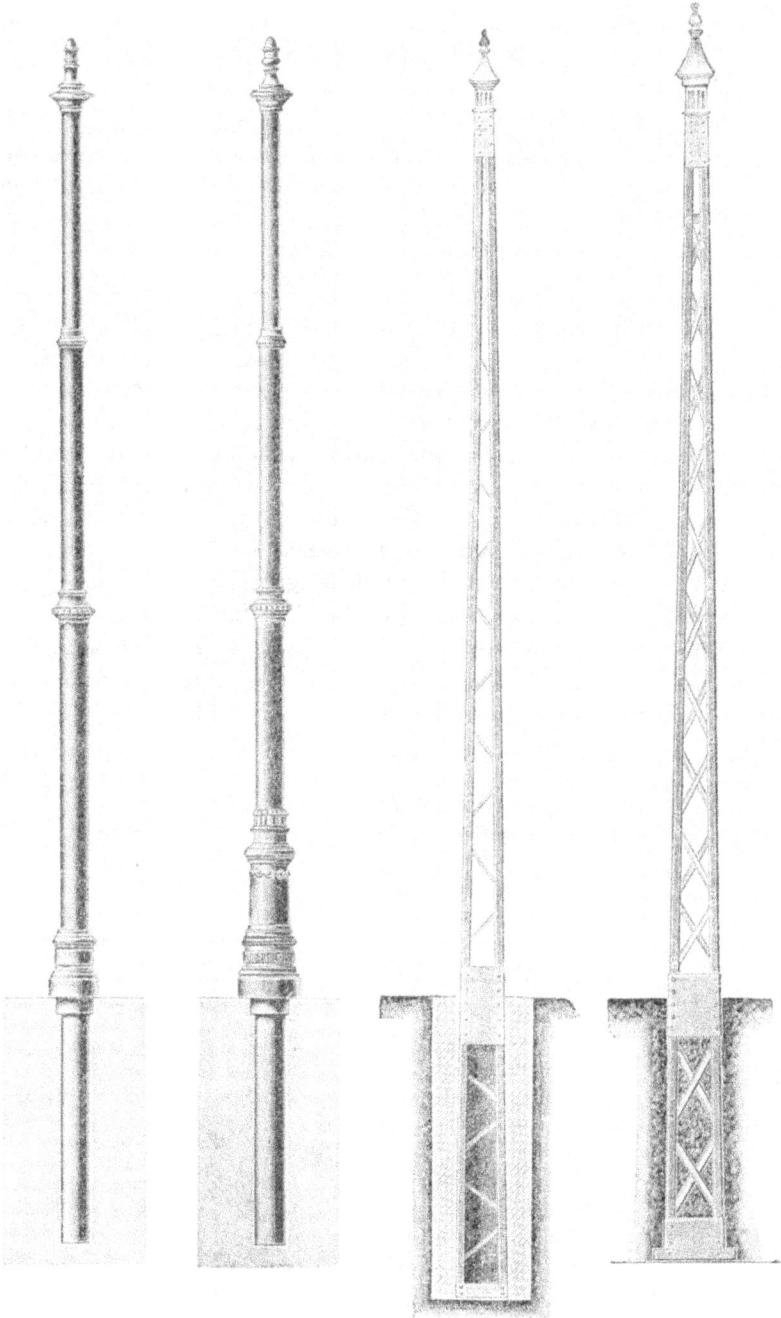

Fig. 26.   Fig. 27.   Fig. 28.   Fig. 29.

Gewichte der Gittermaste.

Art	Länge m	Horizontal-abzug am Kopf kg	Gewicht ohne Zier-kopf kg	Konstruktion
G I	8,3	180	185	Fig. 28.
G I′	8,8	180	200	Zwei einander zu-
G II	8,5	300	250	gekehrte ⊏-Eisen,
G II′	9,0	300	267	Ober- und Unter-
G II″	9,5	300	280	bleche, Flacheisen-
G III	8,5	500	300	verbindung.
G III′	9,0	500	320	
G III″	9,5	500	335	Fig. 29.
G IV′	9,0	500	545	Vier einander zu-
G IV″	9,5	500	572	gekehrte ∟-Eisen, Ober- und Unter-
G V″	9,5	1000	725	bleche, gekreuzte
G V‴	10,0	1000	765	Flacheisenstreben.

III. Abschnitt.

Quer- und Spanndrähte.

Für die Quer- und Spanndrähte verwendet man hauptsächlich
verzinkte Stahldrähte von 4—7 mm φ und einer Bruchfestigkeit von
70—90 kg pro qmm. [1] Aufserdem kommen in Verwendung verzinkte
Eisendrähte von 5—8 mm φ und einer Bruchfestigkeit von 45—65 kg
pro qmm, verzinkte Stahldrahtseile von 6—12 mm φ und einer Bruchfestigkeit von 70—100 kg pro qmm. In Nordamerika verwendet man
auch Bronzedrähte, die an Festigkeit den Eisendrähten gleichkommen.

Die schwächeren Drähte nimmt man für die Querdrähte (Tragdrähte), (Züge: 100—150 kg bei eingleisigen Strecken, 200—300 kg bei
zweigleisigen Strecken); die stärkeren Drähte als Spanndrähte (Züge bis
600 kg und mehr). Will man die Züge mehrerer Spanndrähte zu-
sammenfassen, dann erhält man manchmal Züge von 2000—3000 kg,
welch grofse Kräfte durch ein verzinktes Stahldrahtseil aufgenommen
werden.

Zweckmäfsig nimmt man:

1. für Querdrähte verzinkte Stahl-
   drähte von . . . . 5 mm φ = 19,6 qmm Querschnitt
2. für Spanndrähte verzinkte Stahl-
   drähte von . . . . 6 » » = 28,3   »   »
3. für Brückenverspannungen ver-
   zinkte Stahldrähte von . . . 7 » » = 38,5   »   »
4. für besonders stark beanspruchte
   Knotenpunkte Drahtseile von 10—15 mm φ.

---

[1] Vielfach kommen auch sog. Patentstahldrähte, das sind Stahldrähte,
welche bei der Fabrikation noch einem Härteverfahren unterworfen werden,
in Gebrauch. Die Festigkeit dieser Drähte beträgt bis zu 100 kg pro qmm.

Eigenschaften der Stahldrähte für die Quer- und Spanndrähte:

1. Die Oberfläche des Drahtes muſs möglichst glatt sein, darf also keine Risse und Furchen aufweisen.

2. Die Bruchfläche muſs eine gleichförmige matte hellgraue Farbe, ohne schwarze Punkte und glänzende helle Stellen, besitzen.

3. Die Festigkeit der dünnen Drähte ist im allgemeinen gröſser als die der dicken. Für Draht aus Siemens-Martinstahl ist eine Festigkeit von 75 kg pro qmm bei einer Dehnung von 6—7 % die häufigste. Dieser Draht ist noch genügend weich, um die Würgbunde (Schleifen) tadellos herstellen zu können.

4. Die Verzinkung des Drahtes muſs derart gut vorgenommen werden, daſs beim Wickeln desselben um einen Dorn vom Durchmesser des Drahtes selbst kein Abblättern der Zinkhaut stattfindet. Beim Eintauchen des verzinkten Drahtes in eine wässerige Lösung von Schwefelsäure (1 : 5) darf sich keine zusammenhängende Schichte bilden, der Überzug muſs leicht abfallen.

Bei Abnahme des Drahtes in den Werken pflegt man Zerreiſs- Biegungs- und Torsionsproben vorzunehmen. Bei den Zerreiſsproben wird die Bruchbelastung, Dehnung und Einschnürung beobachtet. Bei den Biegungsproben wird das Drahtstück mehrmals um 180° hin und her gebogen. Bei den Torsionsproben wird der Draht um die eigene Achse gedreht. Wichtig sind die Zerreiſs- und Biegeproben.

In nachstehender Tabelle sind die mit 5, 6 und 7 mm dicken, verzinkten Stahldrähten angestellten Zerreiſsversuche wiedergegeben.

Nr.	Durchmesser in mm	Bruchbelastung im ganzen	für 1 qmm	Dehnung %	Einschnürung %	Bemerkung
1.	5,0	1563	79,6	6,5	46,4	gerader Stab
	5,0	992	—	—	—	Würgbund
2.	5,1	1261	61,7	7,2	44,7	gerader Stab
	5,1	912	—	—	—	Würgbund
3.	6,0	1971	69,7	6,5	46,1	gerader Stab
	6,0	1409	—	—	—	Würgbund
4.	6,1	2196	75,2	6,5	46,1	gerader Stab
	6,1	726	—	—	—	Würgbund
5.	7,0	2868	74,5	7,1	38,2	gerader Stab
	7,0	1906	—	—	—	Würgbund
6.	7,1	2896	73,1	7,1	50,5	gerader Stab
	7,1	1848	—	—	—	Würgbund

Bei den mit Würgbunden versehenen Drahtstücken trat der Bruch stets in dem zur Schleife ausgebildeten Teile ein. Man ersieht aus dieser

Tabelle, daſs die Festigkeit der Würgbunde (Schleifen) bedeutend geringer ist als die Festigkeit des gerade gestreckten Drahtes. Dieser Umstand ist bei der Bemessung der Stahldrähte ganz besonders zu berücksichtigen.

Bei Stahldrähten mit sehr groſser Festigkeit (Patentstahldrähten) macht das Herstellen der Würgbunde Schwierigkeiten, und man bringt daher besondere Schleifen in Anwendung, welche mit den Draht-enden verlötet werden. Vgl. Abschn. IV.

Fahrdraht (Arbeitsdraht, Kontaktdraht).

Für den Fahrdraht[1]) kommt fast ausschlieſslich Hartkupferdraht, seltener Siliziumbronzedraht und Aluminiumdraht und zwar meist von kreisrundem Querschnitt in' Betracht.

Bei Hartkupfer- und Siliziumbronzedraht verwendet man meist Durchmesser von 8 und 8,17 mm $= {}^5/_{16}''$, entsprechend einem Quer-schnitt von 50 bzw. 52,42 qmm.

Für gröſsere Querschnitte hat man in neuerer Zeit auch die Achterform gewählt, wodurch ein bequemes und sehr sicheres Fassen des Drahtes erreicht wird. Das Abwickeln dieses Drahtes von Trommeln muſs jedoch mit groſser Sorgfalt vorgenommen werden, da sonst leicht ein Verdrehen desselben eintreten kann.

Die Leitungsfähigkeit des chemisch reinen Hartkupferdrahtes beträgt 57 in bezug auf Quecksilber (97 %) des reinen Kupfers), die des Weichkupferdrahtes etwa 58 (98,4 %), die des Siliziumbronzedrahtes jedoch meist nur 25—30 (42—50 %).

Die Leitungsfähigkeit des Aluminiums beträgt nur den 1,7 ten Teil des chemisch reinen Kupfers, dafür ist jedoch das Gewicht des Aluminiums bedeutend geringer, das Aluminium selbst widerstands-fähiger gegen die oxydierenden Einflüsse von Luft und Wasser.

Die Bruchfestigkeit beträgt:

a) bei Weichkupferdraht   24 kg durchschnittlich pro qmm
b) » Hartkupferdraht   40 »   »   »   »
c) » Bronzedraht   45—70 »   »   »   »
d) » Aluminiumdraht 20—25 »   »   »   »

Der Schmelzpunkt des Aluminiums[2]) liegt bei 700° C; der des Kupfers bei 1100° C. Der Koeffizient der Längenausdehnung für 100° C beträgt für Kupfer $0,001718 = \frac{1}{582}$; für Aluminium $0,0023 = \frac{1}{435}$.

---

[1]) Statt des Wortes ›Fahrdraht‹ werden oftmals auch die Bezeich-nungen Arbeitsdraht, Kontaktdraht, Trolleydraht, Rollendraht usw. gebraucht, indes erscheint die Bezeichnung ›Fahrdraht‹ seiner Kürze und Klarheit wegen als die geeignetste; auch wurde diese Bezeichnung vom Verband Deutscher Elektrotechniker angenommen.

[2]) Über Versuche mit Aluminiumleitungen siehe E. Z. 1900. 797.

Ein Stück Kupferdraht von 40 m Länge wird bei einer Temperaturzunahme von 40^0 (-15^0 bis $+25^0$) sich um $0,001718 \times 40000 =$
68,72 mm strecken, Aluminiumdraht von derselben Länge streckt sich
bei der gleichen Temperaturzunahme um $0,0023 \times 40000 = 92$ mm,
also fast um **33%** mehr.

Die Elastizitätsgrenze für den Hartkupferdraht kann zu 1200 kg
pro qcm angenommen werden, demnach darf für einen Draht von
8 mm ϕ bzw. 50 qmm Querschnitt die Belastung 600 kg nicht überschreiten, sofern eine bleibende Ausdehnung nicht eintreten soll.

Das spez. Gewicht des Aluminiums ist 2,65—2,70, das des Kupfers
8,9; der Leitungswiderstand ist bei 15^0 C für Aluminium $0,02874\ \Omega$,
für Kupfer $0,0175\ \Omega$; demnach verhält sich in bezug auf Leitungsfähigkeit Cu : Al $= 1,7 : 1$. Der Paritätspreis für Cu ist demnach:

$$Cu = Al \cdot \frac{1,7 \cdot 2,65}{8,9}.$$

In neuerer Zeit werden Leitungsdrähte auch aus Magnalium,
einer Legierung von Aluminium und Magnesium und andern Metallen,
hergestellt. Das spez. Gewicht des Magnaliums beträgt 2,4 bis 2,64:
es ist also noch etwas leichter wie Aluminium. Magnalium ist von
silberweißer Farbe und der Rost- und Grünspanbildung nicht unterworfen. Der Schmelzpunkt des Magnaliums liegt zwischen 550 und
650^0 C; das Schwindmaß beträgt 1,5%.

Das Magnalium läßt sich leicht bearbeiten, schmieden, polieren
und mit eigenem Lot auch löten. Die Festigkeit des Magnaliums ist
größer als die des Aluminiums, der Preis derzeit doppelt so hoch wie
der des Aluminiums.

Die Firma J. Malovich & Cie. in Wien gibt folgende Festigkeits-
tabelle für Magnalium bekannt:

Material		Strecklast	Zugfestigkeit	Dehnung	Druckfestigkeit
			kg pro qmm		
Sandguß . . .	Leg. M	—	16,—	— %	—
» . . .	» P. 5	—	11,3	0,7 »	30
Coquillenguß .	» M	15,4	22,7	2,75 »	—
» .	» A	21,4	25,9	—	—
Walzstab . . .	» O	—	25,9	7,2 »	—
Draht in Ringen	1 mm	—	40,2	—	—
» » »	3 »	—	26,9	—	—
Blech	0,2 »	21,6	22,5	2,1 »	—
»	1 »	21,5	23,5	3,25 »	—
»	3 »	20,5	21,—	4,10 »	—

Für Fahrdrähte wird wohl Magnalium wie Aluminium kaum in
Betracht kommen.

Das Aluminium ist gegen trockene und feuchte Luft, gegen Wasser,
Kohlensäure, Schwefelwasserstoff und viele organische Säuren nahezu unempfindlich. Von Salpeter, verdünnter Schwefelsäure wird Aluminium langsam angegriffen, von Salzsäure und alkalischen Flüssigkeiten (Laugen) auf-
gelöst. Aluminium bildet keinen Rost, Grünspann oder sonstige giftige
chemische Verbindungen; es ist härter als Zinn und Zink, aber weicher als
Kupfer und Messing, sein Wärmeleitungsvermögen ist etwa halb so grofs
als das des Kupfers. Aluminium darf jedoch mit andern Metallen — mit
Ausnahme von Zink oder verzinkten Metallen — nicht in Berührung kommen,
da sonst galvanische Wirkungen auftreten und hierdurch eine allmähliche Zerstörung der Metalle herbeigeführt wird. Aluminium eignet sich aus diesem
Grunde nicht für Schienenverbindungen.

Gewichtstabelle.

Durch- messer mm	Querschnitt qmm	Hartkupfer- draht in Gramm pro lfd. m	Eisendraht in Gramm pro lfd. m	Aluminium- draht in Gramm pro lfd. m	Magnalium- draht in Gramm pro lfd. m
12,0	113,10	1008	864	305,3	288,0
11,0	95,03	848	726	256,5	242,0
10,0	78,54	698	611	212	200,0
9,5	70,88	629	551	191,4	180,5
9,0	63,62	567	495	171,7	162,2
8,5	56,74	505	441	153,2	144,6
8,0	50,27	· 447	391	135,7	125,0
7,5	44,18	392	34	119,3	109,8
7,0	38,14	341	294	103,9	98,0
6,5	33,18	294	253,5	89,58	84,5
6,0	28,27	252	216	76,32	72,0
5,5	23,76	212	181,5	64,12	60,5
5,0	19,64	174,5	150	53,00	50,0
4,5	15,90	141,3	121,5	42,93	40,5
4,0	12,57	111,8	97,7	33,91	32,0
3,5	9,62	85,8	74,8	25,97	24.5
3,0	7,069	62,9	54,8	19,06	18,04
2,5	4,909	43,6	37,5	13,13	12,5
2,0	3,142	27,9	24,0	8,48	8,00
1,5	0,860	15,67	13,74	4,77	4,52
1,0	0,785	6,98	6,00	2,12	2,00
0,5	0,106	1,745	1,50	0,53	0,50

Durch Lötung (Weichlot) sinkt die Festigkeit des Hartkupferdrahtes von 40 kg bis auf 30 kg pro qmm. Hieraus ersieht man
sofort, dafs man bei Verwendung von Hartkupferdraht alle Lötstellen
möglichst vermeiden soll. Lötstellen, welche vor dem Auswalzen des

Drahtes hergestellt werden und dann beim Auswalzen eine sehr bedeutende Länge (1 m und mehr) aufweisen, beeinträchtigen die Festigkeit nur unbedeutend. Derartige Lötstellen können jedoch nicht bei der Montage hergestellt werden. Bei Anwendung von Aluminiumdrähten ist der hohen spezifischen Wärme wegen das Löten der Stofsoder Aufhängestellen sehr schwierig; man sucht daher durch Anwendung besonderer Muffen das Löten ganz zu vermeiden.

Tabelle über Bruchfestigkeit und elektrischen Widerstand von Kupfer-, Bronze- und Aluminiumdrähten.

Querschnitt mm	Durchmesser der Drähte mm	Weichkupferdraht		Hartkupferdraht		Bronzedraht A		Bronzedraht B		Aluminium	
		Festigkeit in kg	Widerstand in Ω pro 1 km	Festigkeit in kg	Widerstand in Ω pro 1 km	Festigkeit in kg	Widerstand in Ω pro 1 km	Festigkeit in kg	Widerstand in Ω pro 1 km	Festigkeit in kg	Widerstand in Ω pro 1 km
0,785	1	18,8	20,63	31,4	20,63	35,3	21,14	55,0	48,00	20,4	35
1,767	1,5	42,4	9,15	70,7	9,15	79,5	9,38	123,7	21,34	40,6	16
3,142	2	75,4	5,16	125,7	5,16	141,3	5,28	219,8	12,00	72,3	8,7
4,909	2,5	117,8	3,31	196,4	3,31	221,0	3,38	343,7	7,68	108	5,8
7,069	3	169,7	2,29	282,8	2,29	318,2	2,35	494,9	5,33	142	4,3
12,566	4	301,7	1,29	502,6	1,29	565,6	1,32	880,0	3,00	240	2,1
19,653	5	471,2	0,825	785,4	0,825	883,6	0,845	1374,4	1,92		1,3
28,274	6	678,6	0,573	1130,9	0,573	1272,3	0,587	1979,2	1,33		1,01
38,485	7	923,6	0,421	1539,4	0,421	1731,8	0,431	2694,0	0,979		0,72
50,266	8	1206,4	0,322	2010,6	0,322	2261,9	0,330	3518,6	0,750		0,52
63,617	9	1526,8	0,254	2544,7	0,254	2862,8	0,261	4453,2	0,593		0,46
78,54	10	1885,0	0,206	3141,6	0,296	3534,3	0,211	5497,8	0,480		0,35

Der Fahrdraht aus Hartkupfer wird in Längen von 500 m (250 kg) ohne jede Lötstelle und in Längen bis zu 3000 m (1500 kg) mit ausgewalzten Lötstellen geliefert. Diese Lötstellen werden vor dem Ziehen durch das letzte Zieheisen hergestellt und bis zu 1 m Länge ausgewalzt, wodurch die Festigkeit des Fahrdrahtes an den Lötstellen nur unbedeutend verringert wird.

Der Hartkupferdraht wird auf Holztrommeln von 1000 mm ɸ gewickelt, wobei die Enden des Drahtes sorgfältig auf der Trommel befestigt werden müssen, um beim Abwickeln ein Abschnellen des Drahtes zu vermeiden.

Sehr zweckmäfsig ist es, die Längen der auf die Trommel gewickelten Drahtbunde auf die Trommel zu schreiben, um bei der Montage eine zweckentsprechende Verteilung der Fahrdrahtlängen vornehmen zu können. Man pflegt auf eine Trommel Draht bis zu

3 t Gewicht aufzuwickeln. Ein gröfseres Gewicht würde die Transportfähigkeit der Trommel beeinträchtigen.

Vergleichende Zusammenstellung zwischen Kupfer- und Aluminiumdrähten bei gleichem Leitungswiderstande.

Querschnitt qmm		Leitungs-widerstand pro 1000 m bei 15° C	Anzahl der einzelnen Drähte		Durchmesser der einzelnen Drähte in mm		Gesamt-durchmesser in mm		Nettogewicht pro 1000 m in kg	
Kupfer	Alum.		Kupf.	Alum.	Kupfer	Alum.	Kupfer	Alum.	Kupfer	Alum.
0,5	0,82	34,90	1	1	0,798	1,04	0,8	1,04	4,5	2,13
1,0	1,65	17,45	1	1	1,128	1,45	1,13	1,45	8,9	4,3
1,5	2,47	11,634	1	1	1,382	1,77	1,4	1,77	13,4	6,4
2,0	3,29	8,725	1	1	1,596	2,05	1,6	2,05	17,8	8,6
2,5	4,12	6,980	1	1	1,783	2,29	1,8	2,29	22,2	10,7
3,0	4,94	5,817	1	1	1,955	2,51	1,95	2,51	26,4	12,8
4,0	6,60	4,363	1	1	2,258	2,90	2,25	2,90	36,0	17,2
5,0	8,24	3,490	1	1	2,522	3,24	2,52	3,24	45,0	21,4
6,0	9,88	2,908	1	1	2,762	3,55	2,8	3,55	53,0	25,7
7,0	11,53	2,493	1	1	2,986	3,83	3,0	3,83	62,0	30,0
10,0	16,47	1,745	1	1	3,565	4,58	3,56	4,58	89,0	43,0
12,5	20,58	1,396	1	1	3,990	5,12	4,00	5,12	111,0	54,0
16,0	26,35	1,091	1	7	4,520	2,18	4,5	6,50	142,0	69,0
20,0	32,94	0,873	1	7	5,048	2,45	5,05	7,40	178,0	86,0
25,0	41,18	0,698	1	7	5,640	2,74	5,64	8,20	223,0	107,0
35,0	57,64	0,499	7	19	2,522	2,97	7,6	9,85	311,0	150,0
50,0	82,35	0,349	19	19	1,831	2,53	9,1	11,75	445,0	214,0
70,0	115,29	0,249	19	19	2,163	2,78	10,8	13,90	623,0	300,0
95,0	156,46	0,184	19	19	2,522	3,24	12,6	16,18	846,0	407,0
115,0	189,41	0,152	19	19	2,780	3,56	13,9	17,80	1023,0	492,0
120,0	197,64	0,145	19	19	2,840	3,64	14,2	18,20	1068,0	514,0
125,0	205,80	0,140	19	19	2,900	3,71	14,5	18,55	1113,0	535,0
130,0	214,10	0,134	19	19	2,960	3,79	14,8	18,95	1157,0	557,0
140,0	230,58	0,125	19	19	2,070	3,93	15,5	19,65	1246,0	600,0
150,0	247,05	0,116	19	19	3,180	4,07	16,0	20,35	1335,0	642,0

Die Abnutzung des Fahrdrahtes im Betriebe ist zurückzuführen:

1. auf die Reibung (rollende oder gleitende),
2. auf den unvollständigen Kontakt des Stromabnehmers mit dem Fahrdrahte.

Bei Verwendung eines Rollenkontaktes tritt eine gleitende Reibung an den Rollenflanschen auf; diese Reibung kommt besonders in den Kurven zur Geltung, weil hier durch die Zentrifugalkraft die Rolle nach aufsen geschleudert wird. Fig. 30a.

Bei Verwendung eines Bügelschleifenkontaktes tritt eine gleitende Reibung auf, welche eine Abnutzung des Arbeitsdrahtes an den unteren Stellen des Drahtes hervorbringen wird. Durch Anwendung von sehr weichen Metallen (Aluminium u. dgl.) für den Gleitbügel kann die Abnutzung des Fahrdrahtes auf ein Minimum herabgedrückt werden. (Fig. 30b.)

Die Abnutzung des Fahrdrahtes wird anfangs rascher vor sich gehen als später, weil die Abnutzungsfläche naturgemäfs immer breiter, der spezifische Reibungsdruck also kleiner wird.

Die Abnutzung durch unvollständigen Kontakt und die damit bedingte Funkenbildung[1]) tritt stets auf, wenn sich zwei Körper unter nicht zu grofsem Drucke aneinander vorbei-bewegen, ähnlich wie beim Lichtbogen. Das positive Kontaktstück zeigt dann eine starke Abnutzung, weil hier nicht nur eine stärkere Verbrennung, sondern auch eine Überführung der Teilchen (durch Elektrolyse) zum negativen Pol stattfindet.

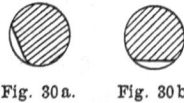

Fig. 30a.   Fig. 30b.

Durch starkes Feuern (Funkenziehen) des Stromabnehmers kann auch ein Ausglühen des Hartkupferdrahtes eintreten, wodurch die Festigkeit des Drahtes ganz bedeutend leidet und unter Umständen auch ein Reifsen des Drahtes zur Folge haben kann.

Brandstellen am Fahrdrahte werden an denjenigen Stellen der Bahnanlage auftreten, bei welchen durch eine mangelhafte Geleis-anlage ein starkes Schaukeln der Motorwagen auftritt und infolge hier-von ein oftmaliges Abschleudern des Stromabnehmers vom Fahrdrahte und damit zusammenhängend ein Funkenziehen zu beobachten ist.

Da beim Anfahren stets ein grofser Stromverbrauch stattfindet, so wird man nach allen Haltestellen eine stärkere Abnutzung des Fahr-drahtes wahrnehmen als auf der sonstigen Strecke. Aus dem gleichen Grunde wird das zu Berg führende Geleis eine bedeutend stärkere Abnutzung am Fahrdraht aufweisen wie das zu Tal führende Geleis. Nach längerem Betriebe kann man genau die Anfahrstellen und die Stellen der stärkeren Neigungen am Fahrdraht erkennen.

Des Spannungsausgleiches wegen ist es vorteilhaft, den zu Tal führenden Fahrdraht mit dem zu Berg führenden Fahrdrahte an vielen Stellen stromleitend zu verbinden. (Vgl. Abschnitt IV.)

Die Abnutzung des Fahrdrahtes durch unvollständigen Kontakt könnte vermindert werden, wenn man (bei Gleichstrom) den Strom von den Schienen durch Motor, Stromabnehmer usw. zu dem Fahr-draht fliefsen liefse, indes entstehen hierdurch andere Nachteile (vgl. Schienenrückleitung, Abschnitt VI).

---

[1]) Vgl. v. Hefner Alteneck. E. Z. 1895, S. 35.

Die Abnutzung des Fahrdrahtes wird verringert:

1. Durch straffes Spannen der Oberleitung und sorgfältige Durchbildung und Montierung der für die Aufhängung des Fahrdrahtes
dienenden Ösen oder Klemmen, wodurch das Abschleudern des Stromabnehmers und dadurch die Funkenbildung hintangehalten wird.

2. Durch ein möglichst gleichmäßiges, nicht zu starkes, jedoch
auch nicht zu leichtes Anpressen des Stromnehmers gegen die Leitung für jede Lage des Arbeitsdrahtes.[1])

3. (Für die Rolle) durch richtige Wahl der Polygonwinkel in den
Kurven (vgl. Abschnitt II).

4. (Für den Bügel) durch eine genügend starke Zickzackverspannung des Fahrdrahtes in den geraden Strecken (vgl. Abschnitt II).

5. (Für den Bügel) durch zeitweiliges Einfetten der Leitung, um
die Reibung zu vermindern.

Nicht nur um ein gutes Aussehen der Arbeitsleitung, sondern
hauptsächlich um ein gutes Arbeiten des Fahrkontaktes zu erzielen,
wird der Fahrdraht möglichst straff ausgespannt. Bei stark durch-
hängendem und schwankendem Drahte kann leicht ein Entgleisen der
Rolle oder auch des Bügels stattfinden. Besonders bei großer Geschwindigkeit der Motorwagen ist ein straffes Spannen des Fahrdrahtes ganz unerläßlich. Gegen ein straffes Spannen des Fahrdrahtes
können nur die größer werdende Beanspruchung desselben und die
erhöhte Resonanzwirkung ins Feld geführt werden. Um nun den
starken Änderungen des Fahrdrahtes durch den Einfluß der Temperatur gerecht zu werden, hat man vielfach mit gutem Erfolge sog.
Nachspannvorrichtungen eingeführt, mittels welcher man im Winter
den Fahrdraht etwas länger und im Sommer etwas kürzer machen kann.

Im allgemeinen genügt jedoch die Elastizität des Hartkupferdrahtes, um die Ausdehnungen des Drahtes durch den Einfluß der
Temperatur zum Teil ausgleichen zu können.

Es soll eine möglichst elastische Aufhängung des Arbeitsdrahtes
angestrebt werden, damit auch abnormalen Beanspruchungen Rechnung
getragen werden kann. Durch die sog. Querdrahtaufhängung ist ohne-
hin eine elastische Aufhängung geboten. Bei Auslegern pflegt man
dieselben neuerdings so auszuführen, daß der Fahrdraht an einem,
wenn auch kurzem Stück Querseil befestigt wird, welches wiederum
an dem Ausleger isoliert aufgehängt ist.

Durch Einbau von Federn in die Aufhängungen starrer Ausleger kann man ebenfalls eine elastische Aufhängung des Fahrdrahtes

---

[1]) Dieser Anpressungsdruck beträgt beim Bügel 3—4 kg; bei der Rolle
5—8 kg; der Anpressungsdruck muß im allgemeinen umso größer sein, je
schlechter die Geleisanlage ist.

erzielen. Durch Einbau von Federn in die Spanndrähte könnte man dem Einfluss der Temperatur begegnen, doch würde hierdurch eine bedeutende Komplikation geschaffen, auch ist die Dauer der Federn im Freien nur eine kurze.

Eine gewisse Nachgiebigkeit der Spanndrähte wird jedoch durch die Elastizität der Maste und der schalldämpfenden Einlagen bei Wandplatten und Schalldämpfern erreicht.

Den Einfluss der Temperatur auf die Dehnung und Kürzung des Fahrdrahtes kann man auch durch den Einbau elastischer Strecken-isolatoren ausgleichen, wobei jedoch wiederum Federn notwendig werden.

Der Fahrdraht wird auch im Betriebe manchen oft unvermeidlichen Beanspruchungen ausgesetzt, welche häufig auch einen Bruch des Fahrdrahtes zur Folge haben. Diese Beanspruchungen werden herbeigeführt:

1. Durch Hängenbleiben des Stromabnehmers am Tragwerk, besonders in Weichen, Kreuzungen und an den Verankerungsstellen. Der Stromabnehmer sowohl wie die Aufhängeteile müssen daher entsprechend geformt werden, um ein Hängenbleiben — welches hauptsächlich beim Fahren mit verkehrtem Stromabnehmer auftritt — möglichst hintanzuhalten. Aus diesem Grunde gibt man dem Rollenkorb der Kontaktrolle die Form eines Schlangenkopfes; ferner dem Kontaktbügel eine solche Form, dass bei einer allenfalsigen Entgleisung der Bügel von selbst wieder in die richtige Lage kommt, ohne ein Hängenbleiben an den Drähten oder den Aufhängungsteilen herbeizuführen.

Die Konstruktion der Stromabnehmer soll ferner derart sein, dass bei einem allenfalsigen Hängenbleiben ein Konstruktionsteil des Stromabnehmers und nicht ein solcher des Tragwerkes zum Bruche kommt.

2. Durch Schlagen des Stromabnehmers nach erfolgter Entgleisung desselben gegen das Tragwerk. Dieses Entgleisen tritt hauptsächlich bei der Kontaktrolle auf und zwar meist in Kurven, Weichen und Kreuzungen. Durch den Schlag des entgleisten Stromabnehmers kann ein Querdraht reissen und nun eine besonders grosse Beanspruchung der nächstfolgenden Aufhängestellen hervorgerufen werden, wodurch auch der Fahrdraht in Mitleidenschaft gezogen wird.

3. Durch zum Bruch kommende Bahnmaste, sei es durch Anfahren von Fuhrwerken, durch Abfaulen oder Abrosten der Maste selbst. Besonders gefährlich sind in dieser Beziehung Holzmaste, welche oft schon nach wenigen Jahren durch Abfaulen zum Bruche kommen.

Bei sorgfältig montierten Wandplatten ist ein Ausreissen der Befestigungsschrauben aus dem Mauerwerke nicht zu befürchten.

4. Durch Bruch von Oberleitungsbestandteilen aller Art, besonders durch Reissen von Abspanndrähten. Das Reissen von Abspanndrähten kann entweder durch aussergewöhnlich starke Beanspruchung

bei sehr starkem Frost und durch Durchrosten der Schlingaugen eintreten. Durch abstürzende Gerüsthölzer bei Neubauten, durch das
Eingreifen der Feuerwehren bei Bränden u. dgl. sind ebenfalls schon
Brüche an dem Tragwerke vorgekommen. Doch sind das aufser-
gewöhnliche Beanspruchungen, welchen man durch Konstruktionen
nicht Rechnung tragen kann.

5. Durch Telegraphendrähte oder auch besonders starke Telephondrähte, welche reifsen und auf den Fahrdraht fallen und denselben
gleichzeitig an Erde legen, kann ein Durchbrennen des Fahrdrahtes
— durch auftretenden starken Lichtbogen — stattfinden (vgl. Abschnitt VII).

Die Fahrdrähte werden als blanke Leitungen im Freien nicht nach
den Vorschriften des Verbandes Deutscher Elektrotechniker dimensioniert. Man kann die zulässige Betriebsstromstärke für die Fahrdrähte etwa $1\frac{1}{2}$ mal so grofs nehmen als die Betriebsstromstärke für
blanke Leitungen nach den Sicherheitsvorschriften für elektrische
Mittelspannungsanlagen:

Durchmesser des Fahrdrahtes	Querschnitt	Betriebsstromstärke der Mittelspannungsleitungen	der Fahrdrähte
6	28,27	60	90
7	38,48	80	120
8	50,26	100	150
9	63,62	125	180
10	78,54	155	230
11	95,03	190	280
12	113,10	220	330.

Für Aluminiumdrähte wird man, der geringeren Leitungsfähigkeit
wegen, die Betriebsstromstärke für 1 qmm Querschnitt entsprechend
kleiner nehmen müssen.

Von den Fahrdrähten führen gewöhnlich gummiisolierte Leitungen zu den Streckenausschaltern, welche man meist etwas reich-
licher dimensioniert wie die blanken Fahrdrähte.

Die zu den Blitzschutzvorrichtungen führenden blanken oder
isolierten Leitungen nimmt man im Querschnitt 35—70 qmm an.

Isolierung und Aufhängung des Fahrdrahtes.[1])

Der Fahrdraht mufs in einer ganz bestimmten Lage über der
Mitte des Geleises und in einem bestimmten Abstande von der Schienenoberkante festgehalten werden. Hierzu dienen die Quer- und Spann-

---

[1]) Vgl. auch: Oberleitungsmaterial für elektr. Bahnen von Ingenieur
Benz (A. E. G. Berlin). E. Z. 1899, S. 493. — Oberleitungsmaterial für Bügel-
kontakt von Siemens & Halske. Z. f. E. 1899, S. 66.

drähte, welche einerseits vom Fahrdrahte, anderseits von den Stützpunkten isoliert werden, so daſs also der Fahrdraht gegen die Stützpunkte eine doppelte Isolation aufweist.

a) Isolatoren zur Isolierung der Quer- und Spanndrähte
von den Stützpunkten (Spannvorrichtungen).

Die zur Befestigung der Quer-, Spann- und Verankerungsdrähte
an den Stützpunkten (den Wandplatten oder Masten) dienenden Isolatoren werden fast allgemein als Spannvorrichtungen ausgebildet und
heiſsen dann auch Wirbelisolatoren,
Wandspanner (strain insulators).

Die gebräuchlichsten Formen
zeigen die Figuren 31 bis 36. Fig. 31
veranschaulicht einen Spannbolzen.

Fig. 31.

mit eingebauter Porzellanrolle, wel-
cher Spannbolzen hauptsächlich bei Holzmasten Verwendung findet.

Fig. 32 und 33 zeigen sog. Wirbelisolatoren oder isolierte Spannvorrichtungen, wie sie für Stützpunkte jeder Art allgemein Verwendung finden. Der Bolzen ist dabei gewöhnlich aus Bronze hergestellt.

Fig. 32.

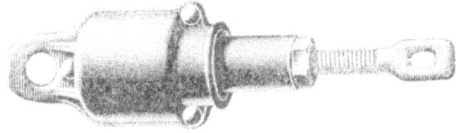

Fig. 33.

Fig. 34.

Fig. 35.

Die Mutter für diesen Bolzen bildet eine Hülse aus Weichguſs, welche
verzinnt bzw. verzinkt und dann mit einer Isolationsmasse umprefst
wird. Diese Hülse ist so geformt, daſs sie im umprefsten Zustande
von einem Gehäuse aus Weichguſs aufgenommen werden kann, wobei
jedoch die Hülse im Gehäuse drehbar bleibt.

Das Spannvermögen der genannten Spannvorrichtungen braucht nicht sehr grofs zu sein, besonders dann nicht, wenn die Stützpunkte eine kleine (bei eisernen Rohrmasten) oder fast gar keine (bei Wand-platten) Nachgiebigkeit aufweisen. Bei sehr langen Drähten, z. B. den

Fig. 36.

Verankerungsdrähten, ist es jedoch von Vorteil, das Spann-vermögen der Spannvorrich-tungen grofs zu halten. Man benutzt daher Spannschlösser (Fig. 34, 35, 36).

Das eine Ende dieser Spannschlösser wird dabei mit einem Isolator in Verbindung gebracht. Dieser Isolator kann wieder eine Porzellanrolle, Porzellannufs oder bei besseren Konstruktionen ein besonders konstruierter Isolator sein.

Vielfach werden die Spannvorrichtungen mit schalldämpfenden Einlagen aus Weichgummi, Kork u. dgl. ausgerüstet (vgl. Fig. 33 und 35).

b) Isolatoren zur Isolierung des Fahrdrahtes von den Quer-
und Spanndrähten (Aufhängungen oder Halter).

Zur Isolierung der Querdrähte von dem Fahrdrahte dienen sog. Halter oder Aufhängungen (hangers).

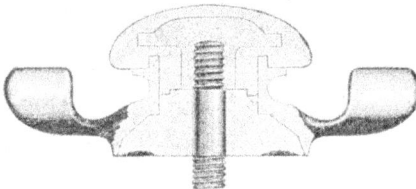

Fig. 37.

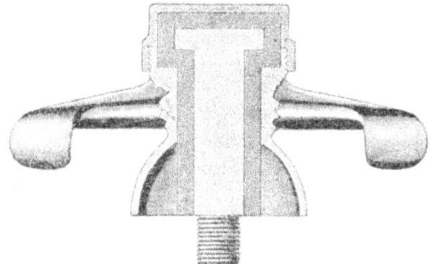

Fig. 39.

Fig. 38.

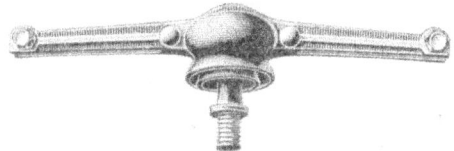

Fig. 40.

Es gibt bereits eine grofse Anzahl von Konstruktionen für die Fahrdrahtaufhängungen und es sollen hier wenige, besonders typische Formen erörtert werden.

Fig. 37 und 38 zeigen einen Halter für Rollenbetrieb. Ein Gehäuse aus Weichgufs dient zur Aufnahme eines isolierten Hängebolzens, dessen Mutter ganz von Isoliermasse umgeben ist. Das Gehäuse selbst ist so ausgebildet, dafs durch einfaches Einlegen des Querdrahtes eine genügende, gute Befestigung am Querdraht erreicht wird.

Fig. 39 zeigt ebenfalls eine Aufhängung für Rollenbetrieb. Hier besitzt das Gehäuse aus Weichgufs eine Überwurfmutter, mittels welcher der isolierte Hängebolzen im Gehäuse gehalten wird. Die Befestigung am Querdraht geschieht in ähnlicher Weise wie vorher.

Fig. 42.

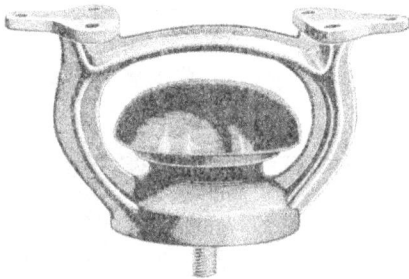

Fig. 41.

Fig. 43.

Fig. 40 stellt eine Aufhängung für Bügelbetrieb dar. Der isolierte Hängebolzen wird in einem zweiteiligen, zusammengenieteten Gehäuse aus Weichgufs gehalten. Die Arme des Gehäuses umgreifen den Querdraht scherenartig und können durch Anziehen der Endschrauben am Querdraht auch gegen seitliches Verschieben gesichert werden. Da man bei Bügelbetrieb den Fahrdraht im Zickzack spannt, so müssen die Aufhängungen auch gegen seitliches Verschieben gesichert werden.

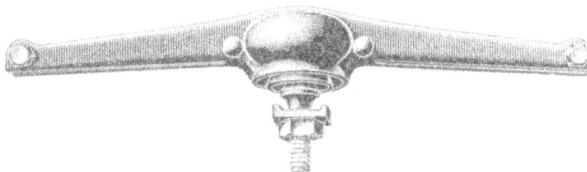

Fig. 44.

Fig. 41 u. 42 zeigen Aufhängungen zur Befestigung an Brücken und Decken.

In den Kurven können die Halter oder Aufhängungen (Fig. 37 bis 40) nicht ohne weiteres verwendet werden. Halter oder Aufhängungen für Kurven müssen starke seitliche Züge aufnehmen; sie

müssen daher so ausgebildet werden, dafs die Spanndrähte fest eingebunden werden können. Zu diesem Zwecke sind die kräftig gebauten
Arme der Halter oder Aufhängungen mit Ören versehen, oder sie
besitzen kleine Rollen zur Aufnahme des Spanndrahtes. Im übrigen
sind dieselben ganz gleicher Konstruktion wie die Aufhängungen für
gerade Strecken.

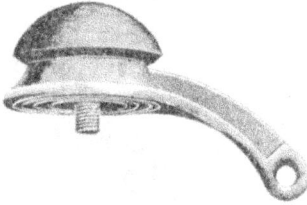

Fig. 45.

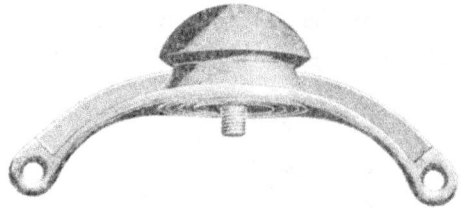

Fig. 46.

Die Kurvenaufhängungen werden entweder einarmig oder zweiarmig gebaut; einarmig (Fig. 43, 45 u. 47) dann, wenn die Kurvenaufhängung nur eine Kurve auszuziehen hat; zweiarmig (Fig. 44 u. 46),

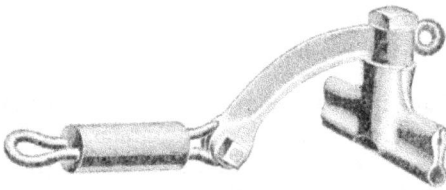

wenn der Spanndraht einer
zweiten Kurve mit eingebunden werden soll, oder
wenn die Kurvenaufhängung gleichzeitig auch als
Querdrahtaufhängung Anwendung findet.

Für Maste mit starren

Fig. 47.

Auslegern kommen noch
besonderen Konstruktionen von Aufhängungen in Betracht, welche
jedoch nur in der Art der Befestigung der Aufhängung am Maste
von den obenerwähnten Aufhängungen abweichen. Vielfach sucht
man dabei eine nachgiebige bzw. elastische Befestigungsart zu erzielen.

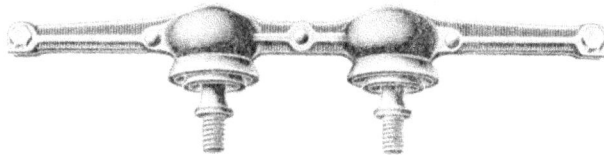

Fig. 48.

Für zweigeleisige Strecken, welche stellenweise eingeleisig verlaufen, und für welche eingeleisige Strecken man den Fahrdraht
trotzdem doppelt durchführen will, bringt man die sog. Doppel-

aufhängungen in Verwendung, deren Bauart mit den sonstigen Aufhängungen übereinstimmt (Fig. 48—51).

Fig. 49.

Fig. 50.

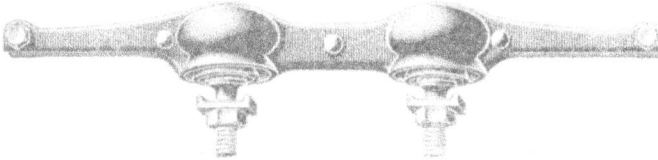

Fig. 51.

Befestigung des Fahrdrahtes an den Aufhängungen.

Das Befestigen des Fahrdrahtes an den Aufhängungen geschieht
entweder durch Klemmen oder durch Lötung oder durch Einlegen in
Halter von besonderer Form.

Die Klemmen (clamps) (Fig. 52 u. 53) ermöglichen eine rasche
Montage und auch ein rasches Auswechseln des Fahrdrahtes, dürfen
jedoch den Fahrdraht nur teilweise umfassen,
um beim Passieren des Stromabnehmers demselben kein Hindernis entgegenzustellen. Sehr
zweckmäfsig ist das Klemmen, wenn man dem
Fahrdraht einen 8-förmigen Querschnitt gibt;

Fig. 52.

hier kann eine starke Abnutzung des Fahrdrahtes stattfinden, ohne
dafs die Klemmen hiervon berührt werden (Fig. 55).

Das Löten von Ösen (ears) an den Fahrdraht (Fig. 54) wird
hauptsächlich bei Rollenbetrieb angewandt und mufs mit grofser Sorgfalt vorgenommen werden, damit kein zu starkes Ausglühen — und
hiermit zusammenhängend eine Verminderung der Festigkeit des

Fahrdrahtes — eintritt. Das Löten geschieht unter Verwendung sog.
Spannbügel mittels Lötkolben. Diese Spannbügel verhindern ein
Strecken des Fahrdrahtes während des
Lötens und dürfen erst nach dem Er-
kalten der Lötstelle entfernt werden.

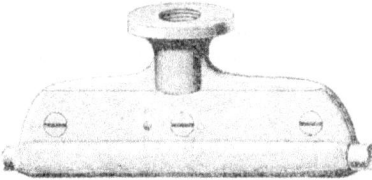

Fig. 53.

Fig. 54.

Die Anwendung besonders geformter Halter (Fig. 56), in welche
der Fahrdraht einfach eingelegt wird, ist keine häufige. Derartige Halter,
welche sich niemals in gewünschter Weise dem Fahrdraht anschmiegen,
bieten dem Stromabnehmer beim Vorübergang stets Hindernisse dar
und haben häufig ein Abschleudern des Stromabnehmers zur Folge.

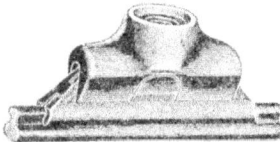

Fig. 55.

Fig. 56.

Fig. 57.

Fig. 58.

Fig. 59.

Fig. 60.

Im allgemeinen eignen sich die Klemmen mehr für den Bügel, die
Ösen mit Lötung mehr für die Rolle. Selbstredend erfordert das Löten
einen bedeutend längeren Zeitaufwand bei der Montage als das Klemmen.
Die Ausbildung der
Ösen, Klemmen und Halter
in der Art, daß der Anschluß
von Speiseleitüngen, Blitz-
ableiteranschlußleitungen

Fig. 61.

usw. ermöglicht wird, zeigen die Fig. 57, 58 u. 59.
Des weiteren können die Ösen, Klemmen und auch die Aufhängungen selbst so ausgebildet werden, daß mittels derselben ein Verankern der Fahrdrähte vorgenommen werden kann (Fig. 60, 61).

Fahrdrahtstöfse.

Sehr wichtig ist das Verbinden der Fahrdrahtenden untereinander, und es existieren diesbezüglich bereits eine grofse Anzahl von Konstruktionen.

Nimmt man das Ver-
binden von Fahrdrahtenden
an einer Aufhängung vor, dann
werden die diesbezüglichen

Fig. 62.

Klemmen oder Ösen entsprechend ausgebildet und die Fahrdrahtenden nebeneinander (Fig. 62) (für Bügel) oder hintereinander (Fig. 63) in die Klemme oder Öse eingeklemmt, eingelötet oder durch aufgestauchte Enden eingezwängt befestigt.

Fig. 63.

Findet das Verbinden der Fahrdrahtenden auf freier Strecke statt, dann kommen solche Konstruktionen in Verwendung, welche auch bei etwaiger Verdreh-
ung des Fahrdrahtes dem
Stromabnehmer kein beson-
deres Hindernis entgegen-
stellen. (Fig. 64.)

Fig. 64.

Bei sorgfältiger Arbeit kann man die Enden des Fahrdrahtes auch nur durch Löten (Hartlot) genügend fest verbinden. Zweckmäfsig werden dabei die Enden schräg zusammengestofsen.

Besondere Isolatoren.

Zum Einbau in die Quer- und Spanndrähte der oberirdischen Stromzuführung, besonders zur Herstellung der zweiten Isolation kommen einfache Isolatoren in Gebrauch.

Fig. 65.

Fig. 66.

Die einfachste Art dieser Isolatoren ist eine sog. Porzellannufs, ein durchaus glasiertes Porzellanstück mit sich kreuzenden Rillen zum

4 *

direkten Einbinden der Drähte (Fig. 65). Auch Porzellanrollen, welche durch
eiserne Schienen verbunden werden, kommen in Anwendung (Fig. 66).

Ein anderer nicht sehr gebräuchlicher Isolator ist der Holzstab-
isolator (Fig. 67). Ein in Paraffin und im Vakuum getränkter Holzstab
aus Buchsbaumholz, Weißbuchen u. dgl. sehr zähem Holze wird an den
Enden konisch gedreht und mit aufgepreßten Metallstücken versehen.

Fig. 67.   Fig. 68.

Ein sehr gebräuchlicher Isolator ist der Kugelisolator (Fig. 68 u. 69).
Die Metallösen greifen kettengliedartig ineinander, sind jedoch durch
Isolationsmasse (Fiberite, Hartgummi etc.) von einander isoliert und
kugelförmig umpreßt.

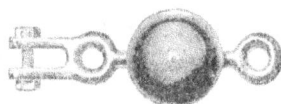

Fig. 69.   Fig. 70.

Eine andere sehr feste Konstruktion eines Isolators zeigt Fig. 70.
Ein stählerner Bolzen, in den der zu verspannende Draht eingebunden
wird, ist an seinem Kopfende mit einer dickwandigen Schicht aus
Hartgummi u. dgl. umpreßt und sodann von einem zweiteiligen Gehäuse aus Weichguß gefaßt. Die beiden Gehäusehälften sind vernietet

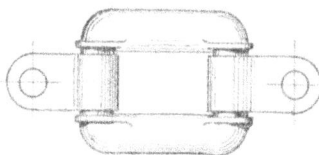

Fig. 71.   Fig. 72.

und haben eine Öse zum Einhängen in die Ösen der Wandplatten u. dgl.
oder zum Einbinden des Drahtes.

Ein eigenartiger für Bügelbetrieb besonders geeigneter Isolator
ist der sog. Schnallenisolator (Fig. 71), D. R. G. 125 710, welcher Isolator
eine vorzügliche Isolation und ein elegantes Aussehen aufweist.

Hesse bringt zwei mit Isolationsmasse umgebene und einander
zugekehrte Eisenstöpsel in Anwendung, welche durch eine zweiteilige
mit Innen- und Außengewinde versehene, aus Stahlblech gezogene

Verschlußkappe zusammengehalten werden (Fig. 72). Diesen Isolator bringt die Gesellschaft für Straßenbahnbedarf in Berlin in Gebrauch.

All die genannten Isolatoren können auch in Verbindung mit Spannvorrichtungen, Schalldämpfern usw. in Verwendung kommen. Wichtig ist bei diesen Konstruktionen, daß die spezifische Belastung des Isoliermaterials nicht zu groß werden darf. Ungünstig in dieser Beziehung sind die Kugelisolatoren, sehr günstig der Schnallenisolator. Die Kugelisolatoren sollen für keine stärkeren Züge als 300 kg verwendet werden, hingegen können die Isolatoren (Fig. 70 u. 72) für doppelt so starke Züge, die Schnallenisolatoren für dreimal so starke Züge und mehr verwendet werden.

Streckentrennungen.

Streckenisolatoren und Streckenausschalter.

Die Streckenisolatoren teilen die Arbeitsleitungen in Teilstrecken, welche durch sog. Streckenausschalter und entsprechende Verbindungskabel wiederum miteinander verbunden werden. Durch Öffnen der Streckenausschalter müssen die Teilstrecken stromlos gemacht werden können. Für Streckenisolatoren und Streckenausschalter erhalten wir daher die in Fig. 73[1]) angegebenen Schaltungen.

Die Isolierung einer Strecke von einer zweiten Strecke muß so erfolgen, daß der mechanische Kontakt des Stromabnehmers mit dem Fahrdrahte unverändert erhalten bleibt,

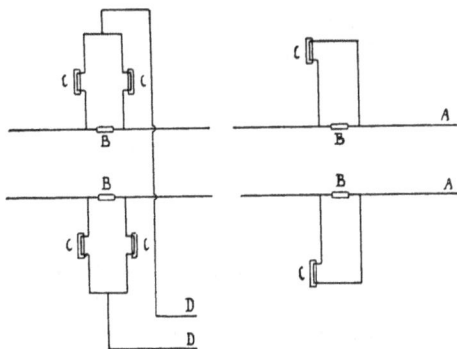

Fig. 73.

während der elektrische Kontakt auf eine bestimmte kurze Strecke unterbrochen werden kann. Man verwendet hierfür ein Isolationsstück, welches entweder aus einem gut imprägnierten, leicht auswechselbaren Holzstück oder einem sonstigen billigen Isolationsmaterial besteht; oder es sind abwechselnd aneinander gereihte Kupfer- und Glimmer-

---

[1]) In Fig. 73 bedeuten:

$A A$ = Arbeitsleitungen.
$B B$ = Streckenisolatoren.
$C C$ = Streckenausschalter.
$D D$ = Speisekabel.

scheiben von 1 bis 2 mm Dicke in Anwendung gebracht. Da bei einem
Leitungskurzschluſs infolge der bei elektrischen Bahnen gewöhnlich in
Anwendung kommenden ziemlich hohen Spannung von 500 bis 600 Volt
ein Überbrennen des Lichtbogens auf eine längere Strecke stattfinden
kann, so müssen entweder die Fahrdrahtenden sehr weit voneinander
entfernt sein oder es muſs eine Unterteilung der Isolationsstrecke stattfinden, damit der entstehende Lichtbogen keine schädliche Wärme-
wirkung auf die Isolations-
teile ausüben kann. Ver-
suche, auch hier die in
vielen Fällen mit so groſsem
Erfolge angewandte magne-
tische Funkenlöschung oder
die sog. Blashörner (vgl.
Blitzableiter, Abschnitt VII)
in Gebrauch zu bringen,
sind bis jetzt nur verein-
zelt aufgetaucht.

Fig. 74.

Fig. 75.

Die verschiedenen, sehr zahlreichen Konstruktionen der Streckenisolatoren einzeln zu beschreiben, würde hier zu weit führen. Die
Fig. 74—76 zeigen einige Typen von Streckenisolatoren für Rollenbetrieb, Fig. 77 einen Streckenisolator für Bügelbetrieb.

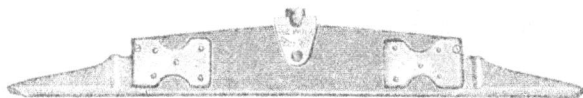

Fig. 76.

Die Streckenausschalter werden meist an den Masten angebracht
und stehen dann mittels isolierter Kabel mit den isoliert getrennten
Endstücken des Streckenisolators in Verbindung. Diese Ausschalter
werden so gebaut, daſs sie in einem wasserdicht schlieſsenden Kästchen
untergebracht werden können, welches dann an einem Maste oder an
einer Mauer montiert wird. Durch das Öffnen des Kästchens wird
gleichzeitig das Ausschalten vorgenommen (Fig. 79).

Die isolierten Kabel werden meist durch den Mast zum Ausschalter geführt; die Einführungsstellen geben leicht zu Verletzungen
der Kabel Veranlassung und bilden dann Fehlerquellen, welche
Störungen im Betriebe mit sich bringen können.

Um nun die Kabel ganz zu vermeiden, hat man auch Ausschalter konstruiert, welche direkt auf den Streckenisolator aufgesetzt werden, dann jedoch durch eine Bambusstange betätigt werden
müssen (Fig. 78). Diese Ausschalterstangen müssen in der Nähe des

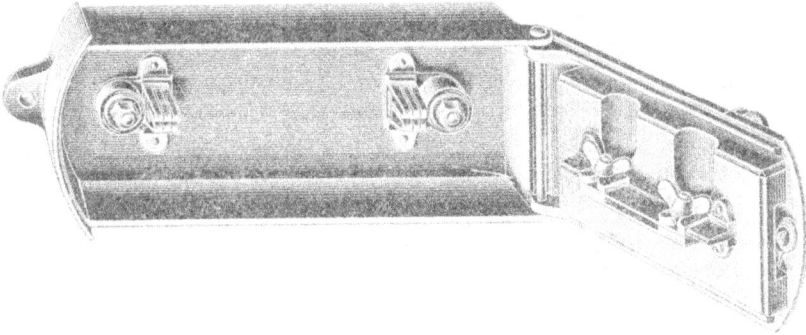

Fig. 79.

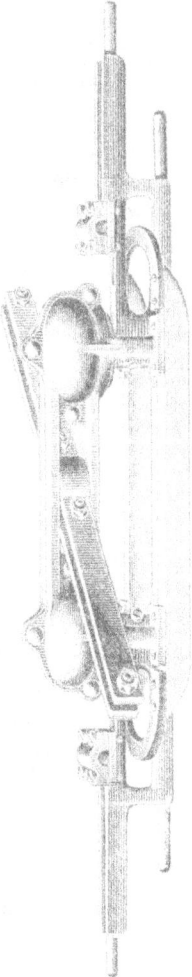

Fig. 77.

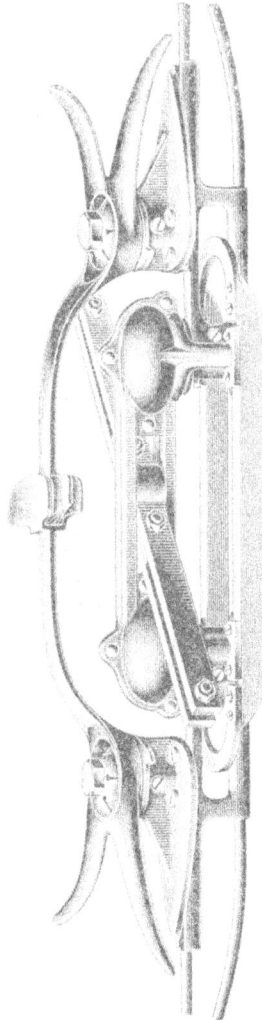

Fig. 78.

Ausschalters — an einem Mast oder an einem Hause — untergebracht werden. Will man die nicht immer bequem unterzubringenden Aus-schalterstangen vermeiden, dann muſs man den Ausschalter mittels Kettenzug u. dgl. bedienen.

Zu beachten ist bei der Konstruktion eines Streckenausschalters, daſs derselbe ein rasches und bequemes Öffnen gestatten muſs, um bei Drahtbruch, Feuersbrunst usw. jeden Zeitverlust zu vermeiden. Das rasche Schlieſsen der Ausschalter ist von minderer Wichtigkeit.

Damit die Streckenisolatoren ihren Hauptzweck, bei einer Repa-ratur, einer Feuersbrunst oder einer sonstigen Gefahr rasch eine Strecke stromlos machen zu können, erfüllen, müssen dieselben in zweck-entsprechender Weise in das Leitungsnetz eingebaut werden. In engen Straſsen nimmt man die Entfernung der Streckenisolatoren in einer Leitung nicht über 500 m, damit bei einem ausbrechenden Brande rasch und bequem die dem Brandobjekte naheliegende Leitungsstrecke stromlos gemacht werden kann und so das ungehinderte Arbeiten der Feuerwehr ermöglicht wird.

Aus dem gleichen Grunde wird man bei einer Linienkreuzung oder einer Linienabzweigung die Streckenisolatoren einander möglichst nahe rücken, damit beim Abschalten nicht viel Zeit durch das Auf-suchen der Streckentrennungsstellen vergeudet wird. Hat man es jedoch mit breiten Straſsen zu tun, so kann man die Entfernung der Streckenisolatoren bedeutend gröſser nehmen, und auf freiem Felde hat es oft gar keinen Zweck, eine Strecke von 1000 m Länge noch zu unterteilen. Würde man nur auf den Betrieb Rücksicht nehmen, so würde man hauptsächlich darauf sehen müssen, daſs die Strecken-isolatoren stets hinter einer Weiche zu liegen kommen, so daſs ein Umsetzen der Wagen von dem einen Geleise auf das zweite ermöglicht wird, bevor die stromlos gemachte Strecke erreicht wird.

An allen Trennungsstellen werden die Fahrdrahtenden in den Streckenisolator eingeklemmt oder eingelötet; hierdurch entstehen wunde Punkte in der Fahrdrahtleitung, welche manchmal zu einem Reiſsen des Fahrdrahtes Veranlassung geben können. Die Fahrdraht-enden werden beim Löten öfters zu stark ausgeglüht, wodurch die Festigkeit des Drahtes leidet, anderseits findet beim Durchfahren des Streckenisolators — sofern nicht rechtzeitig ein Ausschalten des Motorwagens vorgenommen wird — eine mehr oder minder groſse Funkenbildung statt, wodurch die Drahtenden ebenfalls in Mitleiden-schaft gezogen werden können und die Festigkeit des Drahtes beein-trächtigt wird. Man sucht daher die Züge im Fahrdrahte nächst den Streckenisolatoren zu mindern, indem man besondere Verankerungs-drähte nach Fig. 80 anbringt, welche einen Teil der Horizontalspannung aufnehmen.

Die Fahrdrahtstücke AB und CB werden also einen minder starken Zug und daher einen gröfseren Durchhang aufweisen als die sonstigen Fahrdrahtstrecken. Diesem Umstande wird dadurch Rechnung getragen, dafs man die Entfernung der Maste aa und cc von den Masten bb etwas kleiner nimmt, als die normalen Entfernungen der Aufhängepunkte des Fahrdrahtes.

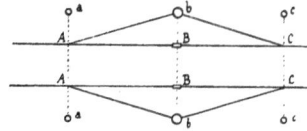

Fig. 80.

Macht man die Maste bb besonders kräftig, dann kann man bei entsprechender Verankerung die zwischen zwei Streckenisolatoren liegende Fahrdrahtleitung leicht und bequem auswechseln, ohne dafs die übrige Fahrdrahtverspannung beeinträchtigt wird.

Die Orte für die Maste bb eignen sich auch gut als Speisestellen: einerseits gestatten die starken Maste ein Überführen der Erdkabel in die blanke Arbeitsleitung, anderseits kann von diesen Stellen aus die Speiseleitung an die beiden Fahrdrahtsektionen angeschlossen werden.

Weichen und Kreuzungen.

Bei Bügelbetrieb genügen einfache Klemmen zur Herstellung der Weichen und Kreuzungen. Fig. 62. zeigt eine Weichenklemme und Fig. 81 eine verstellbare Kreuzungsklemme. Diese Klemmen werden gewöhnlich mit den Aufhängungen in Verbindung gebracht. Man kann diese Klemmen auch ganz vermeiden und z. B. die sich kreuzenden Fahrdrähte durch angelötete Drahtstücke so verbinden, dafs dem Bügel kein besonderer Widerstand entgegengestellt wird. Vgl. auch Abschnitt IV.

Fig. 81.

Viel schwieriger und schwerfälliger werden die Konstruktionen der Weichen und Kreuzungen für Rollenbetrieb; hier mufs besonders

Fig. 82.

die Entgleisungsgefahr der Rolle berücksichtigt, und dementsprechend müssen die Weichen- und Kreuzungsstücke ausgebildet werden. Fig. 82, 83 u. 84 zeigten sog. Luftweichen. Sobald die Rolle die erste Führungsrippe verläfst, laufen die Ränder der Rolle auf der trapezförmigen Platte, wobei die Seitenflanschen der Platte die Führung für die Rolle bilden, bis dafs die Rolle die zweite Führungsrippe erreicht hat. Das

Fig. 83.

Fig. 84.

Fig. 85.

Fig. 86.

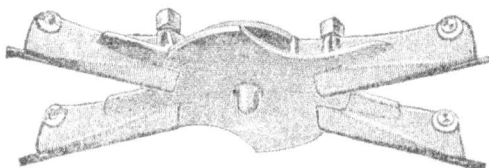

Fig. 87.

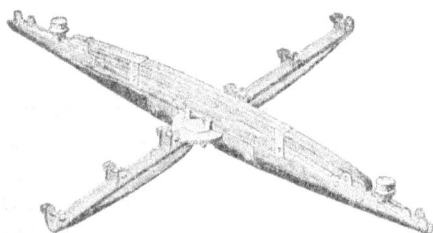

Fig. 88.

Einbinden des Fahrdrahtes in dieses Weichenstück geschieht durch besondere Klemmschrauben, durch Löten u. dgl. In ganz ähnlicher Weise wie die Weichenstücke sind auch die Kreuzungsstücke zu konstruieren. Fig. 85—87 zeigen sog. Luftkreuzungen für Rollenbetrieb, welche wohl durch die Abbildung genügend verständlich werden.

Die Weichen- und Kreuzungsstücke, welche ein bedeutendes Gewicht aufweisen, sollen von besonderen Spanndrähten unter Verwendung von Isolierkugeln, Stabisolatoren u. dgl. getragen werden.

In manchen Fällen müssen zwei sich kreuzende Arbeitsdrähte (z. B. die Arbeitsdrähte zweier verschiedener Bahnen) voneinander isoliert werden. In diesem Falle müssen dann besondere isolierte Kreuzungsstücke in das Leitungsnetz eingebaut werden. Fig. 88 stellt eine isolierte Kreuzung für Rollenbetrieb dar.

Beim Bügelbetrieb macht das Isolieren zweier sich kreuzender Fahrdrähte Schwierigkeiten, weil durch die ziemlich grofse Breite des Bügels schon in der Nähe des Kreuzungspunktes der Bügel mit beiden Fahrdrähten in Berührung kommt. Man hilft sich dabei in der Weise, daſs man einen Fahrdraht durchschneidet und den Kreuzungspunkt der Fahrdrähte nur mit dem einen Fahrdraht in leitende Verbindung bringt, während man den zweiten Fahrdraht durch Streckenisolatoren vom Kreuzungspunkt abtrennt.

Kreuzungen von Bügel- und Rollenleitungen kommen ebenfalls — wenn auch selten — vor. In diesem Fall legt man die Rollen-leitung höher als die Bügelleitung und verbindet die in der Nähe der Rollenleitung durchschnittene Bügelleitung durch einen Spannbügel, an welchem zugleich die Rollen-leitungen isoliert befestigt werden können (Fig. 89).

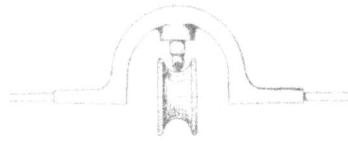

Fig. 89.

Bei Bügelbetrieb muſs der Fahr-draht stets unterhalb des Querdrahtes bzw. Spanndrahtes zu liegen kommen, damit der Bügel nicht an den Fahr-draht anschlägt. In den geraden Strecken läſst sich diesem Umstande durch genügend lange Hängebolzen der Aufhängungen ohne weiteres Rechnung tragen; in den Kurven jedoch muſs man den Zug im Spann-drahte entsprechend abfangen, um auch hier den Fahrdraht tiefer als den Spanndraht legen zu können. Am bekanntesten ist hier die von Siemens & Halske getroffene Anordnung eines sog. Zusatzdrahtes, welcher parallel zum Fahrdraht angebracht wird. Der Zug des Spann-drahtes wird von dem· Fahrdraht und Zusatzdraht aufgenommen.

Der Zusatzdraht muſs durch Löten oder Klemmen am Fahrdraht befestigt werden; es entstehen also entweder den Fahrdraht etwas schwächende Lötstellen oder unschön aussehende Klemmen. Man ver-suchte daher den Zusatzdraht dadurch zu umgehen, daſs man die Spanndrähte s_1 und s_2 in verschiedener Höhe in die Aufhängung a einbindet, so daſs ein Ausgleich der Kräfte in der in Fig. 90 ersichtlichen Weise eintritt. O. L. Kummer & Ko. (D. R. P. Nr. 104 559) haben einen derartigen Fahrdrahtisolator ausgebildet, wobei der Hebel-arm für den einen angreifenden Spanndraht einstellbar

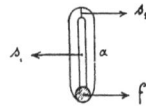

Fig. 90.

ist. Derartige Anordnungen der Spanndrähte haben jedoch den Nach-teil, daſs bei ungleicher Länge der Spanndrähte s_1 und s_2 und durch den Einfluſs der Temperatur ein Schiefstellen des Isolators stattfinden kann. In ähnlicher Weise erreicht die Siemens & Halske A.-G. nach D. R. P. Nr. 111 715 vom 16. August 1899 die Beseitigung des Zusatzdrahtes.

Durch geeignete Ausbildung der Aufhängungskonstruktionen wird es möglich, den Zusatzdraht auch bei Bügelbetrieb gänzlich zu ver-meiden, ohne besonders schwerfällige Konstruktionen mit in den Kauf

nehmen zu müssen. Man erreicht dies dadurch, dafs man die Steifig-
keit der stählernen Quer- und Spanndrähte mit in Benützung zieht
und die Arme der Aufhängungen sehr lang macht. Fig. 91 zeigt eine
einarmige uud Fig. 92 eine zweiarmige Aufhängung ohne Zusatzdraht
für Bügelbetrieb. Ähnliche Aufhängekonstruktionen sind bei dem
Wiener Oberleitungsnetze zuerst durch die Österreichischen
Schuckertwerke in Anwendung gekommen.

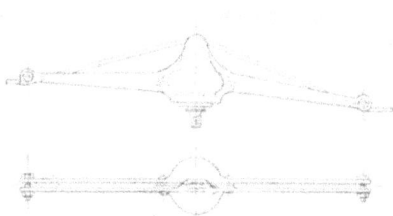   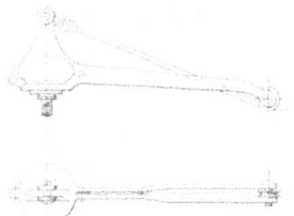

Fig. 91.   Fig. 92.

Isolationsmaterialien.

Beim Bau der Oberleitungen elektrischer Bahnen kommen fast alle
Arten von Isolationsmaterialien in Anwendung, von denen die wichtigsten
im nachstehenden kurz erörtert werden mögen:

Holz.

Von den Holzmasten abgesehen, kommt weiches Holz (Fichte, pitch
pine) für Telephonschutzleisten und hartes Holz (Teckholz, Nufsbaum, Esche,
Buchsbaum usw.) bei den Streckenisolatoren, Weitspannern u. dgl. (vgl. S. 52)
in Anwendung. Die Telephonschutzleisten werden noch geteert oder mit
Asphaltlack gestrichen. Harte Holzstücke werden meist noch in Paraffin
(im Vakuum) gekocht.[1]

Papier.

Papier wird nur selten und nur für Telephonschutzleisten in Verwendung gebracht. Über das Verhalten von Papier und Leinwand mit und ohne
Isolierlack gegen hohe Spannungen hat Ch. E. Skinner bemerkenswerte Versuche angestellt. Vgl. E. Z. 1902, S. 913.

Zelluloid.

Zelluloid kommt seiner leichten Brennbarkeit wegen als Isolationsmaterial kaum in Betracht. Vgl. auch »Vulkanfiber«.

Vulkanfiber.

Das unter dem Namen Vulkanfiber in den Handel gebrachte Isolationsmaterial ist von hornartiger, homogener Struktur; es läfst sich gut bearbeiten
und polieren, widersteht den Säuren, wird auch durch Berühren von Alkohol,

---

[1] Über flammensicher imprägniertes Holz siehe E. Z. 1903, S. 927.

Ammoniak, Benzin, Naphtha, Terpentin, Petroleum und sonstigen tierischen, vegetabilischen oder mineralischen Ölen nicht affiziert; saugt jedoch kaltes wie heißes Wasser auf und schwillt dann ebenso wie Holz an. Die Isolationsfähigkeit des Vulkanfibers wird daher durch die Feuchtigkeit stark beeinträchtigt. Vulkanfiber kommt in Tafeln von 1,60 m Seitenlänge und $1/_2$ mm bis 30 mm Dicke oder in Stangenform, in roter, grauer und schwarzer Farbe in den Handel.

»Vulkanfiber wird erzeugt, indem man besonders vorbereitete Pflanzenfiber mit Chlorzink und Schwefelsäure behandelt, wodurch die Oberfläche jeder Faser kleberartig wird; in diesem Zustande wird die ganze Masse unter sehr schwerem Druck zu einem homogenen Körper. Nachdem die Chemikalien wieder ausgeschieden, wird die Masse durchgearbeitet, gerollt, gepreßt und nach verschiedenen Methoden bearbeitet.«

Es gibt auch ein sog. Vulkanfiber, welches aus Zellulose unter Behandlung von Kupferoxydammoniak und unter Beigabe von Farbstoffen hergestellt wird.

Porzellan.[1]

Das Porzellan, spez. Gewicht 2,38—2,49, im allgemeinen ein vorzügliches Isoliermaterial, wird hauptsächlich als Glockenisolator in zahlreichen Formen in Anwendung gebracht, doch kommen diese Glockenisolatoren mehr für die Speiseleitungen und nur selten für das Tragwerk der Oberleitungen in Betracht. Die Befestigung der eisernen Stützen in den Glocken geschieht mittels Kitt (Bleiglätte und Glyzerin, Zement u. dgl.). Die in Nordamerika angewandten hölzernen Stützen werden direkt in die Glocke eingeschraubt.

Porzellan kann jedoch auch zu den eigentlichen Oberleitungsbestandteilen in Form von Hülsen, Konen, Rollen usw. Verwendung finden; man muß jedoch dann die metallischen Fassungen so herstellen, daß das Porzellan nur auf Druck beansprucht wird.

Glas.

Das Glas kann als Hartglas, spez. Gewicht 3,3, oder als Kristallglas, spez. Gewicht 2,89, ebenso wie Porzellan verwendet werden, steht jedoch dem Porzellan an Festigkeit nach.

Steatit.

Steatit oder Speckstein, spez. Gewicht 2,6—2,8, kann ebenfalls an Stelle des Porzellans treten. Es läßt sich bearbeiten, besitzt jedoch geringere Festigkeit.

Glimmer.

Glimmer besitzt ein spez. Gewicht von 2,79 und ist eines der vorzüglichsten Isolationsmaterialien.

Da Glimmer, hauptsächlich in großen Streifen und Platten, wegen seiner Seltenheit in großen Dimensionen sehr teuer kommt und überhaupt

---

[1] Vgl. auch J. Herzog: Die Herstellung des Porzellans für die Elektrotechnik. E. Z. 1900, S. 905.

nur bis zu einer bestimmten Größe erhältlich ist, so werden kleinere Glimmer-
platten und Glimmerstücke mittels Schellack auf Papier, Leinwand u. dgl.
aufeinander geklebt und man erhält so die unter den Namen Micanit, Me-
gonit, Bengalit, Megotalg usw. in den Handel gebrachten Fassonstücke (Röhren,
Rinnen, Kisten) und Platten.

Schiefer.

Schiefer wird in sehr verschiedener Qualität gewonnen, kommt wohl
nur als Unterlagplatte und Sockel für Ausschalter u. dgl. in Betracht.

Marmor.

Hier gilt das Gleiche wie für Schiefer.

Kautschuk und Gutapercha.[1]

Aus Kautschuk, spez. Gewicht 0,925, und Gutapercha, spez. Gewicht
0,979, werden eine ganze Reihe von Isolationsmaterialien unter Anwendung
verschiedener Zusätze: Schwefel, Kreide, Schwerspat, Gips, gebrannte Mag-
nesia, Ton, Schwefelantimon, Schwefelblei, Schwefelzink, Asphalt, Farbstoffe
aller Art hergestellt. Am bekanntesten sind:

1. Weichgummi (vulkanisierter Kautschuk), spez. Gewicht 1,0—1,5,
findet hauptsächlich als schalldämpfende Einlage bei den Wandplatten und
sonstigen Schalldämpferkonstruktionen Anwendung. Die Elastizität des Weich-
gummis nimmt mit der Zeit ab.

2. Hartgummi, Ebonit.

Die Harburger Gummikamm-Ko. unterscheidet:

   a) Reines Hartkautschuk, spez. Gewicht 1,15. Eine Platte von 55 mm ϕ
      und 0,3 mm Dicke weist im trockenen Zustand eine Isolation von
      75,10^6 Megohm auf und wird erst bei 19 000 Volt Wechselstrom
      durchgeschlagen.

   b) Eisenkautschuk, spez. Gewicht 1,4—1,5. Eine Platte von 55 mm ϕ
      und 1 mm Dicke besitzt im trockenen Zustand eine Isolation von
      100,10^6 Megohm und wird erst bei 32 000 Volt Wechselstrom durch-
      geschlagen.

Über die Zug- und Druckfestigkeit von reinem und elektrotechnischem
Hartkautschuk, genannt Eisenkautschuk, macht Dr. Traun folgende Angaben:

A. Druckfestigkeit:

Würfel aus reinem Hartkautschuk, Seitenkanten 17 mm,
　　　　　»　　»　elektrotechn. »　　　　　　»　　　　21,3 »

a) Verhalten bei Zimmertemperatur:

	Quetschgrenze	Bruchgrenze
1. Reiner Hartkautschuk . . .	880 kg	5090 kg pro qcm
2. Elektrotechn. » . . .	940 »	2290 » » »

---

[1] Vgl. auch E. Z. 1900, S. 134. Die Gutapercha, Produktion, Verarbeitung. — E. Z. 1901, S. 550. Kautschuk, Gewinnung, Verarbeitung usw.
nach dem »Archiv für Post und Telegraphie. — E. Z. 1903, S. 520, 720, 809.
Gutapercha.

b) Verhalten bei 85—90° C:

Bruchgrenze

1. Reiner Hartkautschuk . . . . 540 kg pro qcm
2. Elektrotechn. » . . . . 1960 » » »

c) Verhalten bei 140—160° C:

Bruchgrenze

1. Reiner Hartkautschuk . . . . —
2. Etektrotech. » . . . . 1540 kg pro qcm

B. Zugfestigkeit:

Spannung an der Bruch-
grenze pro qcm

1. Reiner Hartkautschuk . . . . 600 kg
2. Elektrotechn. » . . . . 360 »

Unter den Namen Stabilit, Lithin, Okonit usw. kommen Isolationsmaterialien auf den Markt, welche aus Gemengen von Gummi und anderen
Materialien bestehen.

Stabilit. Zusammensetzung und Herstellungsweise wird geheim gehalten. Stabilit widersteht dem Einflusse der Feuchtigkeit in hohem Grade,
läfst sich gut bearbeiten, ist jedoch ziemlich zerbrechlich.

Lithin kommt in Platten von 1200 mm Länge, 500 mm Breite und
1—25 mm Dicke; in Stäben von 3—30 mm φ und 1 m Länge oder in Röhren
von 7—40 mm φ und 1 m Länge in den Handel und zwar in schwarzer
und in roter Farbe.

Okonit enthält nach E. Z. 1890, S. 417 folgende Bestandteile:

Gummi . . . . 49,6 %
Schwefel . . . . 5,3 »
Rufs . . . . 3,2 »
Zinkoxyd . . . . 15,5 »
Bleioxyd . . . . 26,3 »
Kieselerde . . . . 0,1 »
                              ─────────
                              100,0 %

Ambroin.

Das Ambroin besteht aus rezent fossilen Kopalen und Silikaten, welche
nach einem eigenartigen Verfahren derart durchtränkt und gemischt werden,
dafs das entstehende, unter hohem Druck geprefste Produkt ein dichtes,
gleichmäfsiges Gefüge zeigt. Das Mengenverhältnis der Einzelbestandteile
wechselt je nach dem Verwendungszwecke; es werden z. B. für hohe Hitze-
grade möglichst wenig Kopale und mehr Silikate genommen.

Ambroin läfst sich ohne Schwindmafs pressen, daher auch genau
herstellen; es läfst sich drehen, schneiden, bohren, polieren und mittels
seines besonderen säurefesten Kitts auch kitten.

---

[1]) In neuerer Zeit ist es dem Chemiker Adolf Gentsch gelungen,
künstliche Guttapercha (Mischung von reinem Gummi mit Palmenöl) herzustellen. Vgl. E. Z. 1904, S. 302.

Ambroin besitzt ein spez. Gewicht von 1,4—2,0 und wird in verschiedener Qualität und für verschiedene Hitzebeständigkeit hergestellt; es ist billig, wird von der Feuchtigkeit der Luft unbedeutend beeinflufst, ist jedoch bedeutend zerbrechlicher als Hartgummi, Holz, Asbestonit u. dgl.

Die Zugfestigkeit an der Bruchgrenze beträgt 150 kg pro qcm; die Druckfestigkeit 1200 kg pro qcm und bei Zimmertemperatur. Bei einer Temperatur von 60° C sinkt die Druckfestigkeit auf 800 kg; bei 120° C wird das Ambroin schon weich.

Irosit.

Das Irosit (von Josef Reithoffers Söhne in Wien) ist ganz ähnlich dem Ambroin.

Eburin.

Eburin ist eine plastische, unter hohem Druck in Prefsformen hergestellte Masse, deren Zusammensetzung noch geheim gehalten wird. Eburin ist wetterbeständig, besitzt hohe Bruchfestigkeit und ist gegen Wärme, Wasser und verdünnte Säuren ziemlich unempfindlich. Die Farbe wird der zu pressenden Masse zugesetzt und nicht nachträglich aufgetragen.

Eburin in verschiedenen Formen und verschiedenen Farben liefert die Gesellschaft für Strafsenbahnbedarf m. b. H. in Berlin.

Adit.

Das von der Firma Gebrüder Adt A.-G. in Ensheim (bayer. Pfalz), in den Handel gebrachte Isoliermaterial Adit, welches eine Prägemasse ist und aus einer Mischung von Silikaten mit Harzen als Bindemittel besteht, kann, wenn hochgradig erwärmt, in Formen geprägt und mit Metallstücken zusammengeschweifst werden. Entsprechend dem Verwendungszweck wird der Zusatz von Harzen bemessen. Je höher der Harzzusatz, desto geringer jedoch die Feuerbeständigkeit. Das Material schwindet nicht und können daher die Gegenstände nach Mafs genau angefertigt werden. Es kann für Temperaturen von 60°—100° C, sowie auch funken- und feuersicher hergestellt werden. Die Zugfestigkeit des Adit beträgt bis zu 130 kg für 1 qcm.

Asbestporzellan.

Unter diesem Namen wird eine von Garros dargestellte Substanz bezeichnet. Das aus Asbestfasern, deren aufserordentliche Feinheit durch 0,00016 — 0,002 mm Dicke gekennzeichnet ist, erhaltene Pulver wird mit Wasser zu einem Teig angemacht, geknetet, wieder mit Wasser angemacht, getrocknet, nochmals geknetet und dann in passende Formen gegossen. Durch Erhitzen der dadurch erhaltenen Gegenstände in einem Tiegel bis zu einer Temperatur von 1700° C wird eine in bezug auf Durchsichtigkeit dem gewöhnlichen Porzellan ähnliche Substanz erhalten. Wird nun diese Substanz einer Temperatur von 1200° C 18 Stunden hindurch ausgesetzt, so erhält man ein poröses Asbestporzellan von leichter gelblicher oder weifser Farbe, wenn dafür gesorgt wird, dafs vorher das Pulver mit Schwefelsäure ausgewaschen wird. Das Asbestporzellan ist weniger zerbrechlich als das gewöhnliche Porzellan, isoliert vorzüglich, ist jedoch in der Herstellung teuer.

Ätna-Material.

Das Ätna-Material besteht aus einer Mischung von Asbest mit Schellack. Die Zugfestigkeit soll bei Zimmertemperatur 100 kg pro qcm, die Druckfestigkeit bis zu 350 kg pro qcm betragen.

Asphalt und Harze.

Zum Ausgießen von Hohlräumen eignen sich Asphalt, Isolacit (Asphalt mit Schellack), Kolophit (Gemenge von 70% Kolophonium mit 30% Bienenwachs).

Wasserglas.

Wasserglas mit Kreide gibt eine harte wasserfeste Masse. Asbest, mit Wasserglas getränkt, gibt ebenfalls eine feste Masse. Verwendung wie oben.

Gips.

Gips findet als Zusatz zu Kautschuk und sonstigen Isoliermaterialien Verwendung.

Poschenrieder, Bau u. Instandhaltung der Oberleitungen elektr. Bahnen. 5

IV. Abschnitt.

Das Setzen der Maste. — Anstrich der Maste. — Herstellung der Quer-, Spann-
und Verankerungsdrähte. — Montierung der Aufhängungen oder Halter. —
Das Auflegen des Fahrdrahtes. — Das Einklemmen und Einlöten des Fahrdrahtes. — Das Verspannen des Fahrdrahtes in Kurven. — Einbau der
Fahrdrahtweichen und Fahrdrahtkreuzungen. — Besondere Leitungsanord-
nungen.

Das Setzen der Maste.

Die Maste werden 1,5 bis 2,0 m tief im Boden fundiert. Je
nach der Beschaffenheit des Bodens und je nach der Beständigkeit
der Maste werden verschiedene Fundierungsmethoden in Anwendung
gebracht. Muſs der Mast öfters erneuert werden (Holzmast) oder

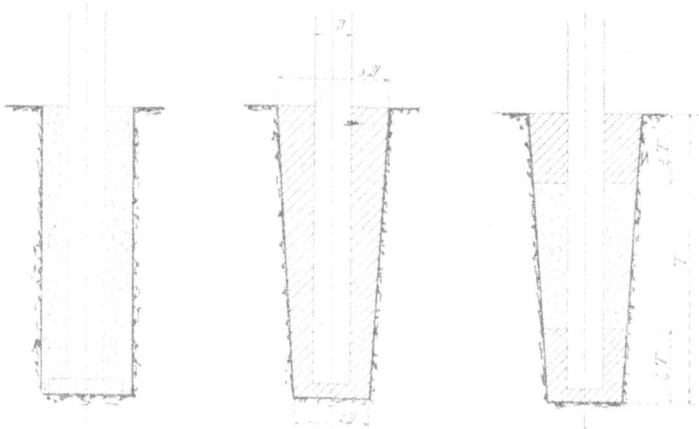

Fig. 93.   Fig. 94.   Fig. 95.

handelt es sich nur um eine provisorische Oberleitungsanlage, dann
pflegt man die Maste unter Verwendung von Querriegeln oder Well-
blechen (als Brustlehnen) in Schotter zu setzen (Fig. 93). Bei einer
endgültigen Anlage mit eisernen Masten werden letztere fast allgemein
einbetoniert (Fig. 94), wobei die manchmal übliche Verwendung von

gufseisernen oder schmiedeisernen Mastfüfsen oder auch von Well-
blechlehnen ganz überflüssig wird.

Das Herstellen der Löcher für die Maste kann nur in seltenen
Fällen, bei genügend festem Erdreich, mittels Erdbohrer vorgenommen
werden, meist müssen die Löcher gegraben werden. Beim Graben der
Löcher ist es nun wichtig, dafs der Durchmesser des Loches möglichst
klein gehalten wird, damit das gewachsene Erdreich so wenig als
möglich entfernt wird. Man kann dann mit einer sehr geringen
Menge von Schotter oder Beton das Auslangen finden.

Ein Lochgräber benötigt folgende Werkzeuge:

1. 1 St. schweren Krampen.
2. 1 › gewöhnl. Fafsschaufel.
3. 1 › rechtwinklig abgebogene Fafsschaufel (zum Ausheben der
   Erde bei engen Löchern und gröfserer Tiefe).
4. 1 St. stählerne Stofsstange, 30 mm φ und 2,25 m lang (wobei
   das eine Ende in eine Spitze, das andere Ende in eine Schneide
   ausgeschmiedet ist).

Zum Einschottern der Maste nimmt man Rund-, besser jedoch
Schlögelschotter. Man braucht pro Mast je nach der Bodenbeschaffenheit und der Lochgröfse $1/2$—1 cbm Schotter.

Zum Einbetonieren der Maste verwendet man durchschnittlich
für 1 cbm Betonschotter (Rund- oder Schlögelschotter) 200 kg Zement.

Bei einer Fundierung der Maste nach Fig. 95 unten und oben
Beton, in der Mitte Schotter oder auch ausgegrabenes Erdreich (bei
guter Beschaffenheit des Bodens) kann bedeutend an Material gespart
werden.

Eine Arbeiterpartie benötigt für das Einbetonieren der Maste folgende
Werkzeuge und Geräte:

1. 5 St. Schaufeln für die Betonbereitung.
2. 2 › Eisenstöfsel mit 2,75—3 m langem Stiel. (Der Stöfsel wird
   zweckmäfsig so geformt, dafs er sich dem Maste möglichst anschmiegen kann.)
3. 1 St. Holzstöfsel mit 1,2 m langem Stiel.
4. 1 › eisernen Rechen.
5. 1 › Mischbühne, 4 qm grofs, aus Holz.
6. 2 › Giefskannen.
7. 1 › Karren zum Verführen der Werkzeuge.
8. 8 › Deckbretter zum Abdecken gegrabener Löcher.
9. 8 › Laternen für die nächtliche Beleuchtung der Löcher.

Eine Arbeiterpartie von sieben bis acht Mann kann bei zehnstündiger
Arbeitszeit täglich 8 bis 12 Maste aufstellen und regelrecht einbetonieren.

Beim Fundieren der Maste ist besonders darauf zu achten, dafs
die Maste mit einer gewissen Neigung nach rückwärts — entgegen der

Angriffsseite — zur Aufstellung gelangen, damit nach erfolgter Belastung ein annähernd lotrechtes Stehen der Maste erzielt werden kann.

Je nach der zulässigen Durchbiegung der Maste, nach Art der
Fundierung gibt man denselben folgende Neigung:

     1. Holzmaste   Neigung 1 : 35 bis 1 : 25
     2. Rohrmaste   »   1 : 45 » 1 : 35.

Werden die Maste nicht voll beansprucht, dann kann man die
Neigung entsprechend geringer halten, immerhin ist es jedoch zweckmäßig, den Masten eher zu viel als zu wenig Neigung zu geben.

Anstrich der Maste.

Die eisernen Maste werden gewöhnlich schon von dem liefernden
Werke mit einer Miniumgrundierung versehen. Nach erfolgtem Aufstellen werden dieselben sorgfältig vom Schmutze gereinigt, und es
muß dann ein Nachminisieren aller beim Transporte und beim Aufstellen gelittenen Stellen vorgenommen werden. Erst wenn diese
Arbeiten vollendet sind, kann das eigentliche Anstreichen der Maste
mittels Ölfarbe vorgenommen werden.

Der Anstrich muß in Zeiträumen von vier bis fünf Jahren
erneuert werden, um den Mast vor dem Rosten zu schützen.

Es werden viele Farben angepriesen, welche nicht nur die Ölfarbe ersetzen oder gar übertreffen, sondern hauptsächlich auch den
Miniumanstrich ersparen sollen. Diesbezüglich sei große Vorsicht
geboten.

Die sog. Bessemerfarbe gibt einen metallgrauen Anstrich, trocknet
schneller als Minium und gibt eine dünne Farbschichte, wodurch
später Defekte im Eisen leicht erkennbar werden sollen.

Die verschiedenen Schuppenpanzerfarben, Pulfords magn. Farbe
usw. weisen ähnliche Eigenschaften wie die Bessemerfarbe auf.

Ripolin gibt einen stark glänzenden Anstrich.

Herstellung der Quer-, Spann- und Verankerungsdrähte.

Die Herstellung der Querdrähte ist äußerst einfach; der in Verwendung kommende verzinkte Stahldraht wird auf eine Länge gleich
der Weite der Stützpunkte zugeschnitten und in geeignete Spannvorrichtungen eingebunden. Nach erfolgter Befestigung der Querdrähte
an den Stützpunkten werden dieselben durch den Fahrdraht und den
Aufhängekonstruktionen belastet. Das genaue Einstellen der Querdrähte erfolgt dann mittels der erwähnten Spannvorrichtungen.

Das Einbinden der Querdrähte in die Spannvorrichtungen geschieht am häufigsten und am einfachsten mittels des sog. Würgbundes
(Fig. 96), welcher mittels besonderer Würgeisen hergestellt wird. Zu

beachten ist, daß durch den Würgbund die Festigkeit des Drahtes an allen dem Würgen ausgesetzten Stellen ziemlich bedeutend leidet, und es ist daher auf ein sorgfältiges Herstellen des Würgbundes ganz besonders zu sehen.

Statt des Würgbundes kommen auch besondere Klemmstücke (Fig. 97) in Anwendung, wobei jedoch meist auch noch ein Verlöten des Drahtes mit dem Klemmstück notwendig wird.

Eine andere Methode des Einbindens der Drähte in die Spann-vorrichtungen u. dgl. besteht darin, daß man das Ende des Drahtes zu einer Schlinge ausbildet und mittels $1/2$—1 mm starken verzinkten Eisendraht bindet, wobei jedoch ein Verlöten der Bindestelle not-wendig wird. Hat man es mit sehr hartem Drahtmaterial zu tun, so stellt man besondere Schlingen aus weicherem Drahtmaterial (Eisen) her und bindet und verlötet die Schlingen mit den Drahtenden (Fig. 98).

  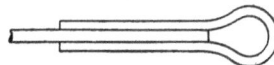

Fig. 96.   Fig. 97.   Fig. 98.

Um das Rosten der Drahtbunde zu vermeiden, werden dieselben mittels Kalkmilch von der Lötsäure usw. gereinigt und dann mit Lack gestrichen.

Kommen statt der Drähte Drahtseile in Verwendung, so werden die Enden der Seile unter Anwendung der bekannten Drahtseilklemmen zu Schlingen ausgebildet oder die Enden auch direkt in die Spann-vorrichtungen eingeklemmt. Auch die verschiedenen Konstruktionen von Seilschlössern, Nietverbindern usw. können hier in Betracht ge-zogen werden.

Die Montierung der Querdrähte erfolgt mittels fahrbarer Leitern oder auch nur mittels einfacher Anlegeleitern. Eine Monteurpartie, bestehend aus zusammen vier Mann, kann täglich 15—25 Stück Quer-drähte fertigstellen und an den Stützpunkten befestigen.

Die Spanndrähte werden in ganz ähnlicher Weise wie die Quer-drähte in die Spannvorrichtungen eingebunden. Das Gleiche gilt auch für die Verankerungsdrähte, welche jedoch der bequemen Regulierung wegen meist an Spannvorrichtungen mit größerem Spannvermögen befestigt werden.

Die Spanndrähte dienen zur Herstellung der Fahrdrahtpolygone für die Kurven der Geleise; sie erhalten starke Züge, müssen jedoch auch die Fahrdrähte tragen und öfters auch als Querdrähte dienen.

Die Verankerungsdrähte dienen zur Verankerung des Fahrdrahtes, um bei etwaigem Bruch desselben eine Verschiebung und Gefährdung der Quer- und Spanndrähte bzw. der Armausleger auf der ganzen

Länge der Leitung hintanzuhalten. Die Verankerungen der Fahrdrähte sollen möglichst am Anfang und Ende einer Kurve angebracht und auch mit den Strecken-isolatoren übereinstimmend angeordnet werden. Die Herstellung einer normalen Verankerung nach Fig. 99 bietet keine besonderen Schwierigkeiten.

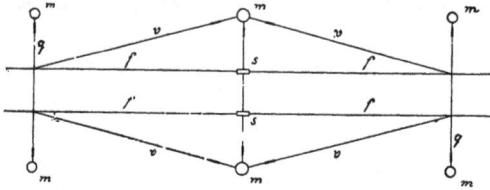

Fig. 99.

Sog. Brückenverspannungen (Fig. 100) werden in der Weise hergestellt, daſs man das Viereck *a b c d* auf dem Boden fertig macht und die Spanndrähte *a e, c g, b f* und *d h* in genügender Länge in das Viereck einbindet. Die Herstellung der Knotenpunkte *a, b, c, d* geschieht dabei mittels sog. Luftringe (Fig. 101).

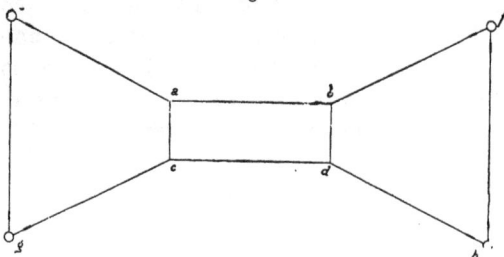

Fig. 100.

Bei sehr groſsen Spannweiten reicht auch die erwähnte Brückenverspannung nicht mehr aus. In diesem Falle kommen zwei starke Drahtseile, *a f* und *g m*, in Anwendung, welche durch Querdrähte *b h, c i, d k, e l* usw. zu einem Tragsystem verbunden und ebenso wie die eigentliche Brückenverspannung montiert werden. Wie ohne weiteres zu ersehen, bilden die Knotenpunkte *a, b, c, d, e, f* ein Polygon bzw. eine Kurve. Die Punkte *g, h, i, k, l, m* bilden dann die Gegenkurve (Fig. 102).

Fig. 101.

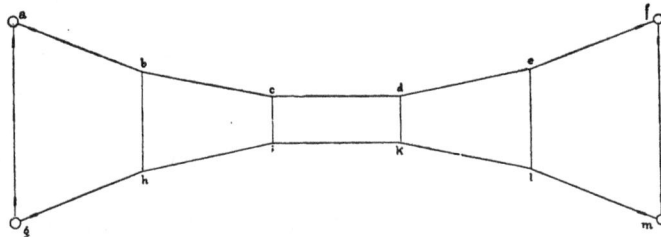

Fig. 102.

Montierung der Aufhängungen oder Halter.

In den geraden Geleisestrecken bietet die Montierung der Aufhängungen keine Schwierigkeit und kann sowohl vor als nach erfolgtem

Auflegen des Fahrdrahtes vorgenommen werden. Bei Rollenbetrieb setzt man die Halter genau über die Geleisemitte, bei Bügelbetrieb ordnet man dieselben im Zickzack an, damit eine über die ganze Breite des Bügels ausgedehnte Abnutzung gewährleistet ist. Siehe Tafel 1.

Zum Einlegen der Querdrähte in die Sättel der Aufhängungen bedient man sich besonderer, der Konstruktion der Aufhängungen angepaſster Werkzeuge; zum Einstellen einer regelmäſsig verlaufenden Zickzackspannung des Fahrdrahtes kommen besondere Meſsständer — aus Bambusstangen u. dgl. hergestellt — in Gebrauch.

Damit die Zickzackverspannung aufrechterhalten bleibt, müſsen die Aufhängungen oder Halter eine Vorrichtung zum Festklemmen am Fahrdrahte besitzen. Da die Zickzackverspannung so ausgeführt wird, daſs die Drähte nur in gröſseren Abständen ihre Richtung ändern, so tritt eine Beeinträchtigung im Aussehen der Oberleitung nicht ein. In den Kurven entfällt jede Zickzackverspannung, weil die im Polygon verspannten Fahrdrähte von selbst die Schleifbreite des Bügels bestreichen.

Vor dem Beginn des Kurvenausziehens überzeuge man sich durch Beobachtung des Durchhanges von der Spannung im Arbeitsdrahte. Muſs der Kurvenpunkt nach auſsen gerückt werden, dann nimmt die Spannung im Fahrdrahte zu, umgekehrt, beim Verschieben des Kurvenpunktes nach innen, ab.

Beim Einregulieren der Kurven soll vom Fahrdraht nur wenig (50 kg) von der richtigen Spannung fehlen, da sonst ein genaues Arbeiten nicht möglich ist. Man muſs folglich schon beim Auflegen des Fahrdrahtes hierauf Rücksicht nehmen und die Kurvenpunkte 10 bis 20 cm über ihre richtige Lage nach auswärts rücken. Kommen als Stützpunkte Maste in Betracht, so muſs man auch die Durch-biegung der Maste beachten, und man rückt dann die Kurvenpunkte 15—30 cm nach auswärts. Der kleinere Wert kann für die Rolle, der gröſsere bei Bügelbetrieb in Geltung kommen.

Wird die Leitung für Rollenbetrieb gebaut, so muſs man bei der Herstellung der Kurven auch die Zentrifugalkraft, mit der die Rolle beim Durchfahren der Kurven nach auſsen gedrückt bzw. ge-schleudert wird, berücksichtigen.

Sind nun die Kurven richtig eingestellt, so kann mit dem genauen Ausspannen des Fahrdrahtes begonnen werden. Je nach der Anzahl der Kurven, Streckentrennungen usw. wird der Fahrdraht alle 200 bis 600 m (Streckenlänge) unter Zuhilfenahme eines kräftigen Dynamo-meters und entsprechend starker Spannvorrichtungen, Flaschen-züge u. dgl. auf eine mit der herrschenden Temperatur im Einklange stehende Spannung gebracht.

Die auf Seite 100 angegebene Tabelle für die zulässige Spannung des Fahrdrahtes bei der jeweilig herrschenden Temperatur gibt für die Wärmegrade über Null ziemlich niedere Werte. Nach praktischen Erfahrungen nimmt man die Montierungsspannung im Fahrdrahte bedeutend gröfser, etwa

bei :	Montierungsspannung im Fahrdraht :
—20⁰ C	600 kg
—10⁰ »	525 »
0⁰ »	450 »
+10⁰ »	400 »
+20⁰ »	350 »
+30⁰ »	300 »

Da bei dieser starken Beanspruchung der Fahrdraht ein wenig gereckt wird, so findet man schon nach dem ersten Winter eine nicht unbedeutende Längung des Fahrdrahtes und damit zusammenhängend einen etwas vergröfserten Durchhang.

Das Auflegen des Fahrdrahtes.

Bei Strafsenbahnen, welche vom Pferdebetrieb auf elektrischen Betrieb umgebaut werden, mufs — um jede Betriebsstockung zu vermeiden — das Auflegen des Fahrdrahtes in den Nachtstunden, während welcher Zeit der Betrieb eingestellt ist, vorgenommen werden. Es ist daher auf ein rasches und bequemes Arbeiten der gröfste Wert zu legen. Man erreicht dies durch folgenden Arbeitsvorgang:

Der Montagegerüstwagen und der Trommelwagen (mit der Fahrdrahttrommel) werden rechtzeitig auf die Baustelle geschafft und in einer Entfernung von etwa 30 m bei geraden Strecken und 10—20 m bei Kurvenstrecken aufgestellt, so dafs der Trommelwagen vor dem Montagegerüstwagen zu stehen kommt. Man macht nun das eine Ende des Fahrdrahtes von der Trommel los und führt es auf die Plattform des Montagewagens, welcher zu diesem Zwecke mit einer Walze versehen ist. Hierauf wird das Fahrdrahtende mittels Ankerdrähten an den nächst liegenden genügend starken Stützpunkten befestigt.

Trommelwagen und Gerüstwagen ¡werden von Pferden gezogen, wobei sowohl ein Abwickeln als ein Hochheben des Drahtes stattfindet. Die auf der Plattform befindlichen Arbeiter heben dann noch den Fahrdraht bis zur Höhe der Querdrähte und hängen ihn mittels aus Stahldrahtabfällen hergestellten Drahthaken an den Querdrähten auf.

In den geraden Strecken können Trommelwagen und Gerüstwagen im langsamen Schritt ohne Stillstand vorwärts bewegt werden;

in den Kurven jedoch müssen die Wagen an jeder Aufhängestelle eine kleine Pause machen, weil das polygonartige Ausspannen der Drähte in den Kurven immerhin etwas Zeit in Anspruch nimmt. Das Ausspannen der Kurvendrähte geschieht nur annähernd richtig und provisorisch mittels besonderer Kloben, Kurvenrollen, Stricken u. dgl.

Der bei den oben genannten Arbeiten in Gebrauch kommende Trommelwagen muß außer der gewöhnlichen Wagenbremse auch noch eine besondere Bremse für die Drahttrommel besitzen. Durch geschicktes Handhaben dieser Bremse kann ein gewisses Ausspannen des Fahrdrahtes und ein gleichmäßiges Auflegen desselben in rascher Weise vorgenommen werden.

Zum Auflegen des Fahrdrahtes bei Nacht benötigt man nachgenannte Mannschaft:

1 Monteur als Leiter der Arbeiten,
2 Helfer zum Auflegen des Drahtes ⎫ auf dem
1 Arbeiter zum Leuchten ⎬ Gerüstwagen,
1 Helfer zur Beobachtung des sich abwickelnden Drahtes
1 Helfer zum Bedienen der Trommelbremse ⎬ für den Trommelwagen
2 Fuhrleute.

Bei einer Strecke mit vielen Kurven ist es vorteilhaft, besondere Arbeiter für das Herabholen der aufgerollten und an den Stützpunkten befestigten Spanndrähte anzustellen.

Die größte Sorgfalt ist auf das Abwickeln des Fahrdrahtes und das Freimachen und Wiederbefestigen der Fahrdrahtenden auf der Drahttrommel zu verwenden. Durch unachtsames Freimachen der Fahrdrahtenden und durch schlechtes Verankern des Fahrdrahtes können schwere Unfälle — infolge Zurückschnellens der Drahtenden — herbeigeführt werden; durch unrichtiges Abwickeln des Drahtes von der Trommel können Beschädigungen des Drahtes entstehen.

Das Einklemmen und Einlöten des Fahrdrahtes.

Ist der Fahrdraht vollständig richtig ausgespannt, so kann mit dem Einklemmen desselben in die Klemmen bzw. dem Einlöten in die Ösen der Aufhängevorrichtungen begonnen werden. Das Einklemmen geht sehr rasch vonstatten und ermöglicht auch ein bequemes Auswechseln abgenützter Drähte oder Klemmen. Das Einlöten muß sehr sorgfältig vorgenommen werden; zweckmäßig wird dabei die Öse so umgedreht, daß der Fahrdraht von oben eingelegt und bequem gelötet werden kann. Das Einlöten des Fahrdrahtes wird nur bei Rollenbetrieb vorgenommen und zwar deswegen, weil die Rolle mit ihren Flanschen ein seitliches Abschleifen der Klemmen,

welche ja stets stärker als der Fahrdraht gehalten werden müssen,
bedingt. Bei Bügelbetrieb findet die Abnützung nur von unten statt;
es können daher die Klemmen sehr kräftig gehalten und durch entsprechend starke Schrauben zusammengezogen werden, wodurch ein
genügend sicheres Halten erreicht wird und das Einlöten entfallen
kann.

Ein Monteur mit zwei Helfern und drei Arbeitern kann pro Tag
(bei siebenminutlichem Verkehr des Pferdebetriebes auf der Strecke) 3 bis
4 km Fahrdrahtleitung gerader Strecke einklemmen und 1 bis 2 km einlöten.
In den Kurven sinkt diese Arbeitsleistung ganz bedeutend.

Das Einlöten des Fahrdrahtes in die Ösen darf nur unter Anwendung besonders hiefür konstruierter Spannbügel vorgenommen
werden, da sonst ein Ausdehnen des durch die Lötwerkzeuge mehr
oder minder ausgeglühten und bereits unter der vollen Zugspannung
stehenden Fahrdrahtes eintreten kann. Man benützt für das Löten
fast ausschließlich den Lötkolben, da nur mit diesem ein zu starkes
Erwärmen des Fahrdrahtes verhindert wird. Der Lötkolben wird in
einem kleinen Ofen, welcher auf der Plattform des Montagewagens
aufgestellt wird, angewärmt. Den Ofen stellt man auf eine Blech-
platte, um jede Feuersgefahr auszuschließen.

Beim Einklemmen des Fahrdrahtes ist wieder besonders zu beachten, daß die Oberfläche des als Fahrdraht meist in Verwendung
kommenden Hartkupferdrahtes keine Verletzungen erfährt, die Rillen
der Klemme müssen daher genügend geglättet sein.

Verspannung der Kurven.

Die Verspannung des Fahrdrahtes in den Kurven kann in verschiedener Weise vorgenommen werden. Die Art der Kurve, die

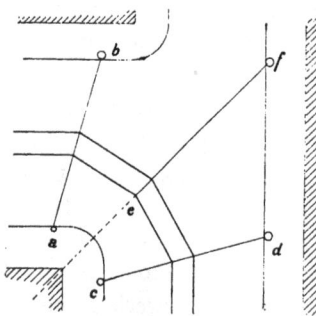 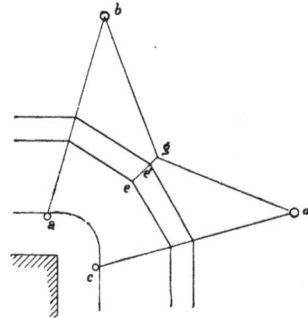

Fig. 103.   Fig. 104.

Zahl der verfügbaren Stützpunkte, das System des Stromabnehmers usw.
müssen in Berücksichtigung gezogen werden.

Die einfachste Kurvenverspannung zeigt Fig. 103. *a, b, c, d, f* seien die Stützpunkte; *a—b* und *c—d* sind Querdrähte, welche zugleich als Spanndrähte dienen; *e—f* ist ein einfacher Spanndraht.

Fehlt nun der Stützpunkt *f*, dann muß eine Verspannung nach Fig. 104 in Anwendung kommen; bei *g* wird ein sog. Luftring eingebunden. Durch die Spanndrähte *g—b* und *g—d* können die Kurvenpunkte *e e′* in die richtige Lage gebracht werden.

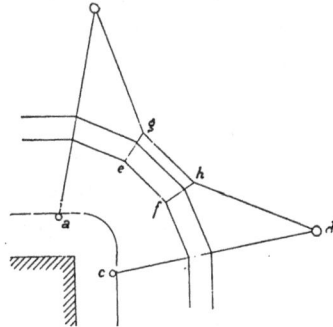

Statt des einen Kurvenpunktes bei *e* können auch zwei Kurven-punkte *e* und *f* unter Anwendung eines sog. Parallelstückes *g—h* ausgespannt werden. Fig. 105.

Fig. 105.

Einbau der Fahrdrahtweichen und Fahrdrahtkreuzungen.

Der Einbau der Weichen und Kreuzungen in die Oberleitungen muß mit der größten Sorgfalt vorgenommen werden. Schlecht projektierte und schlecht eingebaute Weichen verunzieren ganz bedeutend die Oberleitung und können unter Umständen zu Drahtbrüchen und Betriebsstörungen Veran-lassung geben.

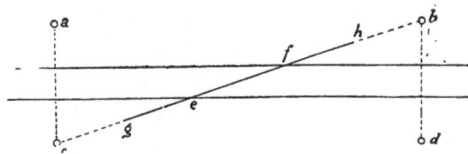

Fig. 106.

Zunächst ist streng zu unterscheiden, ob die Oberleitung für Bügel- oder Rollenbetrieb gebaut werden soll.

Bei Bügelbetrieb kann man zwei Anord-nungen wählen. Bei der einen Anordnung (Fig. 106) klemmt man über den beiden Fahrdrähten ein

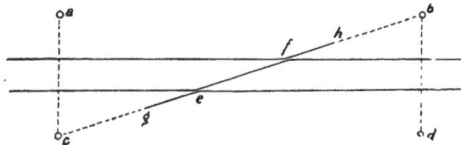

Fig. 107.

Stück Fahrdraht in der Richtung der Geleiseweiche mittels Kreuzungs-klemmen *e* und *f* fest und spannt dieses Stück Fahrdraht an den benachbarten Stützpunkten ab. Es ist dabei zweckmäßig, die Kreu-zungsklemmen *e* und *f* so auszubilden, daß die Fahrdrähte eine freie Beweglichkeit zueinander aufweisen können. Bei der zweiten Anord-nung zieht man die Fahrdrähte von Haus aus so, daß die Weichen durch die Fahrdrähte selbst gebildet werden (Fig. 107), wobei die Fahrdrähte durch sog. Reiter gegenseitig verklammert und ihre Enden an den Stützpunkten *b* und *c* verankert werden.

Die erste Anordnung gestattet ein bequemes nachträgliches Ein-
bauen der Fahrdrahtweichen, während die zweite Anordnung sich für
Neuanlagen empfiehlt.

Bei zweigeleisigen Strecken, die Platzmangels wegen stellenweise
eingeleisig gebaut werden müssen, pflegt man stets den Fahrdraht
doppelt durchzuführen. Man erspart durch diese Anordnung die
Weichen und deren Verspannungen.

Bei eingeleisigen Strecken mit vielen Ausweichstellen ist es
manchmal billiger, den Fahrdraht doppelt durchzuführen, als besondere Fahrdrahtweichen einzubauen und zu verspannen.

Das Kreuzen der Drähte bietet bei einer für Bügelbetrieb gebauten Oberleitung keine Schwierigkeiten. Man klemmt die sich kreuzenden Fahrdrähte mittels geeigneter Klemmen (Fig. 81) zu einander
fest. Diese Klemmen umfangen die Fahrdrähte derart, daſs dem
Gleiten des Bügels nach jeder
Richtung kein Hindernis entgegen-
gesetzt wird.

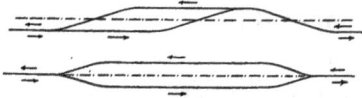

Fig. 108.

Bei den für die Rolle in Betracht kommenden Weichen und
Kreuzungen muſs besondere Sorg-
falt für deren Aufhängung verwendet werden, um das Ausspringen
der Rolle beim Durchlaufen der Weichen und Kreuzungen möglichst
zu verhindern. Es darf daher die Fahrdrahtweiche erst dann von
der Rolle befahren werden, wenn der Motorwagen bereits durch die
Geleiseweiche die einzuschlagende Richtung erhalten hat. Die Lage
der Fahrdrahtweiche wird auch noch durch die Länge der Kontaktstange, durch den Ort dieser Stange am Motorwagen und durch
den Weichenwinkel beeinfluſst.

Geht ein einfacher Fahrdraht an der Geleiseweichenspitze in
doppelten Fahrdraht über (Fig. 108), so bleibt beim Fahren gegen die
Weichenspitze die Richtung des Wagens unverändert und die Lage
der Luftweiche ist daher gleichgültig. Beim Übergang des doppelten
Fahrdrahtes in den einfachen Fahrdraht kann also ein Verlaufen der
Rolle nicht eintreten.

Stehen symmetrisch liegende Geleiseweichen zur Verfügung, dann
muſs die Fahrdrahtweiche über dem Drehpunkt der Weichenzunge
angebracht werden.

Die Weichenstücke und Kreuzungsstücke müssen bei Rollenbetrieb besonders sorgfältig hergestellt und montiert werden. Des
weiteren sollen diese oft ziemlich schweren Stücke von besonderen
Querdrähten getragen bzw. entsprechend verankert werden. Die
Konstruktionen der Weichen- und Kreuzungsstücke erfordern oftmals

ein Durchschneiden der Fahrdrähte und ein Einlöten oder Einklemmen
der Fahrdrahtenden in die Weichen- oder Kreuzungsstücke.

Bei dem Dickinsonschen System der Stromabnahme liegt der
Fahrdraht seitlich des Geleises und die Rollenstange selbst bleibt ohne
Einfluſs auf die von der Rolle einzuschlagende Richtung.

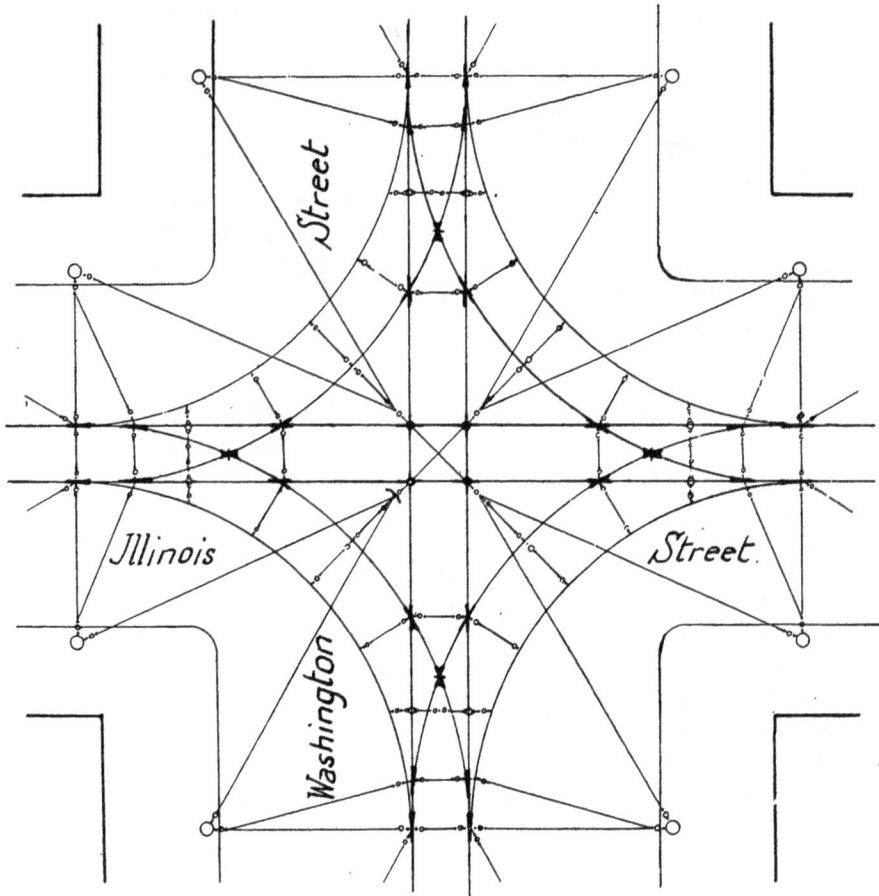

Fig. 109.

Ungemein wichtig beim Bau der elektrischen Oberleitung ist die
richtige Abspannung der Weichendrähte, d. h. deren Verankerung
gegen genügend starke Stützpunkte. Das manchmal angewandte An-
hängen der Weichendrähte an die Längsdrähte ohne Verankerung ist
zu verwerfen, weil dabei einzelne Stücke der Fahrdrahtleitung viel zu
stark beansprucht werden.

Bei der Montage einer Fahrdrahtleitung ist als Grundsatz aufzustellen, daß dieselbe so montiert werden muß, daß an jeder Stelle
des Fahrdrahtes eine möglichst gleich große Spannung auftritt. Man
erreicht dies dadurch, daß man jedes Ende der einzelnen Fahrdrahtstücke gegenseitig oder an entsprechend starke Stützpunkte verankert.

Bei Straßenkreuzungen, auf Plätzen usw., wo die Geleise sich
kreuzen und Abzweigungen nach einer oder mehr Richtungen vorhanden sind, macht das richtige Verspannen der Kurven manche
Schwierigkeiten. Bei symmetrischer Anlage des Geleises kann auch
die Verspannung der Oberleitung in schöner Weise und unter Verwendung von wenig Stützpunkten durchgeführt werden. Man vergleiche z. B. die Verspannung der Oberleitung für Rolle für eine
Straßenkreuzung in Indianapolis Fig. 109. Viel schwieriger und auch
unschöner wird die Verspannung für unsymmetrische Kurven. Man
soll daher schon beim Bau des Geleises auch Rücksicht auf die Verspannung der Oberleitung nehmen.

Besondere Leitungsanordnungen.

1. Für die Schnellbahnversuche in Lichterfelde hat Oberingenieur
Frischmuth eine seitliche Leitungsanlage geschaffen[1]), welche später
auch bei den Schnellbahnversuchen auf der 23 km langen Strecke
Berlin—Zossen in Anwendung kam und sich vorzüglich bewährt hat.
Diese Seitenleitung wurde mit drei Fahrdrähten (für Drehstrom) ausgeführt. Im Abstande von 35 m wurden Holzmaste aufgestellt und
mit nach einer Ellipse gekrümmten Auslegern aus [-Eisen versehen.
In der Richtung der großen Achse der Ellipse sind die Fahrdrähte
untereinander, in einer Lotebene liegend, angebracht bzw. an den
Auslegern beweglich aufgehängt. Zu diesem Zwecke wurden besondere
Isolatoren gebaut, welche an lotrecht gespannten und von den Auslegern entsprechend isolierten Querseilen befestigt sind, und welche
dann die Fahrdrähte zu tragen haben.[2])

2. Direktor Huber der Maschinenfabrik Oerlikon hat für eine
700 m lange Versuchsbahn für Einphasenbetrieb eine eigenartige Strom-
zuführungsanlage mit seitlicher Leitung für die freie Strecke und mit
Leitung über der Geleisemitte für die Tunnelstrecke zur Ausführung
gebracht. Bei dieser Oberleitung bestreicht der Stromabnehmer den
Fahrdraht von oben auf der freien Strecke, von unten in den Tunnels
und von der Seite an den Übergangsstellen von der freien Strecke in

---

[1]) Vgl. E. Z. 1900, S. 456.
[2]) Vgl Walter Reichel, Elektr- Schnellbahnen, E. Z. 1901. S. 671 ff.

die Tunnelstrecken. Zu diesem Zwecke wurden besondere, ganz originelle Aufhängekonstruktionen geschaffen. Näheres hierüber: »Elektrische Bahnen« 1904 S. 8 oder E. Z. 1904 S. 298.

3. Eine eigenartige Aufhängung des Fahrdrahtes finden wir auch bei der von der Union E.-G. erbauten 4,1 km langen Versuchsbahn für Einphasenbetrieb Nieder-Schöneweide—Johannistal—Spindlersfelde bei Berlin. Hier besitzen die Aufhängepunkte des als Profildraht ausgebildeten Fahrdrahtes nur Abstände von 3 m, um jede Gefahr bei Bruch des Fahrdrahtes durch Herabhängen auszuschliefsen. Der Fahrdraht ist mit zwei Tragdrähten aus Stahl an allen Aufhängepunkten leitend verbunden. Die Tragdrähte sind gegen Erde doppelt isoliert und zwar zunächst durch Schellen aus Eisengummi, mittels welcher die Tragdrähte an Querstücken hängen, die auf Hochspannungsisolatoren montiert sind. Die Hochspannungsisolatoren werden durch Vermittlung untergreifender Bügel von Auslegern der Maste getragen. Näheres siehe in der Zeitschrift »Elektrische Bahnen« 1903 S. 117 und 118, ferner E. Z. 1903 S. 709.

V. Abschnitt.

Statik des Tragwerkes.

Beanspruchung der Maste. — Beanspruchung der Querdrähte. — Kurvenzüge. — Beanspruchung der Fahrdrähte.

Beanspruchung der Maste.

Sobald die Züge in den Quer- und Spanndrähten bekannt sind,
können die Maste leicht berechnet werden.

Bezeichnet X den Zug im Quer- oder Spanndrahte bzw. die
Resultante mehrerer Züge, an greifend in einer Höhe h über dem
Boden, W den Winddruck auf den Mast (welcher etwa zu $^2/_3$ des
auf den projizierten zylindrischen Mast treffenden
Winddruckes zu nehmen und in einer Höhe $\dfrac{h'}{2}$
angreifend zu denken ist), dann wird $X \cdot h +$
$W \dfrac{h'}{2} = M k$, wobei M das Widerstandsmoment
für den gefährlichen Querschnitt (nahe dem Boden)
und k die Spannung bedeutet (Fig. 110).

Man kann nehmen:

1. für Holz $k = 70$ kg für den qcm,
2. » Schmiedeisen $k = 700$ kg für den qcm,
3. » Stahl $k = 1000$ kg für den qcm.

Das Widerstandsmoment M ist:

1. für den Kreisquerschnitt (Holzmaste)
$\dfrac{\pi}{32} d^3 = \dfrac{1}{10} d^3 \backsim$.

2. für den ringförmigen Querschnitt (Rohrmaste) $\dfrac{\pi}{32} \dfrac{d_1{}^4 - d_2{}^4}{d_1}$,

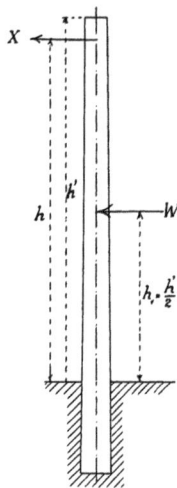

Fig. 110.

3. für einen Querschnitt, welcher aus zwei einander zugekehrten
$\mathsf{\Gamma}$-Eisen gebildet ist $\dfrac{B H^3 - b h^3 - (B - b) \cdot (H - 2s)^3}{6H}$ (Fig.111)

4. für einen Querschnitt, welcher aus 4 einander zugekehrten
L-Eisen gebildet wird $\dfrac{2 s \cdot H^3 - 2 (s - \delta) h^3 - 2 \delta (H - 2s)^3}{6H}$
(Fig. 112).

Das Gewicht eines Fahrdrahtstückes von 40 m Länge und 8 mm φ beträgt 17,5 kg; das Gewicht der Aufhängekonstruktion etwa 1,5 kg. Das lotrecht nach unten wirkende Gewicht wird also 19 kg betragen. Gibt man noch einen kleinen Zuschlag (5%) für Schnee und Eis, so erhalten wir *G = 20 kg*.

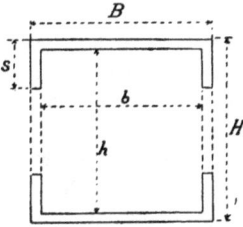

Fig. 111.

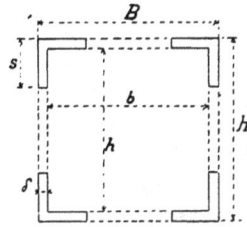

Fig. 112.

Ein Fahrdrahtstück von 40 m Länge und 8 mm φ bietet dem Winddruck eine Fläche von 0,32 qm dar. Nehmen wir den Winddruck für den Quadratmeter senkrecht getroffener Fläche mit 125 kg (vgl. Sicherheitsvorschriften für Bahnanlagen 1904, oder auch Hütte 1902, Amtliche Bestimmungen über die Gröfse des Winddruckes für statische Berechnungen, S. 263), dann erhalten wir für eine kreisrunde Fläche (Hütte 1902, S. 262) einen Druck von $\frac{2}{3} \times 125 =$ 84 kg für den Quadratmeter, also für die Fläche von 0,32 qm einen Winddruck von rund 27 kg. Wir nehmen in den nachfolgenden Beispielen den Winddruck auf den Fahrdraht von 35 m Länge mit 24 kg, auf den Fahrdraht von 30 m Länge mit 20 kg an. Die Länge von 40 m kommt nur in wenigen Fällen vor; die normalen Entfernungen der Aufhängepunkte des Fahrdrahtes in den geraden Strecken nimmt man meist zu 35 m an.

Beispiel: Für einen Holzmast, der einem wagrechten Zug von 150 kg in einer Höhe von $h = 650$ cm ausgesetzt ist, erhalten wir bei einer Biegungsspannung von 65 kg für den qcm:

1. Ohne Berücksichtigung des Winddruckes

$$X \cdot h = \frac{\pi}{32} \cdot d^3 \cdot k = \frac{1}{10} d^3 \cdot 65 = 150 \cdot 650$$

$$d = \sqrt[3]{\frac{150 \cdot 650 \cdot 10}{65}} = 25 \text{ cm.}$$

2. Mit Berücksichtigung des Winddruckes bei einer Länge des Mastes über Boden $h' = 680$ cm und einem Winddruck von 125 kg für den qm

senkrecht getroffener Fläche. Der mittlere Durchmesser des Mastes sei
zunächst mit 26 cm angenommen:

$$X \cdot h + W \cdot \frac{h'}{2} = \frac{\pi}{32}\, d^3 \cdot k = \frac{1}{10}\, d^3 \cdot 65 =$$
$$= 150 \cdot 650 + (^2/_3 \cdot 0{,}26 \cdot 6{,}80 \cdot 125) \cdot 340 = 97\,500 + 47\,600 = 145\,100;$$
$$d = \sqrt[3]{\frac{145\,100 \cdot 10}{65}} = 28 \text{ cm.}$$

Der Einfluſs des Winddruckes ist also ganz bedeutend. Ein Mast von
25 cm φ unten hat eine Zopfstärke von 21 cm; ein Mast von 28 cm φ unten
eine Zopfstärke von 24 cm, also einen mittleren Durchmesser von 26 cm, wie
oben angenommen wurde.

Der Einfluſs des Winddrucks wird bei eisernen Rohrmasten des kleineren
Durchmessers wegen und bei Gittermasten, welche durchbrochen sind, be-
deutend geringer wie bei Holzmasten. Man pflegt daher bei den eisernen
Masten den Einfluſs des Winddruckes meist nicht zu berücksichtigen.

Die Beanspruchung eines Mastes mit Ausleger ist bedeutend
geringer als die eines Mastes, welcher Quer- und Spanndrähte aufzunehmen hat. Das Gewicht des Auslegers,
des Fahrdrahtes usw., beansprucht den
Mast in lotrechter Richtung. Diese Beanspruchung ist jedoch so unwesentlich,
daſs sie ganz vernachlässigt werden kann,
indem das Gewicht eines Auslegers 100 kg
und das des zu tragenden Fahrdrahtstückes
samt Aufhängekonstruktion 20 kg nicht
überschreiten wird.

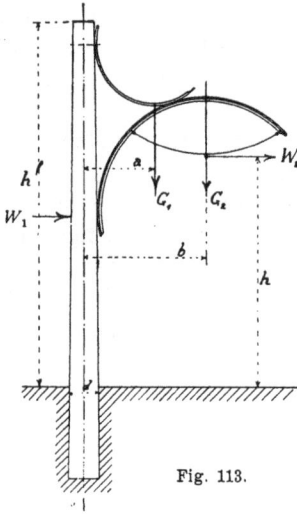

Die Winddrücke (Fig. 113) können
ebenso wie früher berechnet werden; sie be-
anspruchen den Mast ebenso wie das Gewicht G_1 des Auslegers und das Gewicht G_2
des Fahrdrahtes samt Aufhängungsisolator
auf Biegung. Wir erhalten im ungünstig-
sten Falle: $W_1 \frac{h'}{2} + W_2 \cdot h = $ Momente für

Fig. 113.

die Winddrucke W_1 und W_2, wobei W_1
den Winddruck auf den Mast und W_2 den Winddruck auf den Fahrdraht bedeutet. $G_1 \cdot a + G_2 \cdot b = $ Momente für die Gewichte des
Auslegers und des Fahrdrahtes samt Aufhängekonstruktion:

$$W_1 \frac{h'}{2} + W_2 \cdot h + G_1 \cdot a + G_2 \cdot b = M \cdot k,$$ wobei wieder M das

Widerstandsmoment des Bodenquerschnittes und k die Biegungsspannung bedeutet.

Beispiel: Es sei das Gewicht des Auslegers $G_1 = 100$ kg, das Gewicht der Aufhängekonstruktion $G_2 = 20$ kg, der Winddruck $W_1 = 90$ kg,

der Winddruck $W_2 = 20$ kg; die Höhen $h = 570$ cm, $\frac{h'}{2} = 300$ cm, die Entfernungen $a = 110$ cm, $b = 200$ cm, dann wird

$$M \cdot k = G_1 \cdot a + G_2 \cdot b + W_1 \cdot \frac{h'}{2} + W_2 \cdot h$$
$$= 100 \cdot 110 + 20 \cdot 200 + 90 \cdot 300 + 20 \cdot 570 = 53400.$$

Nehmen wir $k = 70$, dann wird $M = 760 \curvearrowright$. Der Durchmesser d des
Mastes am Boden wird aus $\frac{\pi}{32} d^3 = \curvearrowright \frac{1}{10} d^3 = M$; $d = \sqrt[3]{7600} = 19,7$ cm.
Dieser Wert stimmt auch mit den in der Praxis gebräuchlichen Stärken überein.

Ohne Berücksichtigung des Winddruckes erhalten wir $M' \cdot k = G_1 a + G_2 \cdot b = 100 \cdot 110 + 20 \cdot 200 = 15000$; $M' = 214 \curvearrowright$; $d = \sqrt[3]{2140} = 13$ cm. Dieser Wert ist zu klein. Schon mit Rücksicht auf seitliche Beanspruchungen des Mastes durch Vibrationen des Fahrdrahtes und in Er-
wägung, dafs manchmal die Ausleger auch in Kurven mit gröfserem Radius
in Verwendung gelangen, wobei also wesentlich stärkere Beanspruchungen
auftreten können, nimmt man den Holzmast am unteren Ende nicht gerne
unter 20 cm.

Eiserne Rohrmaste mit Ausleger würden nach der Rechnung sehr
dünn und daher unschön ausfallen. Man nimmt dieselben nicht unter
15 cm ϕ am unteren Ende. Die Wandstärke mit Rücksicht auf die Herstellung und auch das Durchrosten nicht unter 3 mm.

Wichtig ist, dafs die Durchbiegung der Maste nicht so grofs
wird, dafs der Mast ein unschönes Aussehen erhält. Eine gefährliche Beanspruchung der Maste wird wohl in den seltensten Fällen
eintreten.

Die Durchbiegung der Maste berechnet man nach der Formel:

$$f = \frac{1}{3} \frac{P \cdot l^3}{J \cdot E} \quad \text{oder} \quad f = \frac{1}{3} \frac{M}{E \cdot J} \cdot l^2, \text{ wobei}$$

$E =$ Elastizitätsmodul,
$J =$ Trägheitsmoment für den gefährlichen Querschnitt,
$l =$ Länge des Mastes vom Boden bis zum Angriffspunkte der
Belastung. Die in verschiedenen Höhen wirkenden Drucke
oder Züge sind auf die Länge l zu reduzieren.
$M =$ Biegungsmoment für den meist gefährdeten Querschnitt =
$W \cdot k =$ Widerstandsmoment $\times k$,
$k =$ Biegungsspannung,
$P =$ Belastung am Zopfende = Horizontalzug in kg.

Beispiel:

Ein Stahlrohrmast habe nahe dem Boden einen Durchmesser von
254 mm und eine Wandstärke von 5,5 mm. Der Elastizitätsmodul sei
2 200 000 kg pro qcm, die Belastung des Mastes nahe dem Zopfende und

6*

$l = 630$ cm über Boden betrage in wagrechter Richtung gemessen $P = 550$ kg. Wir haben dann die Durchbiegung [1]):

$$f = \frac{1}{3}\,\frac{P \cdot l^3}{J \cdot E} = \frac{1}{3} \cdot \frac{550 \cdot 630 \cdot 630 \cdot 630}{2\,200\,000 \cdot 3380} = 6,17 \text{ cm} \backsim 61,7 \text{ mm} \backsim$$

Widerstandsmoment $W = \dfrac{\pi}{32}\,\dfrac{D_1{}^4 - D_2{}^4}{D_1} = \dfrac{1}{10}\,\dfrac{25,4^4 - 24,3^4}{25,4} = 266 \text{ cm}^3 \backsim$

Trägheitsmoment $J = \dfrac{\pi}{64}\,(D_1{}^4 - D_2{}^4) = \dfrac{1}{20} \cdot 67\,553 = 3\,380 \text{ cm}^4 \backsim.$

Der auf Biegung beanspruchte Mast muſs so tief in das Erdreich versetzt werden, daſs jedes Umkippen ausgeschlossen ist. Eine Berechnung der Maste auf Umkippen wird man in den meisten Fällen nicht vornehmen, weil die Beschaffenheit des Erdreiches aufserordentlich verschieden ist und man in neuerer Zeit die Maste für Straſsenbahnen ausschlieſslich in Beton versetzt.[2]) Der um den Mast entstehende Betonklotz gibt durch sein Gewicht allein schon eine gewisse Sicherheit gegen Umkippen des Mastes.

Beanspruchung der Querdrähte. [3])

Die Querdrähte werden belastet:

1. durch ihr Eigengewicht,
2. durch das Gewicht des zu tragenden Fahrdrahtstückes samt der Aufhängungsvorrichtung,
3. durch den Winddruck,
4. durch Schnee und Eis.

Die ad 1 und 4 genannten Belastungen können als sehr klein ganz vernachlässigt bzw. durch einen Zuschlag der ad 3 genannten Belastung berücksichtigt werden.

Es bedeute in Fig. 114:

$w =$ Spannweite,

$\left.\begin{array}{r} b \\ w - b \end{array}\right\}$ = die Entfernungen der Richtung der angreifenden Last von den Stützpunkten I und II,

$G =$ Gewicht des Fahrdrahtes samt Aufhängung,

$W =$ Winddruck.

---

[1]) Nur annähernd ohne Berücksichtigung der Verringerung des Querschnittes bzw. der Durchmesser bei den abgesetzten Masten. Berücksichtigt man diese Verringerung, dann erhält man etwas gröfsere Durchbiegungen.

[2]) Vgl. auch E. W. Ehnert, Berechnung von Leitungsmasten auf Zerbrechen und Umkippen. Z. f. E. 1900, S. 494.

[3]) Vgl. auch Dr. G. Rasch, Über die Aufhängung der Oberleitung bei elektrischen Bahnen. E. Z. 1897, S. 395.

Auf den Punkt III wirkt das ad 2 genannte Gewicht G lotrecht nach unten und der Winddruck W wagrecht nach links oder rechts.

Für Gleichgewicht muß nun sein:

$$X \cdot w \cdot \sin \alpha = G \cdot (w-b) + W \cdot a$$

$$X = \frac{G \cdot (w-b) + W \cdot a}{w \cdot \sin \alpha}$$

$$Y \cdot w \cdot \sin \beta = G \cdot b - W \cdot a$$

$$Y = \frac{G \cdot b - W \cdot a}{w \cdot \sin \beta}.$$

Statt $\sin \beta$ und $\sin \alpha$ können wir, da die Winkel stets sehr klein sind, die Tangenten setzen, demnach:

$$\text{da } \tan \alpha = \frac{a}{b} \text{ und } \tan \beta = \frac{a}{w-b}$$

$$X = \frac{G \cdot (w-b) + W \cdot a}{w \cdot \dfrac{a}{b}} \text{ und } Y = \frac{G \cdot b - W \cdot a}{w \cdot \dfrac{a}{w-b}} = \frac{G - W \cdot \dfrac{a}{b}}{w \cdot \dfrac{a}{b} \cdot \dfrac{1}{w-b}}.$$

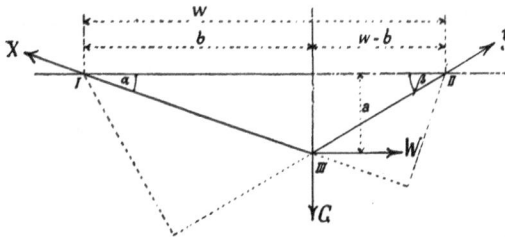

Fig. 114.

Ist die Aufhängung symmetrisch zu den beiden Stützpunkten angeordnet, dann wird

$$w - b = \frac{w}{2} = b$$

$$X = \frac{G \cdot \dfrac{w}{2} + W \cdot a}{w \cdot \dfrac{2a}{w}} = \frac{G \cdot b + W \cdot a}{2a} \quad \ldots \ldots \quad (1$$

$$Y = \frac{G \cdot \dfrac{w}{2} - W \cdot a}{w \cdot \dfrac{2a}{w}} = \frac{G \cdot b - W \cdot a}{2a} \quad \ldots \ldots \quad (2$$

Bei der Querdrahtaufhängung strebt man — wenn möglich — eine gleiche Neigung beider Teile des Querdrahtes an. Da jedoch das Geleise sehr oft nicht in der Mitte einer Straße liegt, so erhält man ungleiche Höhen für die Stützpunkte bei gleicher Neigung der Querdrähte.

Es sei die Überhöhung mit c bezeichnet. Fig. 115.

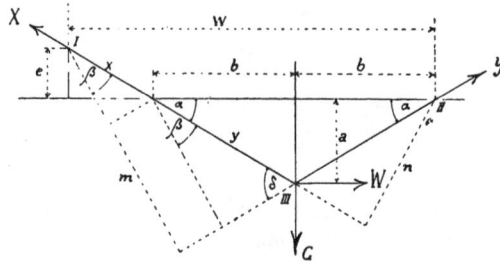

Fig. 115.

Der Hebelarm für X ist $2b \cdot \sin \alpha = n$,

» Y » $(x + y) \cos \beta = m$

$$\text{tang } \alpha = \frac{a}{b} = \frac{a+c}{w-b},$$

also die Überhöhung $c = (w - 2b) \dfrac{a}{b}$

$\sphericalangle \delta = 2\alpha$, daher $m = (x + y) \sin 2\alpha = (x + y) 2 \sin \alpha \cos \alpha$

$$x = \frac{c}{\sin \alpha} \qquad y = \frac{a}{\sin \alpha}$$

$$m = 2 (c + a) \cos \alpha = 2 \frac{a}{b} (w - b) \cos \alpha = 2 (w - b) \sin \alpha.$$

Da $Xn = G \cdot b + Wa$ und $Ym = G(w - b) - W \cdot (a + c)$, wird

$$X \cdot 2b \sin \alpha = G \cdot b + W \cdot a$$

$$Y \cdot 2(w - b) \sin \alpha = G(w - b) - W(a + c)$$

$$X = \frac{G \cdot b + W \cdot a}{2b \sin \alpha} = \frac{G \cdot b + W \cdot a}{2b \text{ tang } \alpha} \backsim =$$

$$\frac{G \cdot b + W \cdot a}{2b \cdot \dfrac{a}{b}} = \frac{G \cdot b + W \cdot a}{2a} \quad \cdots \cdots \quad (3$$

$$Y = \frac{G \cdot (w - b) - W(a + c)}{2(w - b) \sin \alpha} = \frac{G(w - b) - W(a + c)}{2(w - b) \text{ tang } \alpha} \backsim =$$

$$\frac{G(w - b) - W(a + c)}{2(w - b) \dfrac{a}{b}} = \frac{G \cdot b - W \dfrac{a + c}{w - b} \cdot b}{2a} =$$

$$\frac{G \cdot b - W \dfrac{a}{b} \cdot b}{2a} = \frac{G \cdot b - W \cdot a}{2a} \quad \cdots \cdots \quad (4$$

Hat ein Querdraht zwei Kontaktdrähte zu tragen, dann erhält man bei symmetrischer Anordnung in ähnlicher Weise wie vorher die Momentengleichungen (Fig. 116):

$$X \cdot w \cdot \sin a = G_1 (w - b) + G_2 b + (W_1 + W_2) \cdot a$$
$$Y w \sin a = G_1 b + G_2 (w - b) - (W_1 + W_2) \cdot a,$$

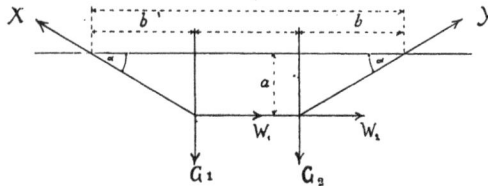

Fig. 116.

da $G_1 = G_2$ und $W_1 = W_2$ und ferner a ein sehr kleiner Winkel, so kann man setzen:

$$X \cdot w \frac{a}{b} = G \cdot w + 2 W \cdot a \; ; \; X = \frac{G \cdot w + 2 W \cdot a}{w \cdot \frac{a}{b}} \quad \cdots \quad (5$$

$$Y \cdot w \cdot \frac{a}{b} = G \cdot w - 2 W a \; ; \; Y = \frac{G \cdot w - 2 W \cdot a}{w \cdot \frac{a}{b}} \quad \cdots \quad (6$$

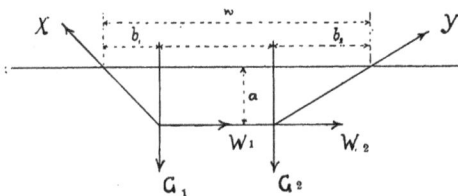

Fig. 117.

Für unsymmetrische Anordnung wird, wenn $G_1 = G_2$ und $W_1 = W_2$ ähnlich wie früher (Fig. 117):

$$X \cdot w \frac{a}{b_1} = G (w - b_1 + b_2) + 2 W \cdot a$$

$$Y w \cdot \frac{a}{b_2} = G (w - b_2 + b_1) - 2 W \cdot a$$

$$X = \frac{G \cdot (w - b_1 + b_2)}{w \cdot \frac{a}{b_1}} \qquad \cdots \quad (7$$

$$Y = \frac{G \cdot (w - b_2 + b_1)}{w \cdot \frac{a}{b_2}}$$

wenn der Winddruck vernachlässigt wird

$$\cdots \quad (8$$

Vielfach wird der Winddruck nicht berücksichtigt. In diesem Falle erhält man ganz einfache Formeln:

1. bei eingeleisiger Strecke:

$$X = \frac{1}{2} G \cdot \frac{b}{a} = Y \text{ bei symmetrischer Aufhängung} \quad . \quad (9$$

$$\left. \begin{array}{l} X = G \, \dfrac{w-b}{w \, \dfrac{a}{b}} \\[3em] Y = G \cdot \dfrac{b}{\dfrac{w \cdot a}{w - b}} \end{array} \right\} \text{ bei unsymmetrischer Aufhängung} \quad (10$$

2. bei zweigeleisiger Strecke:

$$X = G \cdot \frac{b}{a} = Y \text{ bei symmetrischer Aufhängung} \quad . \ . \ (11$$

$$\left. \begin{array}{l} X = G \, \dfrac{w - b_1 + b_2}{w \cdot \dfrac{a}{b_1}} \\[3em] Y = G \, \dfrac{w - b_2 + b_1}{w \cdot \dfrac{a}{b_2}} \end{array} \right\} \text{ bei unsymm. Aufhängung} \ . \ (12$$

3. Nimmt man eine Überhöhung c so an, daß sich eine gleiche Neigung der Querdrähte ergibt, dann erhalten wir wieder:

$$X = \frac{G \cdot b}{2a} = Y \ . \ . \ . \ . \ . \ . \ . \ . \ (13$$

auch bei unsymmetrischer Anordnung sowohl für eingeleisige wie für zweigeleisige Strecken.

Da bei symmetrischer Anordnung $b = \frac{w}{2}$, so wird

$$X = Y = \frac{G}{2} \cdot \frac{w}{2} \cdot \frac{1}{a}, \text{ d. h.} \ . \ . \ . \ . \ . \ . \ (14$$

»Man erhält den Zug im Querdraht, wenn man das halbe schwebende Gewicht mit der halben Spannweite multipliziert und durch den Durchhang dividiert.«

Dies gilt auch für unsymmetrische Anordnung, wenn die Querdrähte gleiche Neigung besitzen und statt der halben Spannweite die kleinere Entfernung des schwebenden Gewichtes von der Wand oder dem Mast zugrunde gelegt wird.

Beispiele:

I. Eingeleisige Strecke. $G = 20$ kg, $W = 24$ kg, $\dfrac{a}{b} = \frac{1}{12}$.

a) bei symmetrischer Anordnung: $w = 2b$, $b = 8$ m.

$$X = \frac{G \cdot b + W \cdot a}{2a} = \frac{G + W \cdot \frac{a}{b}}{2\frac{a}{b}} = \frac{20 + \frac{24}{12}}{2 \cdot \frac{1}{12}} = \frac{22 \cdot 12}{2} = \quad . \; . \; \mathbf{132 \; kg}$$

$$Y = \frac{G \cdot b - Wa}{2a} = \frac{G - W \cdot \frac{a}{b}}{2\frac{a}{b}} = \frac{20 - \frac{24}{12}}{2 \cdot \frac{1}{12}} = \frac{18 \cdot 12}{2} = \quad . \; . \; \mathbf{108 \; kg}$$

b) bei unsymmetrischer Anordnung: $w = 24$ m, $b = 8$ m, $a = \frac{1}{12}b$,

$$X = \frac{G \cdot (w - b) + W \cdot a}{w\frac{a}{b}} = \frac{20 \cdot 16 + 24 \cdot \frac{8}{12}}{24\frac{1}{12}} = \frac{21 \cdot 16}{2} = \quad . \; \mathbf{168 \; kg}$$

$$Y = \frac{G - W\frac{a}{b}}{w\frac{a}{b} \cdot \frac{1}{w-b}} = \frac{20 - 24 \cdot \frac{1}{12}}{24 \cdot \frac{1}{12} \cdot \frac{1}{16}} = \frac{18 \cdot 16}{2} = \quad . \; . \; . \; . \; \mathbf{144 \; kg}$$

c) bei einer Überhöhung in der Art, daſs beide Teile des Querdrahtes gleiche Neigung erhalten, sonst jedoch unsymmetrische Aufhängung besitzen:

$$X = \frac{G + W\frac{a}{b}}{2\frac{a}{b}} = \frac{20 + \frac{24}{12}}{2 \cdot \frac{1}{12}} = \quad . \; . \; . \; . \; . \; . \; . \; \mathbf{132 \; kg}$$

$$Y = \frac{G - W\frac{a}{b}}{2 \cdot \frac{a}{b}} = \frac{20 - \frac{24}{12}}{2 \cdot \frac{1}{12}} = \quad . \; . \; . \; . \; . \; . \; . \; \mathbf{108 \; kg.}$$

Also die gleichen Werte wie bei a).

II. Zweigeleisige Strecke: $G_1 = G_2 = 20$ kg, $W_1 = W_2 = 24$ kg
$$\frac{a}{b} = \frac{1}{12}.$$

a) bei symmetrischer Anordnung: $w = 36$ m, $b = 8$ m, $a = \frac{8}{12}$ m.

$$X = \frac{G \cdot w + 2W \cdot a}{w \cdot \frac{a}{b}} = \frac{20 \cdot 36 + 2 \cdot 24 \cdot \frac{8}{12}}{36 \cdot \frac{1}{12}} = \frac{752}{3} = \quad . \; . \; . \; . \; \mathbf{251 \; kg}$$

$$Y = \frac{G \cdot w - 2W \cdot a}{w \cdot \frac{a}{b}} = \frac{20 \cdot 36 - 2 \cdot 24 \cdot \frac{8}{12}}{36 \cdot \frac{1}{12}} = \frac{688}{3} = \quad . \; . \; . \; . \; \mathbf{229 \; kg}$$

b) bei unsymmetrischer Anordnung, ohne Berücksichtigung des Wind-

druckes $b_1 = 8$ m, $b_2 = 10$ m, $a = \dfrac{b_1}{12} = \dfrac{8}{12}$ m, $w = 36$ m.

$$X = G \frac{w - b_1 + b_2}{w \dfrac{a}{b_1}} = 20 \cdot \frac{36 - 8 + 10}{36 \cdot \dfrac{8}{12 \cdot 8}} = 20 \cdot \frac{38}{3} = \quad \dots \quad \textbf{253 kg}$$

$$Y = G \frac{w - b_2 + b_1}{w \cdot \dfrac{a}{b_2}} = 20 \cdot \frac{36 - 10 + 8}{36 \cdot \dfrac{8}{12 \cdot 10}} = 200 \cdot \frac{34}{24} = \quad \dots \quad \textbf{283 kg}$$

Tabelle I.

Einfaches Geleise.

Entfernung der Aufhängungen 37 m.

Gewicht des Fahrdrahtes samt der Aufhängung = 20 kg.

Spann-weite w in m	Durchbang a in mm								
	500	600	700	800	900	1000	1100	1200	1300
	Zugkraft in kg								
10	100	85	70	—	—	—	—	—	—
12	120	100	85	75	—	—	—	—	—
14	140	115	100	90	80	70	—	—	—
16	160	135	115	100	90	80	75	—	—
18	180	150	130	115	100	90	80	75	70
20	200	165	145	125	110	100	90	85	80
22	220	185	155	135	120	110	100	90	85
24	—	200	170	150	135	120	110	100	95
26	—	—	185	160	145	130	120	110	100
28	—	—	—	175	155	140	130	115	110
30	—	—	—	185	165	150	135	125	115
32	—	—	—	—	180	160	145	135	125
34	—	—	—	—	190	170	155	140	130
36	—	—	—	—	—	180	165	150	140
38	—	—	—	—	—	190	175	160	145
40	—	—	—	—	—	200	180	165	155
45	—	—	—	—	—	225	205	190	175
50	—	—	—	—	—	250	230	210	190

Diese Tabelle gilt nur für symmetrische Aufhängung des Fahr-

drahtes, also für $b = \dfrac{w}{2}$, und ohne Berücksichtigung des Winddruckes,

also für $X = Y = \dfrac{G}{2} \cdot \dfrac{w}{2} \cdot \dfrac{1}{a}$. Für unsymmetrische Aufhängung gilt die Tabelle nur dann, wenn die Querdrähte gleiche Neigung zur Horizontalen besitzen und $w = $ die doppelte, kleinere Entfernung des schwebenden Gewichtes vom Mast oder der Wand bedeutet. Bei Berücksichtigung des Winddruckes erhöhe man die Werte um $10\,^0/_0$.

Tabelle II.

Doppeltes Geleise.

Entfernung der Aufhängungen für jeden Draht 37 m.

Gewicht der Fahrdrähte und Aufhängungen $= 40$ kg.

Spann-weite w in m	Durchhang a in mm								
	500	600	700	800	900	1000	1100	1200	1300
	Zugkraft in kg								
10	200	170	140	—	—	—	—	—	—
12	240	200	170	150	130	—	—	—	—
14	280	235	200	175	155	140	—	—	—
16	320	265	230	200	180	160	145	135	—
18	360	300	255	225	200	180	165	150	140
20	400	335	285	250	220	200	180	165	155
22	440	365	315	275	245	220	200	185	170
24	480	400	340	300	265	240	220	200	185
26	520	435	370	325	290	260	235	215	200
28	—	465	400	350	310	280	255	235	215
30	—	500	430	375	335	300	275	250	230
32	—	—	455	400	355	320	290	265	245
34	—	—	—	425	380	340	310	285	260
36	—	—	—	450	400	360	330	300	275
38	—	—	—	—	420	380	345	315	290
40	—	—	—	—	445	400	365	335	310
45	—	—	—	—	—	450	410	375	345
50	—	—	—	—	—	500	445	420	385

Diese Tabelle gilt wiederum nur für symmetrische Anordnung $b = \frac{w}{2}$; $X = Y = \frac{G}{2} \cdot \frac{w}{2} \cdot \frac{1}{a}$ oder für unsymmetrische Anordnung, wenn man den beiden Querdrähten gleiche Neigung zur Horizontalen gibt und unter w nicht die Spannweite sondern die doppelte kleinere Entfernung der Bahnmitte von dem Maste oder der Wand verstanden wird. Für Winddruck kann man wieder einen Zuschlag von $10\,^0/_0$ machen.

Kuvrenzüge

a) in wagrechter Ebene.

Durch die polygonartige Verspannung des Fahrdrahtes in den Kurven entstehen Züge in den zur Verspannung dienenden Drähten, welche sich wie folgt be-stimmen lassen:

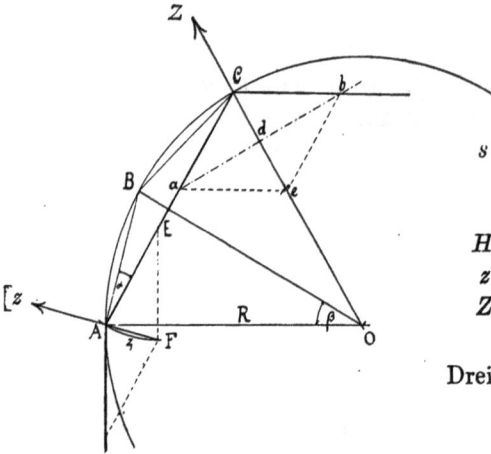

Es bedeute in Fig. 118:

R = Krümmungsradius der Kurve,

s = Entfernung zweier Po-lygonecken = Teilung der Kurve = AC,

H = Spannung im Fahrdraht,

z = Zug im Polygoneck A,

Z = „ „ „ C.

Aus der Ähnlichkeit der Dreiecke ABO und AEF folgt:

$$z : H = AB : R$$

$$AB = \frac{AD}{\cos\alpha} = \frac{\frac{s}{2}}{\cos\alpha} = \frac{s}{2\cos\alpha}$$

Fig. 118.

Da der Winkel α stets sehr klein ist, so kann für $\cos\alpha = 1$ gesetzt werden, demnach erhält man

$$z = \frac{Hs}{2R} \text{ für den Zug im Punkte } A \quad \ldots \ldots \ldots \text{ (1}$$

Ebenso ist Dreieck aCe ähnlich dem Dreiecke AOC und folglich $Z : H = s : R$.

$$Z = \frac{H \cdot s}{R} \text{ für den Zug im Punkte } C \quad \ldots \ldots \ldots \text{ (2}$$

Wir fanden also:

1. für den Zug im Polygonpunkte A $z = \frac{H \cdot s}{2R}$

2. „ „ „ „ „ C $Z = \frac{H \cdot s}{R} = 2z$

Setzen wir die im Fahrdraht auftretende größte Spannung $H = 500$ kg ein, dann wird $z = 250 \cdot \frac{s}{R}$ und $Z = 500 \frac{s}{R}$

Bei Rollenbetrieb nimmt man die Polygonseite $s = 0,2\,R$ für Kurven, deren Radien < 50 m und erhält demnach:

$$z = 250 \cdot \frac{0,2\,R}{R} = 50 \text{ kg und } Z = 500 \frac{0,2\,R}{R} = 100 \text{ kg.}$$

Haben wir zwei Fahrdrähte auszuspannen, dann erhalten wir doppelt so große Werte:

$$z' = 100 \text{ kg und } Z' = 200 \text{ kg.}$$

Diese Werte werden noch durch den Einfluß des Gewichtes der Aufhängung und des von der Aufhängung zu tragenden Kontaktdrahtstückes vergrößert. Unter Berücksichtigung dieser Einflüsse nimmt man für Kurven, deren Radius kleiner als 50 m: $z = 120$ kg und $Z = 240$ kg.

Die aus einer Tabelle oder durch Berechnung gefundene Kurventeilung n wird auf der innern Schiene des Geleises aufgetragen, wobei man mit der Länge der Sehne s nicht über den gefundenen Wert hinausgeht.

Schließt sich an eine Kurve, deren Teilung man bestimmt hat, eine andere Kurve (mit anderem Radius) an, so hat man auf letzterer die ihrem Radius entsprechende Teilung aufzutragen.

Die Zugdrähte für die einzelnen Teilpunkte der Kurve nimmt man möglichst radial an. Um feste Stützpunkte zu ersparen, kann man den senkrechten Zug in zwei Komponenten nach dem Kräfteparallelogramm zerlegen und erspart auf diese Weise z. B. einen Mast, muß jedoch dafür die anderen Maste, welche die Zugkomponenten aufnehmen, entsprechend stärker wählen. Es ist jedoch zu beachten, daß der Winkel, welchen die Komponente zum Fahrdraht bildet, nicht zu klein wird, da sonst sehr starke Züge in den Komponenten auftreten würden, wodurch sehr starke Maste notwendig werden, anderseits auch ein Verfangen der Rolle stattfinden könnte.

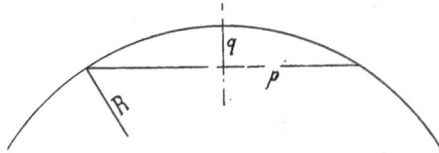

Fig. 119.

Mit Rücksicht auf schönes Aussehen eines Leitungsnetzes wird man möglichst wenig Stützpunkte (Maste) wählen, aus Sicherheitsgründen darf man jedoch hierin nicht zu weit gehen.

Sofern der Radius einer Geleisekurve nicht genau bekannt ist, ermittelt man denselben auf der Strecke selbst in folgender einfachen Weise (Fig. 119):

Man nimmt ein zur Größe des Radius umgekehrt proportionales Stück des Bandmaßes — z. B. 20 m — und legt es mit den beiden Enden so auf die innere Schienenrille, daß es als Sehne, die Schiene als Peripherie eines Kreises angesehen werden kann.

Bezeichnet nun p die halbe Sehnenlänge, q die Pfeilhöhe = Abstand von Mitte Kreisbogen bis Sehne, R = Kurvenradius, dann ist

$$p^2 = R^2 - (R - q)^2 = R^2 - R^2 + 2 R q - q^2$$
$$p^2 = 2 R q - q^2$$
$$R = \frac{p^2 + q^2}{2 q}.$$

Da in den meisten Fällen die Pfeilhöhe q sehr klein ist gegenüber der halben Sehnenlänge p, so kann man setzen:

$$R = \frac{p^2}{2\,q}.$$

Ist z. B. $p = 10$ m, $q = 0{,}3$ m, dann wird $R = \dfrac{10^2 + 0{,}3^2}{0{,}6} = 166{,}8$ m und

nach der Annäherungsformel $R = \dfrac{p^2}{2\,q} = \dfrac{100}{0{,}6} = 166{,}7$ m.

Es ist durchaus nicht notwendig, daß der Kurvenanfang oder das Kurvenende in die Geleisemitte fällt; es genügt vielmehr, wenn die Abweichung (Fig. 120) $c = 2\,b$ (für den Bügel) bzw. $c = a + 0{,}2\,a$ $= 1{,}2\,a$ (für die Rolle) wird.

Ist bei A eine Querdrahtaufhängung und faßt bei C ein Spanndraht die Kurve, dann ergibt sich die Entfernung $A\,C =$

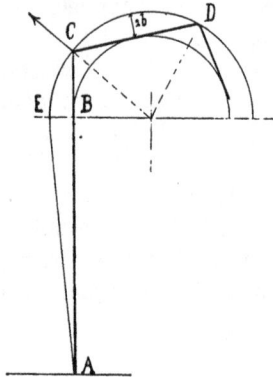

Fig. 120.

$A\,B + B\,C = A\,B + \dfrac{s}{2}$, wobei s die Kurventeilung bezeichnet und $A\,B$ die Entfernung vom Kurvenanfang darstellt.

Die Entfernung $A\,C$ des Querdrahtes bei A von dem Spanndraht bei C nimmt man gewöhnlich etwas kleiner als die Entfernung zweier Querdrähte in der geraden Strecke, welche nach praktischen Erfahrungen etwa 35 m durchschnittlich beträgt.

b) In lotrechter Ebene (Fig. 121).

In lotrechter Richtung wirkt wiederum das Gewicht G, welches sich aus der Aufhängekonstruktion und dem von ihr zu tragenden Fahrdrahtstück zusammensetzt. In wagrechter Richtung wirkt der Kurvenzug Z, mehr oder weniger der Winddruck W.

Beide Kräfte ergeben eine Resultierende R, welche wiederum nach der Richtung der beiden Spanndrähte $A\,B$ und $B\,C$ zerlegt werden kann. Da Z meist sehr groß im Verhältnis zu G ist, so wird nur in dem Spanndraht $A\,B$ ein Zug auftreten, hingegen der Spanndraht $B\,C$ ganz ent-

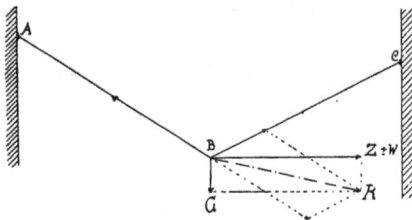

Fig. 121.

lastet werden. In Kurven nimmt man daher nur aus Sicherheitsgründen in Abständen von 30 bis 50 m einen durchgehenden Querdraht, welcher zugleich als Spanndraht dient.

Beanspruchung des Fahrdrahtes.

Die Aufhängung des Fahrdrahtes geschieht entweder an Querdrähten, welche (quer zur Richtung des Geleises) von Mast zu Mast,
von Haus zu Haus oder auch von Mast zu Haus gezogen werden
oder an Auslegern, welche an den Masten befestigt sind.

Der Fahrdraht wird im allgemeinen nur durch sein Eigengewicht[1])
belastet; die Gestalt eines zwischen zwei Punkten gespannten Fahrdrahtstückes ist demnach eine Kettenlinie. Da bei dieser Kettenlinie
für die in der Praxis vorkommenden Fälle der Durchhang stets sehr
klein wird im Verhältnis zur Spann-
weite, so kann mit grofser Annäherung
an Stelle der Kettenlinie eine Parabel
gesetzt werden, wodurch die Rech-
nungen bedeutend vereinfacht werden.

Wir nehmen nun zunächst an,
die Aufhängepunkte I und II liegen
in einer wagrechten Ebene, die Y-Achse
falle mit der Richtung der Schwer-
kraft zusammen und es bedeute w

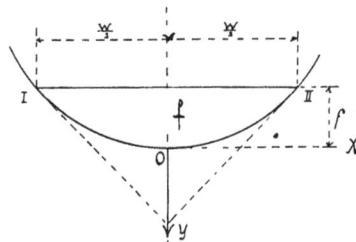

Fig. 122.

die Spannweite in m und f den Durchhang in mm des in Betracht zu
ziehenden Fahrdrahtstückes; dann ist die Gleichung der Parabel (Fig. 122):

$$x^2 = -2\,p\,y.$$

Damit der Punkt II auf der Parabel liegt, mufs sein:

$$x = \frac{w}{2} \text{ und } y = -f$$

$$\frac{w^2}{4} = -2\,p\,(-f)$$

$$2\,p = \frac{w^2}{4\,f}$$

$$x^2 = -\frac{w^2}{4\,f} \cdot y. \qquad \ldots \ldots \ldots (1$$

---

[1]) Die Beanspruchung des Fahrdrahtes durch Schnee und Eis, durch
aufgesetzte Telephonschutzleisten u. dgl. kann durch Zuschlag zum Eigengewicht berücksichtigt werden.

Vgl. Zetzsche, Die elektrische Telegraphie. III. B.d, S. 92—96. —
J. Herzog, Über den Durchhang von weichen Kupferdrähten bei Freileitungen.
E. Z. 1894, S. 437—440. — Dr. G. Rasch, Über die Aufhängung der Oberleitung bei elektrischen Bahnen. E. Z. 1897, S. 395. — K. Otto, Berechnung
des Drahtdurchhanges. E. Z. 1903. S. 37. — H. v. Glinski, Zur Bestimmung
des Durchhanges und der Spannung in Drähten. E. Z. 1903, S. 255. —
A. Sengel, Berechnung des Durchhanges und der Spannung in frei gespannten Drähten. E. Z. 1903, S. 802.

Es bezeichne ferner Q den Querschnitt des Drahtes in qmm; H den Horizontalschub an der tiefsten Stelle — also in O — für den qmm, dl ein Längenelement des Fahrdrahtes, σ das Gewicht eines Meters Fahrdrahtes von 1 qmm Querschnitt, dann erhalten wir zunächst für das Längenelement (Fig. 123):

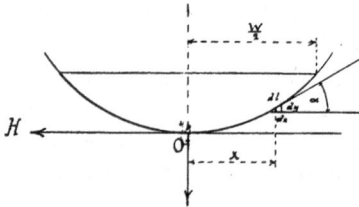

$$dl^2 = dx^2 + dy^2 = dx^2 \left(1 + \left[\frac{dy}{dx} \right]^2 \right)$$

$$dl = dx \sqrt{1 + \left(\frac{dy}{dx} \right)^2} \quad . \quad . \text{ (2}$$

Fig. 123.

Das Gewicht des Längenelementes ist $\sigma \cdot dl \cdot Q \cdot$ kg und wirkt an einem Hebelarm $\left(\frac{w}{2} - x \right)$, ergibt demnach ein elementares Drehmoment $\sigma \cdot dl \cdot Q \cdot \left(\frac{w}{2} - x \right)$.

Die Summe aller elementaren Drehmomente für die eine Drahthälfte von O bis II ist dargestellt durch den Ausdruck

$$\sigma \cdot Q \int_{x=0}^{x=\frac{w}{2}} \left(\frac{w}{2} - x \right) \cdot dl.$$

Denkt man sich den Draht bei O durchschnitten, dann muß für Gleichgewicht in O für jeden Quadratmillimeter Querschnitt eine tangential wirkende Kraft H, am Hebelarm f wirkend, eingesetzt werden. Für Gleichgewicht muß demnach sein

$$H \cdot Q \cdot f = \sigma \cdot Q \int_{x=0}^{x=\frac{w}{2}} \left(\frac{w}{2} - x \right) \cdot dl = \sigma \cdot Q \int_{x=0}^{x=\frac{w}{2}} \left(\frac{w}{2} - x \right) \sqrt{1 + \left(\frac{dy}{dx} \right)^2} \cdot dx.$$

Da $\frac{dy}{dx} = \operatorname{tg} \alpha$, so wird $1 + \left(\frac{dy}{dx} \right)^2 = 1 + \operatorname{tg}^2 \alpha =$

$$= 1 + \frac{\sin^2 \alpha}{\cos^2 \alpha} = \frac{1}{\cos^2 \alpha}.$$

Da α stets sehr klein, so kann $\cos \alpha = 1$ gesetzt werden, demnach $\frac{1}{\cos^2 \alpha} = 1 + \left(\frac{dy}{dx} \right)^2 = 1$ und folglich

$$H \cdot Q \cdot f = \sigma Q \int_{0}^{\frac{w}{2}} \left(\frac{w}{2} - x \right) dx = \sigma Q \left[\frac{w}{2} x - \frac{x^2}{2} \right]_0^{\frac{w}{2}}$$

$$H \cdot Q \cdot f = \sigma \cdot Q \left(\frac{w^2}{4} - \frac{w^2}{8} \right) = \sigma \cdot Q \cdot \frac{w^2}{8}$$

$$H = \frac{\sigma \cdot w^2}{8 \cdot f} \text{ kg pro qmm,} \quad \cdots \cdots \quad (3$$

wenn w in m und f in mm gegeben, oder $H \cdot f = \dfrac{\sigma \cdot w^2}{8} = $ Konstante,
d. h. Zugspannung H und Durchhang f sind umgekehrt proportional.

Den Durchhang erhält man also zu

$$f = \frac{\sigma \cdot w^2}{8 \cdot H} \text{ mm,} \quad \cdots \cdots \cdots \quad (4$$

wenn w in m und H in kg gegeben.

Spannung H und Durchhang f sind dem Einflusse der Temperatur unterworfen. Ein Stück Draht von l m Länge verlängert sich bei einer Temperaturerhöhung dt um den Betrag

$$dl_1 = l \cdot \alpha \cdot dt, \quad \cdots \cdots \cdots \quad (5$$

wobei α den Ausdehnungskoeffizienten bedeutet. Bezeichnet E den Elastizitätsmodul, so erfährt der Draht bei einer Zugspannungszunahme dH eine Verlängerung dl_2

$$dl_2 = \frac{l \cdot dH}{E}. \quad \cdots \cdots \cdots \quad (6$$

Unter dem gleichzeitigen Einfluss der Temperatur- und Spannungsänderung kommt eine Längenausdehnung

$$dl = dl_1 + dl_2 = l \cdot \alpha \cdot dt + \frac{l \cdot dH}{E}$$

zustande, woraus sich

$$\frac{dl}{l} = \alpha \cdot dt + \frac{dH}{E} \quad \cdots \cdots \cdots \quad (7$$

ergibt.

Hieraus folgt durch Integration

$$lg \text{ nat } l = \alpha \cdot t + \frac{H}{E} + \text{Konst.}$$

Für $t = t_0$, $l = l_0$ und $H = H_0$ folgt

$$\log \text{ nat } \frac{l}{l_0} = \alpha \, (t - t_0) + \frac{H - H_0}{E} \quad \cdots \cdots \quad (8$$

Die Länge des Parabelbogens ergibt sich aus

$$\frac{l}{2} = \int_{x=0}^{x=\frac{w}{2}} dl = \int_0^{\frac{w}{2}} \sqrt{1 + \left(\frac{dy}{dx}\right)^2} \cdot dx^1) =$$

$$= \int_0^{x=\frac{w}{2}} \sqrt{1 + \left(\frac{8f \cdot x}{w^2}\right)^2} \, dx.$$

Setzt man $\dfrac{8f \cdot x}{w^2} = z$, dann wird[2])

$$\frac{l}{2} = \int_0^{z=\frac{4f}{w}} \sqrt{1 + z^2} \cdot dz \cdot \frac{w^2}{8f} = \frac{w^2}{8f} \left[\int_0^{z=\frac{4f}{w}} \left(1 + \frac{1}{2} z^2 - \frac{1}{8} z^4 + \ldots\right) dz \right]$$

$$\frac{l}{2} = \frac{w}{2} + \frac{4}{3} \cdot \frac{f^2}{w} - \ldots .$$

Unter Vernachlässigung der folgenden kleineren Glieder erhalten wir:

$$l = w + \frac{8}{3} \cdot \frac{f^2}{w} - \ldots \quad \ldots \quad \ldots \quad \ldots \quad (9$$

Da nun $f = \dfrac{\sigma \cdot w^2}{8\,H}$, so ist auch

$$1 = w \left(1 + \frac{\sigma^2 \cdot w^2}{24 \cdot H^2}\right)$$

$$l_0 = w \left(1 + \frac{\sigma^2 \cdot w^2}{24 \cdot H_0^2}\right).$$

---

[1]) $x^2 = -\dfrac{w^2}{4f} \, y$. Parabelgleichung. Siehe S. 95.

$$y = -\frac{4f}{w^2} \cdot x^2. \qquad\qquad dy = -\frac{8fx}{w^2} \cdot dx.$$

[2]) Aus $\dfrac{8f \cdot x}{w^2} = z$ folgt $x = \dfrac{z \cdot w^2}{8f}$

$$dx = \frac{w^2}{8f} \cdot dz.$$

Für $x = 0$ ist $z = 0$,

$$\text{»} \quad x = \frac{w}{2} \text{ » } z = \frac{4f}{w}.$$

Demnach

$$\log \mathrm{nat}\ \frac{l}{l_0} = \alpha\,(t - t_0) + \frac{H - H_0}{E} = \log \mathrm{nat}\ \frac{1 + \dfrac{\sigma^2 w^2}{24\,H^2}}{1 + \dfrac{\sigma^2 \cdot w^2}{24\,H_0^2}}$$

Der Ausdruck $\log \mathrm{nat}\ \dfrac{1 + \dfrac{\sigma^2 \cdot w^2}{24\,H^2}}{1 + \dfrac{\sigma^2 \cdot w^2}{24\,H_0^2}}$ kann nach der Formel

$$\log \mathrm{nat}\ (1 + z) = z - \frac{z^2}{2} + \frac{z^3}{3} - \cdots$$

in eine Reihe entwickelt werden, und man kann dann annähernd setzen

$$\log \mathrm{nat}\ \frac{l}{l_0} = \frac{\sigma^2 \cdot w^2}{24}\left(\frac{1}{H^2} - \frac{1}{H_0^2}\right),$$

so daſs man schlieſslich zwischen der Zugspannung und der Temperatur die Beziehung erhält:

$$\alpha\,(t - t_0) = \frac{\sigma^2 \cdot w^2}{24}\left(\frac{1}{H^2} - \frac{1}{H_0^2}\right) - \frac{H - H_0}{E} \quad \cdots \quad (10$$

oder wenn λ die spezifische Dehnung $= \dfrac{1}{E}$ pro 1 kg Spannung bezeichnet

$$t - t_0 = \frac{1}{\alpha}\left[\left(\frac{\sigma^2 \cdot w^2}{24} \cdot \frac{1}{H^2} - \lambda\,H\right) - \left(\frac{\sigma^2 w^2}{24} \cdot \frac{1}{H_0^2} - \lambda\,H_0\right)\right]. \quad (11$$

Es bedeutet dabei:

$t =$ Temperatur in Zentigraden.

$t_0 \doteq$ niedrigste vorkommende Temperatur $= -20^\circ$ C.

$\alpha =$ die zpezifische Ausdehnung durch die Wärme für 1° C
$\quad = 0{,}000017$. [Für 100° C ist $\alpha = 0{,}001718 = \dfrac{1}{582}$.]

$\sigma =$ Gewicht des Fahrdrahtes in kg von 1 m Länge und 1 qmm Querschnitt. Für Kupfer $\sigma = 0{,}0089$ kg.

$w =$ Spannweite in m.

$H =$ Horizontalzug im Fahrdraht in kg für 1 qmm Querschnitt und bei t C.

$H_0 =$ Zulässiger Horizontalzug im Fahrdraht in kg für den qmm Querschnitt und bei t^0 C — im allgemeinen nimmt man $H_0 = \dfrac{1}{4}$ der Bruchfestigkeit $= 10$ kg, wenn die Bruchfestigkeit (für Hartkupferdraht) 40 kg für 1 qmm Querschnitt beträgt.

$f =$ Durchhang in m bei $t_0{}^\circ$ C.

$E =$ Elastizitätsmodul für Kupfer $= 12\,000$ kg, bezogen auf den qmm.

Dann erhalten wir die Zahlenwerte in die Formel (11 eingesetzt:[1])

$$t = w^2 \left(\frac{0{,}2}{H^2} - 0{,}002 \right) - 4{,}9\,H + 29 \quad \ldots \ldots \text{(12}$$

und da $H = \dfrac{\sigma \cdot w^2}{8 f}$

$$t - t_0 = \frac{1}{\alpha} \left[\left(\frac{8}{3} \cdot \frac{f^2}{w^2} - \frac{\lambda \cdot \sigma}{8} \frac{w^2}{f} \right) - \left(\frac{w^2 \cdot \sigma^2}{24} \cdot \frac{1}{H_0{}^2} - \lambda H_0 \right) \right]$$

$$t = 29 + 156\,800\,\frac{f^2}{w^2} - 0{,}005\,\frac{w^2}{f} - 0{,}002 \cdot w^2 \quad \ldots \text{(13}$$

Um die Rechnung zu erleichtern, setzt man in die Gleichung (12 beliebige Werte für w und H und berechnet hiernach t. Die gefundenen Werte trägt man in ein Koordinatensystem ein, bei welchem die Ordinaten die Zugspannungen und die Abszissen die Temperaturen bezeichnen.

In nebenstehender graphischen Tabelle sind die Zugspannungen bei verschiedenen Temperaturen für die Spannweiten 10 m, 20 m, 30 m und 40 m ersichtlich (Fig. 124).

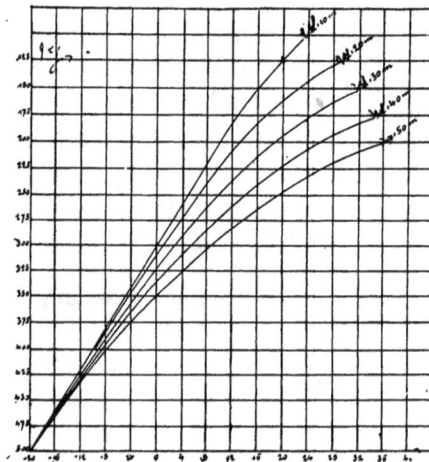

Fig. 124.

t^0	p. kg	t^0	p. kg	t^0	p. kg
− 20	500	+ 10	271	+ 22	214
− 18	482	+ 12	260	+ 24	207
− 16	464	+ 14	250	+ 26	200
− 14	447	+ 16	240	+ 28	194
− 12	430	+ 18	231	+ 30	188
− 10	413	+ 20	222	+ 32	183
− 8	397				
− 6	381				
− 4	365				
− 2	350				
0	336				
+ 2	322				
+ 4	308				
+ 6	295				
+ 8	282				

Zunahme der Spannung pro 1° C.
Von   0° bis −10° um 8 kg,
» −10° » −20° » 9 »

Abnahme der Spannung pro 1° C.
Von   0° bis + 8° um 7 kg,
» + 8° » +12° » 6 »
» +12° » +20° » 5 »
» +20° » +26° » 4 »
» +26° » +30° » 3 »

---

[1] Vgl. Dr. M. Eisig in E. Z. 1899, S. 653.

Vernachlässigt man in der Gleichung (10 [1])

$$a\,(t - t_o) = \frac{\sigma^2 \cdot w^2}{24}\left(\frac{1}{H^2} - \frac{1}{H_0{}^2}\right) - \frac{H - H_o}{E} \quad \text{das Glied}$$

$\dfrac{\sigma^2 \cdot w^2}{24}\left(\dfrac{1}{H^2} - \dfrac{1}{H_o{}^2}\right)$, d. h. den Einfluß des Durchhanges auf die Längen-ausdehnung, so wird

$$H - H_o = - E \cdot a\,(t - t_o) = H'.$$

Diese Beziehung führt auf die bei Festigkeitsbetrachtungen übliche Einführung derjenigen Spannungsdifferenz, die die gleiche Dehnung ergibt wie eine bestimmte Temperaturänderung. Für Kupfer ist

$$a = 0{,}000017 \quad \text{und} \quad E = 11\,000 \text{ kg/qmm}$$
$$H' \text{ kg/qmm} = \infty\, 0{,}18\, \Delta\, t,$$

d. h. 1° C Temperaturdifferenz gibt dieselbe Dehnung wie 0,18 kg/qmm Spannungsdifferenz.

Ändert sich die Temperatur des Drahtes, so ändert sich auch die Spannung im Drahte und der Durchhang. Der Einfluß des Durch-hanges auf die Drahtlänge werde vernachlässigt, dann muß die Span-nung bei der Temperaturerniedrigung so weit steigen, daß die Tem-peraturveränderung ausgeglichen wird; für Kupfer muß demnach sein

$$\Delta\, S = \infty\, 0{,}18\, \Delta\, t,$$

wobei $\Delta\, S$ und $\Delta\, t$ die Änderungen in der Spannung und in der Temperatur bezeichnen.

Ein graphisches Verfahren zur Bestimmung des Durchhanges und der Spannung in den Drähten gibt H. v. Glinski in der E. Z. 1903 S. 256.

Im vorhergehenden war angenommen, daß die Stützpunkte *I* und *II* in einer Horizontalebene — also gleich hoch — liegen. In der Praxis ist dies nicht immer der Fall, und man muß besonders bei Bahnen mit großen Steigungen (Bergbahnen) auch die verschiedene Höhenlage der Aufhängepunkte des Fahrdrahtes berücksichtigen.

Nehmen wir an, Punkt *II* liege tiefer als Punkt *I*; bekannt seien: die horizontale Entfernung des Punktes *II* von Punkt *I* = *a*,

---

[1]) Vgl. H. v. Glinski in der E. Z. 1903, S. 255.

Anm. Während der Drucklegung des vorliegenden Werkes wurde der Verfasser von befreundeter Seite auf die 4. Auflage des Werkes von C. Bach ›Elastizität und Festigkeit‹, 1902, S. 92, aufmerksam gemacht. Prof. Bach hat in seiner bekannten eleganten Weise die Zugelastizität eines ausgespannten Drahtes mit Rücksicht auf den Einfluß der Temperatur behandelt und schließlich auch noch die Biegungsspannung im Drahte selbst berücksichtigt.

die Differenz der Höhenlagen I und $II = h$, der Durchhang $= f$. Hierdurch ist die Parabel bestimmt. Unbekannt ist w (Fig. 125).

Die Parabel, deren Gleichung $x^2 = -\dfrac{w^2}{4f} \cdot y$, mufs durch den Punkt II mit den Koordinaten

$$x_2 = a - \frac{w}{2}$$

$$y_2 = -(f - h)$$

gehen, demnach also

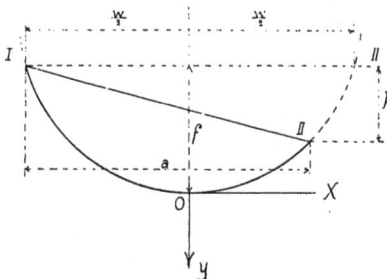

Fig. 125.

$$\left(a - \frac{w}{2}\right) = \left(\frac{w}{2}\right)\frac{f-h}{f}$$

oder

$$\frac{\left(a - \dfrac{w}{2}\right)^2}{\left(\dfrac{w}{2}\right)^2} = \frac{f-h}{f} = 1 - \frac{h}{f}$$

$$\frac{\left(\dfrac{w}{2}\right)^2 - \left(a - \dfrac{w}{2}\right)^2}{\left(\dfrac{w}{2}\right)^2} = \frac{h}{f}$$

$$\frac{h}{f} = \frac{4\,a\,(w-a)}{w^2} \quad . \quad . \quad (14$$

Aus $\dfrac{\left(a - \dfrac{w}{2}\right)^2}{\left(\dfrac{w}{2}\right)^2} = \dfrac{f-h}{f}$ erhält man

$$\frac{a - \dfrac{w}{2}}{\dfrac{w}{2}} = +\sqrt{\frac{f-h}{f}} \qquad a = \frac{w}{2}\left(1 + \sqrt{\frac{f-h}{f}}\right)$$

$$w = \frac{2\,a}{1 + \sqrt{\dfrac{f-h}{f}}}, \text{ wenn } f \text{ bekannt ist} \quad . \quad . \quad . \quad . \quad (15$$

Setzt man in $\dfrac{h}{f} = \dfrac{4\,a\,(w-a)}{w^2} \qquad f = \dfrac{\sigma\,w^2}{8\,H}$

so wird $\dfrac{8\,h\cdot H}{\sigma\cdot w^2} = \dfrac{4\,a\,(w-a)}{w^2}$

$$w = a + \frac{2\,h}{a}\cdot\frac{H}{\sigma}, \text{ wenn } H \text{ gegeben ist} \quad . \quad . \quad . \quad . \quad (16$$

Die Beziehung zwischen Temperatur und Zugspannung ist wie früher

$$\log\,\text{nat}\,\frac{l}{l_0} = \alpha\,(t - t_0) + \frac{H - H_0}{E}.$$

Die Länge l des Bogens $I{-}O{-}II$ ergibt sich aus

$$l = \int_{x=-\frac{w}{2}}^{x=a-\frac{w}{2}} \sqrt{1 + \left(\frac{dy}{dx}\right)^2} \cdot dx$$

$$x^2 = -\frac{w^2}{4f} \cdot y$$

$$\frac{dy}{dx} = -\frac{8fx}{w^2} = -z$$

$$l = \frac{w^2}{8f}\left[z + \frac{z^3}{6}\right]_{-\frac{4f}{w}}^{\left(\frac{8\,af}{w^2} - \frac{4f}{w}\right)}$$

$$z = -\frac{4f}{w}$$

$$x = -\frac{w}{2}$$

$$x = a - \frac{w}{2}$$

$$z = \frac{8f\left(a - \frac{w}{2}\right)}{w^2}$$

$$l = \frac{w^2}{8f}\left[\frac{8\,af}{w^2} - \frac{4f}{w} + \frac{1}{6}\left(\frac{8\,af}{w^2} - \frac{4f}{w}\right)^3 + \frac{4f}{w} + \frac{64\,f^3}{6\cdot w^3}\right]$$

$$l = a + \frac{8\,af^2}{w^2}\left(1 - \frac{2a}{w} + \frac{4\,a^2}{3\,w^2}\right) \quad . \quad . \quad . \quad . \quad . \quad . \quad . \quad . \text{(17}$$

Für $a = w$ muß die frühere Formel (9 erhalten werden.

Führt man nun wieder mittels der Beziehung $H \cdot f = \dfrac{\sigma \cdot w^2}{8}$ statt f H ein, so erhält man

$$l = a\left[1 + \left(\frac{\sigma^2 w^2}{8\,H^2} - \frac{a\cdot\sigma^2\cdot w}{4\,H^2} + \frac{a^2\cdot\sigma^2}{6\,H^2}\right)\right] \quad . \quad . \quad . \quad . \text{(18}$$

Aus Formel (16 $\quad w = a + \dfrac{2\,h}{a}\cdot\dfrac{H}{\sigma}\quad$ erhalten wir:

$$l = \frac{2\,a^2 + h^2}{2\,a}\left[1 + \frac{a^4\cdot\sigma^2}{12\,(2\,a^2 + h^2)\,H^2}\right] \quad . \quad . \quad . \quad . \text{(19}$$

ebenso $l_0 = \dfrac{2\,a^2 + h^2}{2\,a}\left[1 + \dfrac{a^4\cdot\sigma^2}{12\,(2\,a^2 + h^2)\,H_0^2}\right] \quad . \quad . \quad . \quad . \text{(20}$

$$\frac{l}{l_0} = \frac{1 + \dfrac{a^4\,\sigma^2}{12\,(2\,a^2 + h^2)\,H^2}}{1 + \dfrac{a4\cdot\sigma^2}{12\,(2\,a^2 + h^2)\cdot H_0^2}} = 1 + \frac{a^4\,\sigma^2}{12\,(2\,a^2 + h^2)}\left(\frac{1}{H^2} - \frac{1}{H_0^2}\right)$$

$$\log \text{nat}\left\{1 + \frac{a^4\,\sigma^2}{12\,(2\,a^2 + h^2)}\left[\frac{1}{H^2} - \frac{1}{H_0^2}\right]\right\} = \frac{a^4\,\sigma^2}{12\,(2\,a^2 + h^2)}\left[\frac{1}{H^2} - \frac{1}{H_0^2}\right]$$

Nach Früherem:

$$\text{lognat } \frac{l}{l_0} = \alpha\,(t - t_0) + \frac{H - H_o}{E}, \text{ folglich}$$

$$\alpha\,(t - t_o) = -\,\frac{H - H_o}{E} + \frac{\sigma^2 \cdot a^4}{12\,(2\,a^2 + h^2)} \cdot \left(\frac{1}{H^2} - \frac{1}{H_o{}^2}\right) \quad . \quad (21$$

Setzen wir wieder $\frac{1}{E} = \lambda$, so erhalten wir schließlich nach weiteren Vereinfachungen (h sehr klein gegenüber a)

$$t - t_o = \frac{1}{\alpha}\left[\left(\frac{\sigma^2 \cdot a^2}{24}\left(1 - \frac{h^2}{2\,a^2}\right)\frac{1}{H^2} - \lambda\,H\right) - \left(\frac{\sigma^2\,a^2}{24}\left(1 - \frac{h^2}{2\,a^2}\right)\right.\right.$$

$$\left.\left.\frac{1}{H_o{}^2} - \lambda\,H_o\right)\right] \quad \cdot \quad \cdot \quad \cdot \quad \cdot \quad \cdot \quad \cdot \quad (22$$

Für $h = o$ erhalten wir wieder die Formel (11.

Vergleicht man die frühere Formel (11 (Punkte I und II liegen in einer Horizontalebene) mit der allgemeinen Formel (22 (Punkt II liege um h höher als Punkt I), so findet man, daſs man einfach für $w_1{}^2$ den Ausdruck $a^2\left(1 - \frac{h^2}{2\,a^2}\right)$ zu setzen hat, also $w_1 = \sqrt{a^2 - \frac{h^2}{2}}$. Besitzt man demnach eine Tabelle, in welcher z. B. H eine Funktion von t ist für verschiedene w, so braucht man im allgemeinen Fall nur $w_1 = \sqrt{a^2 - \frac{h^2}{2}}$ zu setzen, und die Tabelle hat auch Gültigkeit für t.

Für t erhalten wir nach Früherem

$$t = w_1{}^2\left(\frac{0{,}2}{H^2} - 0{,}002\right) - 4{,}9\,H + 29, \text{ wobei}$$

$$w_1 = \sqrt{a^2 - \frac{h^2}{2}}.$$

Vgl. M. Jüllig, Über die mechanische Beanspruchung elektrischer Luftleitungen, welche auf ungleich hohen Stützen ruhen. E. Z. 1899, S. 886.

Dr. G. Rasch, Über die Aufhängung der Oberleitung bei elektrischen Bahnen. E. Z. 1897, 395.

VI. Abschnitt.

Schienenrückleitung. Vagabundierende Ströme. — Schienenverbindungen. — Methoden zur Verringerung der Gefahren der vagabundierenden Ströme.

Schienenrückleitung. Vagabundierende Ströme. [1])

Als Steinheil im Jahre 1835 die von Gauſs ausgesprochene Vermutung, daſs die beiden Stränge eines Eisenbahngeleises wahrscheinlich als Leitung für den neu erfundenen Telegraphen benützt werden können, praktisch erproben wollte und zu diesem Zwecke auf der soeben (d. i. 1835) eröffneten Eisenbahnstrecke Nürnberg—Fürth diesbezügliche Versuche anstellte, fand er, daſs die Induktionsstöſse seines Instrumentes nicht über 30 Schienenlängen hinaus sich noch wirksam zeigten. Der Grund hierfür ist uns heute allen bekannt: Die zur mechanischen Verbindung der Schienen angewandten Laschen besitzen ebenso wie die Schienen selbst stark oxydierte Oberflächen, wodurch ein schlechter Kontakt und folglich ein hoher Widerstand für den elektrischen Strom entsteht.

Steinheil stellte seine Versuche mit von Erde nicht isolierten Schienen an und beobachtete dabei den Übergang des Stromes von einem Schienenstrang zu dem andern; er erfand die Erdleitung. Die Erfindung der Erdleitung erlangte in der Folge eine ungemein hohe Bedeutung; sie ermöglichte zunächst die Herstellung billiger Telegraphenlinien. Durch Einführung der Erdleitung bei den Telegraphen wurde nicht nur an Drahtmaterial und Isolatoren gespart, — welche Ersparnis bei der groſsen Länge der Telegraphenlinien immerhin ins Gewicht fällt, — sondern vor allem auch an Elementen, indem der Widerstand der Linienleitung verringert werden konnte.

Nachdem die Telegraphendrähte den Erdball umspannt hatten und nun auch die elektrische Beleuchtung und die Telephonie auftauchten, versuchte man auch bei diesen neuen Anwendungen der Elektrizität die Erde als Leiter zu benützen. Bei der elektrischen

---

[1]) Während der Drucklegung dieses Buches erschien ein ausgezeichnetes Werk über vagabundierende Ströme von Dr. Carl Michalke. Siehe Heft 4 der ›Elektrotechnik in Einzeldarstellungen‹ 1904.

Beleuchtung blieb es wohl bei einigen Versuchen — so wurde z. B. die Beleuchtungsinstallation des Bahnhofes in Hannover ursprünglich mit Erdleitung ausgeführt —, indem wohl bei den meisten Beleuchtungsinstallationen die Erdleitung teurer zu stehen kommen würde, als eine isolierte metallische Rückleitung, und daher die Erdleitung nur dann in Frage kommen kann, wenn sich schon eine metallische Erdleitung vorfindet, wie dies z. B. bei Verwendung von Gasbeleuchtungskörpern für elektrisches Licht der Fall ist. Bei der Telephonie hat die Erdleitung für alle langen Linien (Überlandlinien) ihre Berechtigung, indem an Material gespart werden kann. Leider hat man auch bei städtischen Telephonnetzen die Erdleitung in Anwendung gebracht und so eine Hauptquelle von Störungen der Schwachströme durch Starkströme hervorgerufen.

Nach Preece (Z. f. E. 1893, S.374) wendet die englische Postverwaltung bei Telegraphen einfache, bei Telephonen immer Doppelleitung an. Die englischen Privattelephongesellschaften sollen in den Lokalnetzen einfache, in den interurbanen Linien Doppeldrähte verwenden. Die Eisenbahnen Englands bringen endlich für ihre Telegraphen und Signallinien stets einfache Leitungen in Betrieb.

Auf dem Kontinent besitzen die Telegraphenlinien stets einfache, die Telephonlinien teils einfache, teils Doppelleitungen.

Ganz andere Verhältnisse treten nun bei den elektrischen Bahnen auf. Hier ist eine passende Erdleitung schon von selbst durch die Schienenstränge gegeben und nur durch Benützung der Schienen als Erdleitung (Rückleitung) konnten die elektrischen Bahnen die großartige Ausdehnung erlangen, welche wir heute überall vorfinden.

Schon die erste elektrische Bahn, welche Werner Siemens für die Berliner Gewerbeausstellung im Jahre 1879 baute, hatte eine Stromzuführungsleitung — in Gestalt einer von Erde isolierten Schiene inmitten des Geleises — und die Rückleitung durch die Fahrschienen. Auch die im Mai 1881 eröffnete elektrische Bahn in Groß-Lichterfelde, erbaut von Siemens & Halske, zeigt die Verwendung der Fahrschienen als Stromleitung. Die späteren von Siemens & Halske u. a. erbauten elektrischen Bahnen weisen isolierte Leitungen für beide Pole auf; man wollte dadurch die Schwierigkeiten vermeiden, welche die staatlichen Post- und Telegraphenverwaltungen den jungen Unternehmungen bei Verwendung der an Erde liegenden Schienen entgegensetzten. Naturgemäß kam man dabei zu einer schwerfälligen und komplizierten Leitungsanlage, wodurch die Ausbreitung der elektrischen Bahn auf dem Kontinente stark gehemmt wurde.

In Nordamerika baute man anfangs die elektrischen Bahnen ebenfalls mit von Erde isolierten Leitungen für beide Pole (double Trolley·System). Da man jedoch sehr komplizierte Weichen und

Kreuzungen für die oberirdisch verlaufenden Arbeitsdrähte erhielt, da ferner in Nordamerika die Telegraphen- und Telephonleitungen in Händen von Privaten sich befanden und dadurch die Verwendung der Schienenrückleitung erleichtert wurde, so verließ man bald das double Trolley-System und ging zum single Trolley-System über — man baute also Bahnen mit nur einem Drahte über Mitte des Geleises und leitete den Strom durch die Schienen zurück. Die elektrischen Bahnen wurden dadurch einfach und billig und nahmen einen ungeheueren Aufschwung.

Während man bei uns auf eine sorgfältig durchgeführte Verbindung der Schienenstöße stets einen großen Wert legte — schon die erste von der Firma Siemens & Halske im Jahre 1881 gebaute und dauernd dem Betriebe übergebene Eisenbahn Berlin—Lichterfelde zeigt wohldurchdachte Schienenstoßverbindungen mittels Kupferbügel —, baute man in Nordamerika die ersten elektrischen Bahnen (1883) ohne elektrische Schienenstoßverbindungen, und als man für die längeren Eisenbahnstrecken einen sehr hohen Spannungsverlust konstatierte, ging man dazu über, längs des Schienenstranges Kupferplatten ins Erdreich zu versenken und diese Platten mit den Schienen zu verbinden, um auf diese Weise den Spannungsverlust herabzudrücken. Erst nach und nach ging man dazu über, den Schienenverbindungen und der Schienenrückleitung selbst mehr Beachtung zu widmen, die Schienenstöße nicht nur mechanisch, sondern auch elektrisch gut zu verbinden.

Vor einigen Jahren kamen aus Nordamerika sehr ungünstige, in Europa Aufsehen erregende Nachrichten über den Einfluß der elektrischen Straßenbahnen auf die längs des Geleises liegenden Gas- und Wasserleitungsröhren, Bleikabel u. dgl., welche durch elektrolytische Einwirkungen teilweise zerstört würden. Sogar bei der Brooklyner Hochbahn traten elektrolytische Zersetzungen an Gas- und Wasserleitungsröhren, an Telephonkabeln, sowie an den Verankerungen der eisernen Säulen auf.

Einen sehr interessanten Bericht über die elektrolytischen Wirkungen der Ströme elektrischer Bahnen mit Schienenrückleitung veröffentlichte Herr Jsaiah H. Farnham im Maiheft des Street-Railway 1894.[1]) Dieser Bericht sei im Auszuge nachstehend gegeben:

Im Sommer 1891 fand man zu Boston an einigen bleiumhüllten Telephonkabeln, welche aus hölzernen Kanälen herausgenommen wurden, sehr starke Korrosionen. Man glaubte anfangs, daß die in den hölzernen Kanälen sich bildende Essigsäure die Ursache der Zerstörung sei — wie dies ja öfters auch der Fall gewesen war, — kam

---

[1]) Bzw. im Western Electrician, April 94, E.Z. 1894, S. 404. Progressive Age, 1. Mai 94, Journal f. Gasbel. 94, S. 520.

jedoch bald zu der Überzeugung, dafs die Korrosionen von elektrolytischen Wirkungen der Ströme einer benachbarten elektrischen Bahn
herrühren müssen.

Um hierüber volle Gewifsheit zu erlangen, stellte man folgenden
Versuch an: Man füllte ein Fafs mit Strafsenerde und legte auf die
Erde zwei Stück Bleikabel nebeneinander. Eine am Boden des Fafses
liegende Metallplatte wurde mit dem positiven Pol und das eine Bleikabel mit dem negativen Pol einer Akkumulatorenbatterie verbunden
und die Erde mit Wasser gesättigt. Nachdem ein Strom von 4 Volt
Spannung sieben Tage hindurch in Tätigkeit war, fand man, dafs das
mit der Batterie verbundene Kabelstück in seiner Bleiumhüllung zer-
fressen war, während das nicht mit der Batterie verbundene Kabelstück vollständig unver-
sehrt blieb.

Fig. 126.

Es wurden hierauf
Spannungs- und Strom-
richtungsmessungen an
allen Kabelkästen der
Stadt Boston vorgenom-
men, wobei man fand,
dafs in dem Umkreis
nächst der Zentrale mit
600 m Radius alle Kabel
sich negativ zur Erde ver-
hielten (0 bis —0,2 Volt),
während alle aufser die-
ser Zone liegenden Kabel
positiv (0 bis +12 Volt)
zur Erde sich zeigten.
Es wurden nun Karten
für alle Stadtteile ge-

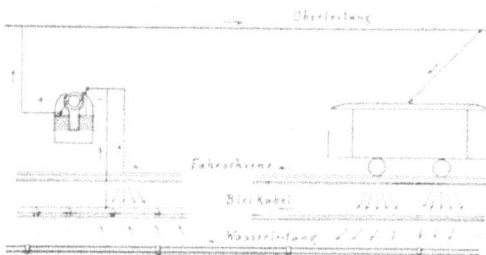

Fig. 127.

zeichnet und die Spannungsverhältnisse und Stromrichtungen entsprechend eingetragen. Die auf diese Weise gefundenen Potential-
differenzen zwischen Kabel und Erde lieferten den Beweis, dafs die
Erdströme der elektrischen Bahnen die elektrolytischen Zersetzungen
bewerkstelligen. In den Figuren 126, 127 ist die Wirkungsweise der
Erdströme veranschaulicht:

Behufs Hebung der Übelstände wurden nachstehend genannte
Hilfsmittel in Vorschlag gebracht:

    1. Es sollen die Kabel aus dem feuchten Boden herausgenommen
        und trocken verlegt werden — ein Vorschlag, welcher natür-
        lich nicht durchzuführen ist.

2. Man solle die Kabel mit Erdplatten verbinden, um auf diese Weise die elektrolytische Wirkung auf die Kabel den Erd-platten zu übertragen. Dieses Mittel in grofsem Mafsstabe angewandt, war ebenfalls resultatlos, indem die Potential-differenzen sich nur unbedeutend änderten.

3. Prof. Elihu Thomson empfahl die Aufstellung von Motor-generatoren längs des Schienenstranges. Diese mit selbst-tätiger Anlafsvorrichtung versehenen und durch den Arbeits-strom betriebenen Motorgeneratoren sollten die auftretenden Potentialdifferenzen ausgleichen, kamen jedoch der Kost-spieligkeit wegen nicht zur Anwendung.

4. Der weitere Vorschlag, Kabel und Röhren von Erde zu iso-lieren, bietet praktisch zu viele Schwierigkeiten; auch läfst sich die Isolation nicht dauernd aufrechterhalten.

5. Das Gleiche gilt von dem Vorschlag, die metallische Konti-nuität der Kabel und Röhren zu unterbrechen.

6. Es wurde empfohlen, die Richtung des Betriebsstromes öfters zu wechseln und so auch die elektrolytischen Einwirkungen umzukehren. Praktisch könnte man von diesem Mittel nur dann einen Erfolg erwarten, wenn der Stromrichtungswechsel möglichst oft und periodisch vorgenommen würde, wie dies z. B. bei Wechselströmen der Fall ist.

7. F. S. Pearson, Ingenieur der Westend-Street-Railway zu Boston, machte zwei Vorschläge, welche beide zur Ausführung kamen und sich als sehr zweckmäfsig erwiesen. Zunächst wies Pearson darauf hin, dafs man durch Verbindung des positiven Poles der Dynamos mit der Arbeitsleitung die Gefahr der zerstörenden elektrolytischen Wirkungen für den gröfsten und verkehrsreichsten Teil der Stadt beseitigen und mehr in die Nähe der Zentralstation rücken könne, in welcher Zone man dann durch andere Mittel die elektrolytischen Wirkungen bequemer wegschaffen kann. Nachdem dieser Vorschlag zur Ausführung gekommen war, fand man die früher genannte Zone nächst der Zentralstation positiv zur Erde (+1 bis +9 Volt); es war also tatsächlich die beabsichtigte Wirkung eingetreten.

Mr. Pearson schlug ferner vor, die gefährdeten Kabel mittels dicker Kupferleiter mit dem negativen Pol der Dynamo zu verbinden. Nach dem in Prof. Elihu Thomsons Motor-generator zur Geltung kommenden Prinzip haben diese Kupfer-leiter von geringem Leitungswiderstand den Zweck, den Strom aus den Kabeln, Röhren etc. abzuleiten und den Übergang des Stromes in die Erde zu verhindern. Dieser Vorschlag ergab nach erfolgter Durchführung ausgezeichnete Resultate.

Auf Grund obiger Vorschläge und Versuche kam Farnham zu folgenden Ergebnissen:

1. Bei allen elektrischen Bahnen, bei welchen die Schienenstränge einen Teil des Stromkreises bilden, treten elektrolytische Wirkungen und folglich auch Korrosionen an benachbart liegenden Röhren etc. auf, wenn für diese nicht ein besonderer Schutz vorgesehen ist.
2. Eine Potentialdifferenz von einem Bruchteil eines Volt genügt, um elektrolytische Wirkungen hervorzubringen.
3. Schienenverbindungen und metallische Rückleitungsdrähte mit einem Querschnitt und einer Leitungsfähigkeit gleich den Speiseleitungen sind ungenügend, um Rohre vor Beschädigungen ganz zu schützen.
4. Das Isolieren der Röhren, um sie vor Beschädigung zu schützen, ist zu unpraktisch.
5. Das Unterbrechen der metallischen Kontinuität der Röhren an genügend vielen Stellen ist praktisch nicht durchzuführen.
6. Es ist ratsam, den positiven Pol der Dynamo mit der Arbeitsleitung zu verbinden.
7. Starke Kupferleiter, welche von dem an Erde liegenden Pol der Dynamo aus durch die gefährdeten Distrikte geführt und alle 100 Fuß (30 m) mit den gefährdeten Röhren verbunden werden, bieten im allgemeinen einen Schutz dar.
8. Es ist auch zweckmäßig, eine besondere Leitung von der Kraftstation zu jedem Rohrstrang zu führen.
9. Die Verbindung der Wasser- oder Gasröhren mit dem Erdpol in der Kraftstation allein bringt keinen Erfolg.
10. Verbindungen zwischen Schienen und Röhren, bzw. des Rückleitungsdrahtes und der Schienen, außerhalb des gefährdeten Distriktes sollen vermieden werden.
11. Häufige Spannungsmessungen zwischen Röhren und Erde sollen stattfinden und mit den Messungen entsprechende Änderungen in der Rückleitung vorgenommen werden.

In einer Diskussion zu New-York über den Vortrag von Farnham meinte Kennelly, es sei nicht vorteilhaft, den positiven Pol mit der Arbeitsleitung zu verbinden; durch Elektrolyse werden z. B. 750 Ampere-Strom in einer Stunde 522 g Eisen oxydieren, gleichviel ob der positive oder negative Pol mit der Erdleitung verbunden ist. Der Unterschied wird nur der sein, daß, wenn der positive Pol an Erde liegt, die Austrittsstellen des Stromes über ein großes, von der Zentrale entfernt liegendes Gebiet ausgedehnt sind, während beim Anerdeliegen des negativen Poles das gefährdete Gebiet die nächste Umgebung der

Zentrale bildet, also kleiner wird. Das Zerstörungswerk wird im kleineren Gebiet und rascher vonstatten gehen.

Die Schlußfolgerung »6« muß demnach mit Schlußfolgerung »7« gleichzeitig zur Ausführung kommen, weil nur dann dafür gesorgt ist, daß der Rückstrom durch metallische Leiter und nicht durch die Wasserrohre geht.

Aus den Vorkommnissen in Boston und anderen amerikanischen Städten mit elektrischen Bahnen kann man ersehen, daß der sog. Erdleitung die größte Aufmerksamkeit gewidmet werden muß, um schädliche Einwirkungen des Erdstromes auf Gas- und Wasserleitungs-röhren, sowie Bleikabel aller Art fernzuhalten. Die Mittel hierfür sind zum Teil in oben·genannten Vorschlägen angegeben, zum Teil im nachstehenden erläutert.

In Brooklyn wurden die gut asphaltierten gußeisernen Wasser- und Gasrohre durch Elektrolyse nicht geschädigt, wohl aber die schmiedeisernen und stählernen Gasrohre und die nicht asphaltierten gußeisernen Kabelkästen der Lichtanlagen. (In Brooklyn zählten Ende 1899 die verschiedenen Gesellschaften zusammen 1000 km ein-fache Geleislänge, 6 Kraftstationen und 1900 Wagen [E. Z. 1899, S. 861].)

Vielfach wird parallel zu den Schienensträngen ein Kupferleiter verlegt, welcher das Spannungsgefälle in den Schienensträngen ver-mindern soll. Inwiefern dieser Leiter nützt, zeigt folgende Be-trachtung:

Es sei die Bahnlänge $L = 3000$ m; der Querschnitt einer Schiene 4500 qmm; beide Schienenstränge (|| geschaltet) entsprechen also $\frac{3000 \times 0{,}1}{2 \times 4500} = 0{,}033\ \Omega =$ Leitungswiderstand $= w_s$. Durch die Drahtverbindungen erhöht sich dieser Widerstand und wir setzen $0{,}05\ \Omega$ für den Leitungsstrang von 3000 m Länge. Ist die Schiene von Erde vollständig isoliert und beträgt die Stromstärke 200 Ampère, so wird an den Endpunkten des Schienenstranges eine Spannungs-differenz von $v = 200 \times 0{,}05 = 10$ Volt herrschen. Legen wir nun || zum Schienenstrang einen Kupferleiter von 100 qmm Querschnitt, als Unterstützungsleitung, deren Widerstand also $w_k = \frac{3000}{60 \times 100} = 0{,}5\ \Omega$, so fließt durch die Schienen ein Strom von der Stärke

$$i = \frac{w_s \cdot J}{w_k + w_s} = \frac{0{,}5 \cdot 200}{0{,}05 + 0{,}5} = \frac{100}{0{,}55} = 182\ \text{Ampère},$$

während 18 Ampère durch die Kupferleitung gehen.

Während der Spannungsverlust in dem 3000 m langen Schienen-strange ohne der Unterstützungsleitung 10 Volt beträgt, ergibt sich

bei Anwendung einer || zum Schienenstrang gelegten Unterstützungs-
leitung von 100 qmm Querschnitt noch immer ein Spannungsverlust
von 9 Volt. Nehmen wir die Unterstützungsleitung mit 1000 qmm
Querschnitt (Widerstand bei 3000 m Länge $\frac{3000}{60 \cdot 1000} = 0,05 \; \Omega$), so
geht durch den Schienenstrang ein Strom von der Stärke $\frac{0,05 \cdot 200}{0,05 + 0,05} =$
100 Ampère und durch die Unterstützungsleitung ebenfalls 100 Am-
père, wobei trotz der starken Unterstützungsleitung immer noch ein
Spannungsverlust von 5 Volt auftritt.

Die Kupferleitung von 100 qmm Querschnitt nimmt also nur
10 % des Stromes auf, die von 1000 mm² Querschnitt 50 %, wobei
vorausgesetzt ist, daſs die Schienen vollständig von Erde isoliert sind.
Da jedoch die Schienen in der Praxis ebenfalls an Erde liegen, so
wird durch die Kupferleitung nur ein unbedeutender Teil des Gesamt-
stromes gehen. Eine zum Schienenstrange || geschaltete Kupfer-
leitung trägt selbst bei bedeutender Querschnittsdimension zur Verminderung des Spannungsgefälles nicht viel bei.[1]

Durch die von Prof. Thomson vorgeschlagenen Motorgeneratoren
in Verbindung mit isolierten Rückleitungen könnten günstigere Verhältnisse in bezug auf elektrolytische Wirkungen erzielt werden, doch
werden durch derartige Generatoren die elektrischen Bahnanlagen
ganz bedeutend verteuert und kompliziert.

Sehr wichtig ist die solide elektrische Verbindung der Schienenstöſse. Die Schienenlasche selbst gibt mit den Schienen keinen genügend elektrischen Kontakt, indem sowohl Schiene wie Lasche und
Laschenbolzen stets mit einer isolierenden Rostschichte (Oxydhaut)
bedeckt sind.

Von groſsem Einfluſs ist nach Jackson die chemische Beschaffenheit des Erdreiches bezüglich der auftretenden Korrosionen an Rohrleitungen u. dgl. Am günstigsten ist ein chloridhaltiger Boden zur
Vermeidung von korrodierenden Wirkungen, da dieses Erdreich den
geringsten Widerstand besitzt; weniger günstig ist nitrathältiger Boden
und am ungünstigsten sulfathältiges Erdreich.

Der Widerstand der Fahrschienen — abgesehen von dem der
Verbindungen — hängt wesentlich von der chemischen Zusammen-

---

[1] Durch die Erde geht verhältnismäſsig nur wenig Strom. D. Rostron
in Chester fand:

Strom durch die Schienen und Zusatzdrähte   285,5 A = 95,5 %
    »   »   » Wasserleitungsröhren d. Stadt   12,8 » = 4,0 »
    »   »   » Erde   0,51 » = 0,2 »

setzung des Schienenmaterials ab. Parshall gibt folgende Tabelle über den Widerstand der Schienen an (vgl. E. Z. 1898, S. 313):

Kohlenstoff %	Mangan %	Silicium %	Schwefel %	Phosphor %	Widerstand b. 20° C pro 1 km von 1 qcm Querschnitt
0,378	0,550	0,181	0,041	0,040	1,89 Ω
0,446	0,568	0,188	0,044	0,046	1,95 »
0,536	0,592	0,201	0,059	0,051	1,98 »
0,568	0,608	0,204	0,061	0,053	2,00 »
0,588	0,632	0,214	0,065	0,056	2,01 »
0,610	0,652	0,220	0,071	0,062	2,25 »

Der Widerstand des für die elektrischen Schienenverbindungen gewöhnlich in Verwendung kommenden Kupfers ist etwa 0,18 Ω pro km und 1 qcm Querschnitt, demnach rund 10 × kleiner als jener der Fahrschienen.

Der Spannungsverlust in der Schienenrückleitung muſs so klein als möglich gehalten werden. Die Verbindung der Schienenstoſsenden muſs möglichst gut hergestellt und sämtliche zur Verfügung stehenden Schienenstränge zur Stromleitung herangezogen werden. Durch blanke || zur Schienenleitung gezogene Unterstützungsleitungen kann nicht viel erreicht werden, sofern man denselben nicht auſsergewöhnlich groſse Querschnitte gibt (vgl. S. 111).

Über die Widerstände der Schienenverbindungen und Schienenstoſslaschen geben die Versuche von H. F. Parshall Aufschluſs.[1] Im nachstehenden seien die Versuchsergebnisse angeführt:

Bezeichnung	Versuch	Widerstand pro Verbindung (zwei Stöpsel) Ohm	Widerstand von 176 Schienenstöſsen od. 1 Meile mit 30 Fuſsschienen	Anmerkung	Figur
Chicago - Bonds ⁷/₈″ = 22 mm Stöpsel; 1,37 Quadratzoll = 8,84 qcm Kontaktfläche	1	0,00000197	0,000347	Verbindung u. Loch sorgfältig gereinigt	
do.	2	0,00000215	0,000379	do.	137
do.	3	0,0000025	0,000440	Verbindung nicht gereinigt, Loch frisch ausgerieben, jedoch eingefettet	

[1] Journal of the Institution of Electrical Engeneers Nr. 135. Z. f. E. 1898, S. 365.

Bezeichnung	Ver-such	Widerstand pro Verbindung (zwei Stöpsel) Ohm	Widerstand von 176 Schienen-stöfsen od. 1 Meile mit 30 Fufsschienen	Anmerkung	Figur
Chicago - Bonds $^7/_8''$ = 22 mm Stöpsel; 1,37 Qua- dratzoll = 8,84 qcm Kon- taktfläche	4	0,0000080	0,00141	Verbindung ohne Aufsicht eingesetzt	137
Crown-Bonds $^7/_8''$ = 22 mm Stöpsel; 1,2 Quadratzoll = 7,75 qcm Kontaktfläche	5	0,0000108	0,00190	Verbindung ohne Aufsicht eingesetzt	
Crown flexible-Bonds $^7/_8''$ = 22 mm Stöpsel; 1,2 Quadratzoll = 7,75 qcm Kontaktfläche . . .	6	0,0000940	0,0165	Verbindung ohne Aufsicht montiert, bei einer späteren Untersuchung zeigte sich das Loch rostig	
Columbia - Bonds $^7/_8''$ = 22 mm Stöpsel; 1,37 Qua- dratzoll=8,84 qcm Kon- taktfläche	7	0,0000072	0,00127	Loch gereinigt, Verbindung un- berührt	
do.	8	0,0000095	0,00167	do.	
do.	9	0,0000077	0,00136	Loch 4 Tage alt, Verbindung un- berührt	

Der Widerstand der ganzen Verbindung setzt sich aus dem Widerstande des Kupferbundes und dem Kontaktwiderstande zu-sammen. Der letztere kann durch nachlässiges Montieren der Ver-bindung einen sehr hohen Betrag erreichen. Bei Versuch Nr. 5 äufserte sich die schlechte Montage dadurch, dafs von dem Gesamt-widerstande von 0,0000108 Ω nur 0,0000080 Ω auf den tatsächlichen Leitungswiderstand entfallen, während die übrigen 0,0000028 Ω durch den Kontakt bedingt waren. Noch deutlicher zeigte sich dies bei Versuch Nr. 6, indem von den totalen 0,000094 Ω dem Kontakt-widerstande 0,0000518 Ω zuzurechnen sind.

Aufser den eben besprochenen Verbindungen, den »Bonds«, sind auch die gewöhnlichen Verbindungslaschen, wie sie bei jedem Eisenbahngeleise aus mechanischen Gründen vorkommen, stromführend. Die nächstfolgende Tabelle gibt über den Widerstand dieser Laschen Aufschluſs. Die diesbezüglichen Versuche wurden zum Teil im Laboratorium, zum Teil an den im Betrieb stehenden Geleisen vorgenommen und förderten u. a. auch das Ergebnis zutage, daſs in den meisten Fällen durch den Betrieb keine nennenswerte Verschlechterung des Kontaktes auftritt. Manche der untersuchten Schienen waren schon sehr alt; dennoch zeigten die Verbindungslaschen an jenen Stellen, wo sie mit den Schienen verbunden waren, eine blanke Oberfläche, vermutlich deshalb, weil zufolge der vorhandenen Beweglichkeit die Kontaktflächen unter fortwährender Reibung sind.

Laboratoriums-Versuche.

Schiene und Art der Verbindung	Widerstand pro Schienenstoſs Ω	Widerstand von 176 Schienenstöſsen od. 1 Meile mit 30 Fuſsschienen
83 Pfund-Schiene[1]); 6 Versuche; keine Kupferverbindungen; Laschen nicht gereinigt und völlig dicht sitzend . . . . (83 Pfund = 37,64 kg.)	0,0000095 bis 0,000081	0,0017 bis 0,0143
Mittelwert	0,000039	0,0068
83 Pfund-Schiene mit einer Crown-Verbindung. Die Laschen festgezogen	0,0000024	0,00041

Versuche an Schienen, im Betrieb stehend.

Schiene und Art der Verbindung	Widerstand pro Schienenstoſs Ω	Widerstand von 176 Schienenstöſsen od. 1 Meile mit 30 Fuſsschienen
76 Pfund-Schiene mit einer Chicago-Verbindung u. mit Verbindungslaschen . . . . (76 Pfund = 34,47 kg)	0,0000307 bis 0,0000622	0,0054 bis 0,011
Mittelwert	0,000043	0,0076
76 Pfund-Schiene wie oben, jedoch $2^1/_2$ Jahre in Betrieb . . . . . 4 Versuche.	0,0000275 bis 0,0000843	0,0048 bis 0,0148

---

[1]) 83 Pfund Gewicht für 1 Yard Länge; 41 kg pro m.
1 Pfund = 0,4536 kg, 1 Yard = 0,9144 m.

Versuche an Schienen, im Betrieb stehend.

Schiene und Art der Verbindung	Widerstand pro Schienenstofs Ω	Widerstand von 176 Schienenstöfsen od. 1 Meile mit 30 Fufs-schienen
Mittelwert	0,000046	0,0081
Alte 65 Pfund-Schiene mit einer Chicago-Verbindung, Laschen nicht dicht	0,000069	0,0121
Mit entfernten Laschen	0,000090	0,0158
Laschen wieder angebracht und festgeschraubt	0,0000473	0,0083
(65 Pfund = 29,48 kg.)		
Neue 90 Pfund-Schiene	0,0000081	0,0143
Mit 2 Chicago-Verbindungen . . .	0,0000040	0,0071
Mittelwert	0,000006	0,0105
(90 Pfund = 40,82 kg.)		

Zum Schlusse sei noch eine Zusammenstellung von Messungs-ergebnissen bezüglich der Edison-Brownschen Plasticbonds angefügt:

Schiene und Art der Verbindung	Widerstand pro Schienenstofs Ω	Widerstand von 176 Schienenstöfsen od. 1 Meile mit 30 Fufs-schienen
83 Pfund-Schiene [1]); verbunden mit nur 1 Lasche; nicht festgezogen	0,0000213	0,00375
do.; verbunden mit beiden Laschen; etwas mehr festgezogen . . .	0,0000126	0,00222
do.; verbunden mit beiden Laschen und normal festgezogen . . .	0,0000117	0,00206
do.; verbunden mit beiden Laschen; sehr dicht sitzend	0,0000082	0,00146
(83 Pfund = 37,64 kg.)		

Für eine Fahrschiene von 42 kg Gewicht pro m und 5600 qmm Querschnitt sollte eigentlich der Verbindungsbügel aus Kupfer einen Querschnitt von 560 qmm besitzen, um gleiche Leitungsfähigkeit für Schiene und Bügel zu erreichen. Da jedoch auch die Laschen einen Teil der Stromleitung übernehmen, so begnügt man sich gewöhnlich mit einem Querschnitt von 100 qmm für den Verbindungsbügel.

Die Stromdichte an den Kontaktflächen zwischen den Bolzen der Verbindung und dem Loch im Schienensteg soll 4 Ampère pro qmm nicht überschreiten.

Ein ganz gutes Mittel, um die Schienenstöfse auch in elektrischer Beziehung gut zu verbinden, bestände darin, dafs man die Enden der Fahrschienen und die Stofslaschen gut verzinkt; man würde dadurch vor Rost geschützte Kontaktflächen erhalten, deren Dauerhaftigkeit jedoch bis jetzt noch nicht genügend erwiesen ist. Beim Verzinken müssen die Schienenenden die Temperatur des Zinkbades erhalten. Da diese Temperatur nicht hoch (420—440° C) ist, so würde die Härte der Schienen nicht beeinflufst werden. Zu beachten ist jedoch, dafs das Zink, d. h. die Zinkschichte an den Schienenenden und an der Lasche in kurzer Zeit unter dem Einflufs der Feuchtigkeit sich mit einer Haut von Oxyd überzieht, wodurch die Leitfähigkeit wieder beeinträchtigt wird.

Schienenverbindungen.

Im Laufe der Zeit sind nun eine ganze Reihe von Konstruktionen für elektrische Schienenverbindungen entstanden, welche mehr oder weniger den gestellten Anforderungen entsprechen (vgl. E. Z. 1894, S. 714 und Journal of the Proceedings of Electrical Engineers Bd. 23).

Fig. 128. Fig. 129.

Die Schienenverbindung nach Fig. 128, bei welcher also der Kupferdraht um eingenietete Bolzen gewickelt und eventuell noch verlötet wird, hat sich nicht bewährt.

Bei Schienenverbindung nach Fig. 129 sind die Enden des Kupferbügels im Schienensteg festgekeilt; die Löcher werden dabei nur unvollkommen ausgefüllt.

Bei Schienenverbindung Fig. 130 gilt dasselbe wie bei Fig. 129.

Fig. 130. Fig. 131.

Bei Fig. 131 werden statt der halbmondförmigen Keile der Verbindung (Fig. 130) Stahlbüchsen in Verwendung gebracht, welche etwas konisch geformt und aufgeschlitzt sind.

Besser als die genannten Schienenverbindungen bewähren sich Kupferbügel, deren Enden in den Schienensteg oder auch in den

Schienenfuſs oder in die Schienenrille eingenietet werden (Fig. 132, 133, 134). Das Anbohren des Schienenfuſses oder der Schienenrille soll aus Festigkeitsrücksichten nach Tunlichkeit vermieden werden.

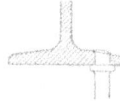 

Fig. 132.   Fig. 133.   Fig. 134.

Vielfach werden die Kupferbügel an den Enden mit Stöpsel aus Nieteisen versehen, welche dann in den Schienensteg eingenietet werden (Fig. 135). Siemens & Halske befestigt den Kupferdraht mittels einer Klemmbüchse (Fig. 136) und füllt die Fugen zwischen Kupferbügel und Klemmbüchse mit Weiſsmetall aus.

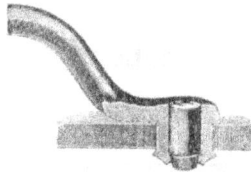 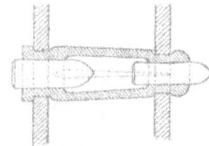

Fig. 135.

Fig. 136.   Fig. 137.   Fig. 138.

Bei dem Chicago-Rail-Bond oder Neptun-Rail-Bond wird das stöpselartig ausgebildete Ende des Kupferbügels in das Loch des Schienensteges gesteckt und nun mittels eines Stahlstöpsels an die Wandung des Bohrloches gepreſst (Fig. 137). Die Anwendung des Chicago-Rail-Bond bei Zwillings- schienen zeigt Fig. 138.

Fig. 139.   Fig. 140.

Statt der Kupferbügel können auch Kupferdrähte iñ Anwendung kommen, deren Enden in verzinnte Stöpsel aus Nieteisen eingelötet werden oder deren Enden in besonders geformte Guſsschuhe aus Kupfer eingeschweiſst sind (Fig. 139 und 140).

Die neue Schienenverbindung der General El-Co. besitzt Stahl- kerne, welche beim Herstellen der Schienenverbindung in die aus massivem Kupfer bestehenden Endstücke der Verbindungsseile ein- geschmolzen werden. Diese Stahlkerne haben die Gestalt versenkter

Nieten und besitzen verschiedene Härte in der Mitte und an den Enden. Sie ragen beiderseits der Endstücke 3 mm vor und sind in der Mitte etwas ausgebaucht. Wird nun eine derartige Schienenverbindung in die gebohrten Löcher der Schienenstege eingesetzt und die Stahlkerne mittels Schraubzwingen oder hydraulischen Zwingen gestaucht, so verschwinden die Vorsprünge, und die Stahlkerne bauchen sich besonders in der Mitte aus. Die Folge ist ein starkes Anpressen der kupfernen Endstücke an die Wandungen der Bohrlöcher; hierdurch entsteht ein guter Kontakt und ein fester Halt. Näheres siehe in der Zeitschrift »Elektrische Bahnen« 1904, S. 74 u. 75.

Es werden auch Schienenverbindungen angewandt, welche mit dem Schienensteg verschraubt werden. Fig. 141 zeigt den Johnston-Rail-Bond. Str. R. 94, 385. Da hier beim Schrauben stets ein Reiben auftreten muß, so wird auch ein guter Kontakt entstehen.

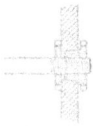  

Fig. 141.   Fig. 142.   Fig. 143.   Fig. 144.

Fig. 142 zeigt die bei der Budapester Straßenbahn für den Haarmann-Oberbau in Anwendung gebrachte elektrische Verbindung der Schienen. Da beim Haarmann-Oberbau die Fahrschienen übereinandergreifen, so kann man mit einer sehr kurzen Verbindung das Auslangen finden.

Bei der Schienenverbindung von Jenkins Fig. 143 wird eine geschlitzte stählerne, etwas konisch geformte Hülse durch Anziehen einer Mutter in den Schienensteg eingepreßt und gleichzeitig der Verbindungsdraht in die Hülse eingeklemmt.

In ganz gleicher Weise wie bei der Schienenverbindung Fig. 142 verschraubt Felten & Guilleaume Drahtlitzen mit dem Schienensteg.

Bei der Bryanschen Schienenverbindung Fig. 144 werden die stromführenden Verbindungsdrähte von Klemmplatten aus Weichguß bzw. Gußkupfer gefaßt und durch $3/4''$ starke Bolzen an dem Schienensteg befestigt. Sämtliche Kontaktflächen werden sorgfältig gereinigt und mittels des Edisonschen Amalgams eingerieben. (E. Z. 1900, S. 325.) Man vermeidet auf diese Weise die Lötstellen und erhält große Übergangsflächen; ferner wird diese Schienenverbindung beim Demontieren nicht beschädigt. Ein Nachteil dieser Verbindung ist die zeitraubende Herstellung der Kontaktflächen und die Verwendung des giftigen Amalgams.

Bei der Regerschen Schienenverbindung Fig. 145 wird der Kupferdraht mittels eines reiterartig aufgesetzten Stahlkeiles in eine in den
Schienensteg eingesetzte kupferne Büchse eingetrieben. Der Stahlkeil
wird dabei reiterartig auf den Kupferdraht aufgesetzt.

In neuerer Zeit ist man bestrebt, den Oberbau durch den Einbau längerer Laschen widerstandsfähiger zu machen. Diese langen

Fig. 145.

Laschen erfordern jedoch auch lange
Schienenverbindungen, wodurch einerseits
die Ausnützung der Schienenlänge für die
Rückleitung des Stromes verringert, anderseits der Spannungsverlust in der Schienenverbindung selbst vergröfsert wird. Um
diese Übelstände zu beseitigen, hat man
vielfach versucht, die elektrische Schienenverbindung zwischen der
Lasche und dem Schienensteg unterzubringen. Im Falle die Lasche
entsprechend ausgebildet ist, wird die Anbringung der Schienenverbindung ganz gut möglich; man mufs jedoch eine gewisse Unzugänglich-
keit der Schienenverbindungen mit in den Kauf nehmen. Fig. 146
zeigt eine derartige Schienenverbindung. Um eine genügende Elastizität bei diesen Verbindungen zu erhalten, ist es notwendig, dafs zur

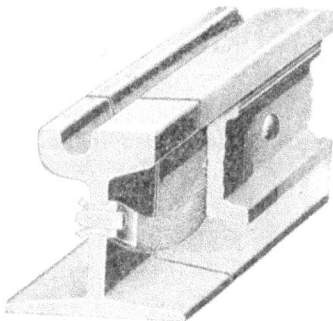

Fig. 146.

Verbindung der Endstücke mehrere
dünne Drähte (Seile u. dgl.) in
Anwendung kommen.

Eine elektrische Schienenverbindung aus dünn gewalztem Metall
mit aus. dessen Fläche gezogenen
hohlen Kontaktstutzen, welche ebenfalls unter der Schienenlasche angebracht werden kann, stellt die
Schienenverbindung von A. Benack-
Nürnberg dar.

Gabriel - Budapest´ bringt
beiderseits des Schienensteges und
unter den Schienenlaschen Verbindungsbänder an, deren Stöpsel ineinander greifen und in gemeinsame Bohrlöcher eingesetzt werden können.

Henry H. Lake-London zieht das Verbindungsband von der linken
Stegseite der einen Schiene zur rechten Stegseite der anstofsenden
Schiene. Zu diesem Zwecke sind die Schienenstege an der Stofsfuge
mit Aussparungen versehen. Fig. 147.

In Aussparungen der Schienenstege ist auch die Schienenverbindung der Österr. Schuckert-Werke verlegt.

Felten & Guilleaume bringen als eine sehr biegsame und auch
unter den Laschen anbringbare Schienenverbindung eine Kupferlitze

in Vorschlag, deren Drahtenden in die in einem Kreise liegenden Löcher des Schienensteges gesteckt und dann durch Eintreiben eines Dornes in ein im Mittelpunkt des Kreises gebohrtes gröfseres Loch — durch Stauchen des Materials — befestigt werden (Fig. 148).

Die Union E. G. befestigt das Kupferseil im Schienensteg unter Verwendung einer sternförmigen und mit Aussparungen versehenen Hülse aus Kupfer, welche ganz ähnlich wie beim Chicago-Rail-Bond mittels eines Stahlstöpsels auseinander getrieben wird, wodurch dann die Drähte des Kupferseiles gegen die Lochwandung geprefst werden (Fig. 149).

Die Ohio Brass Cie. bringt in neuerer Zeit Schienenverbindungen in den Handel, welche aus einem Stück Kupferseil hergestellt sind. Die Enden des Kupferseilstückes sind verschweifst und zu Stöpseln ausgebildet, welche mittels mechanischer oder hydraulischer Vorrichtungen in den Schienensteg eingenietet werden.

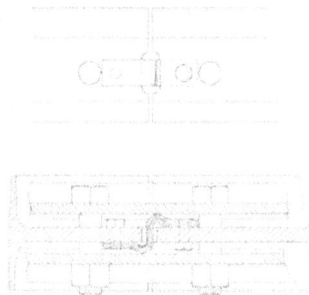

Fig. 147.

Eine von den vorher genannten Schienenverbindungen gänzlich abweichende Verbindung ist der Edison-Brownsche Plastic-Rail-Bond, Fig. 150, welcher in zwei verschiedenen Ausführungsarten in Anwendung kommt. Bei der einen Ausführungsart wird eine weiche

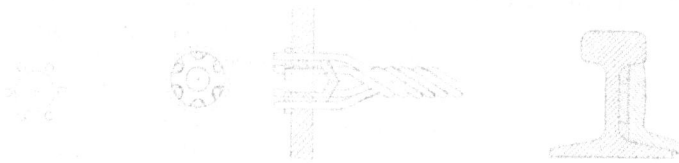

Fig. 148.   Fig. 149.   Fig. 150.

bildsame Metallegierung, welche die Bohrung eines Korkstückes vollständig ausfüllt, zwischen Schiene und Lasche gebracht und durch das Festschrauben der Lasche geprefst, so dafs durch die weiche Metallegierung ein Kontakt zwischen Schiene und Lasche vermittelt wird. Beim Anbringen dieser Kontaktverbindung müssen zunächst die Kontaktstellen durch Schaber, Feilen, Schmirgelrädchen u. dgl. blank gemacht werden. Hierauf werden diese Kontaktflächen mit Wasser benetzt, sorgfältig gereinigt und die noch nassen Flächen mit Amalgam eingerieben, bis dieselben ganz versilbert erscheinen. Die noch glänzenden Kontaktflächen werden sofort mit der erwähnten Legierung belegt.

Bei der zweiten Ausführungsart werden besondere Kontaktlöcher durch die Lasche und in den Schienenfuſs oder Schienenkopf gebohrt und zwar unter Anwendung von Sodallösung statt Öl, wobei Bohrspäne durch Stahlmagnete entfernt werden. Die auf diese Art gereinigten und wiederum mittels Wasser genäſsten Bohrlöcher werden dann nochmals amalgamiert, mit der weichen Metallegierung zur Hälfte gefüllt und nun wird ein stählerner Pfropfen eingeschlagen, welcher die Legierungen gegen die Lochwandungen preſst und so den Kontakt vermittelt (Fig. 151).

Fig. 151.

Die Edison-Brownsche Metallegierung besteht aus 30 % Zinn und 70 % Quecksilber. Das Amalgam besteht aus 96 % Quecksilber und 4 % Natrium.

Zu beachten ist, daſs sowohl die genannte Metalllegierung als auch das Amalgam giftig sind, weshalb jede Berührung mit den Fingern zu vermeiden ist. Hat jedoch eine Berührung mit der Legierung oder des Amalgams mit den bloſsen Händen stattgefunden, so sind letztere sorgfältigst mit Seife und Bürste zu reinigen.

In ähnlicher Weise wie der Plastic-Rail-Bond kommt auch die Kontaktverbindung von Harold P. Brown in Verwendung. Bei diesem Unterlaschenbund werden die Schienenenden durch ein 3″ langes, $1^3/_4$″ breites und $1/_8$″ dickes Kupferstück überbrückt, welches durch federnde Ringe (Grovesche Ringe) beim Anziehen der Laschen angepreſst wird. Die Kontaktstellen müssen wiederum amalgamiert und mit der früher erwähnten Legierung belegt werden. Die federnden Ringe sollen einen Druck von 1000 Pfd. pro Quadratzoll (70 kg pro 1 qcm) abgeben. Damit die federnden Ringe das Kupferstück nicht beschädigen, werden noch Zwischenlagen aus Eisenbändern in Verwendung gebracht.

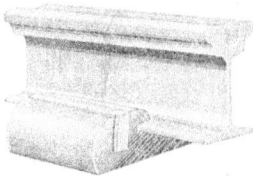

Fig. 152.

Bei dem Schienenschuh von Scheinig & Hofmann, Fig. 152, kann eine besondere elektrische Verbindung der Schienenenden ganz entfallen; besonders dann, wenn zwischen den Berührungsflächen des Schienenschuhes und des Schienenfuſses Zinkblech eingelegt wird.

Um eine bessere mechanische und elektrische Stoſsverbindung der Fahrschienen zu erzielen, kam man auf den Gedanken, die Schienenenden fest zu verschweiſsen bzw. zu vergieſsen. Der Gedanke einer kontinuierlichen Schiene steht in vollem Widerspruche mit den traditionellen Erfahrungen der Eisenbahntechnik; es ist daher leicht begreiflich, daſs die Eisenbahntechniker diesem neuen Verfahren der Schienenstoſsverbindung viel Miſstrauen entgegenbrachten und noch entgegenbringen. Rein theoretisch betrachtet, müfste eine kontinuierliche Schiene bei starker Kälte reifsen, bei grofser Hitze sich seitlich ausbiegen. Die Praxis hat bewiesen, dafs dem nicht so sei. Die Fahrschienen der Strafsenbahnen werden im allgemeinen in den Strafsendamm eingebettet und gegen seitliche Ausbiegungen festgehalten. Der Einflufs der Temperatur wird durch die Elastizität der Schienen ausgeglichen. Da die Fahrschienen entweder ganz in das Strafsenpflaster gebettet oder — bei eigenen Bahndämmen — wenigstens mit der Fufsfläche den Boden berühren, so wird der Einflufs der Temperatur auch durch die Bodenwärme gemildert.

Den ersten Versuch einer kontinuierlichen Schiene machte Philipp Noonan in Lynchburg (E. Z. 1896, S. 45) auf einer 5 km langen Strecke einer Vollbahn. Die Schienen wurden ohne Zwischenraum aneinander gestofsen und durch heifs vernietete Laschen fest verbunden. Nachdem diese Strecke mehrere Jahre hindurch im Betrieb war, machte die Johnson Cie. einen Versuch mit fest verbundenen Laschen auf einer 350 m langen Strecke, wobei die eine Seite mit gewöhnlichen Laschen, die andere mit mechanisch vollkommen starren Laschen — ohne den Zwischenraum an den Stöfsen — verbunden wurde. Trotz der Temperaturschwankungen von — 12 bis + 32° soll weder eine Verschiebung in der Länge, noch eine seitliche Krümmung eingetreten sein. Auf Grund dieser Versuchsergebnisse baute dann die Johnson Cie. 1893 die erste 5 km lange Strecke mit elektrisch geschweifsten Schienen, und die genannte Gesellschaft hat seit dieser Zeit bei vielen Bahnen elektrisch geschweifste Schienenstöfse zur Ausführung gebracht.

Zu beachten ist, dafs durch den Schweifsprozefs die verbundenen Stellen hart und spröde, die angrenzenden Teile der Schienen jedoch weich werden, wodurch das Geleise seine Widerstandsfähigkeit gegen die im Betriebe unvermeidlichen Stöfse verliert.

Die nach dem Johnson-Verfahren elektrisch geschweifsten Stöfse haben sich praktisch nicht bewährt und wurde das elektrische Schweifsen der Schienenstöfse durch das mechanische Schweifsen (Falk) und metallurgische Schweifsen (Goldschmidt) der Schienenstöfse verdrängt.

Das Verbinden der Schienenenden nach dem System der Falk Manufakturing Co. geschieht in nachstehend beschriebener Weise:

Sobald das Geleise fertig verlegt ist, werden die Schienenenden mittels Kratzbürsten gereinigt und dann mit Feilen etwas blank gemacht. Beim Verlegen neuer Geleise gibt man an den Schienenstöfsen keinen Spielraum; hat man jedoch mit alten Geleisen zu tun, so werden die Zwischenräume durch eiserne Zwischenstücke ausgefüllt. Sind die Schienenenden gereinigt, so werden dieselben mit zweiteiligen gufseisernen Coquillen umgeben, welche mit einer besonderen Zange zusammengehalten werden. Eine weitere Befestigung der zweiteiligen Coquillen findet nicht statt. Dieselben sind mit Ösen versehen, um sie mittels Haken bequem fassen zu können. Um

Explosionen durch eindringende Feuchtigkeit beim Umgiefsen zu vermeiden, werden die Innenseiten der Coquillen noch mit Graphitöl bestrichen. Alle Fugen werden mit Lehm verschmiert.

Während man die Schienenstöfse des einen Stranges mit den Coquillen umgibt, werden die gegenüberliegenden Schienenstöfse desselben Geleises mittels schmiedeiserner Balken festgespannt, um nach erfolgter Vergiefsung ein Verziehen des zweiten Schienenstranges hintanzuhalten.

Das zum Vergiefsen nötige Gufseisen wird in einer fahrbaren Giefserei bereitet. Diese fahrbare Giefserei besteht:

  a) aus einem Kupolofen für etwa 3000 kg Gufseisen Inhalt,
  b) aus einem Dampfkessel Fieldscher Konstruktion,
  c) aus einer Lavalschen Dampfturbine zum
  d) Betriebe eines Ventilators, der für den Kupolofen den nötigen Wind liefert,
  e) aus den Wasser- und Kohlenbehältern und den erforderlichen Werkzeugen.

Für den Kupolofen wird sorgfältig ausgewähltes Gufseisen in Verwendung gebracht, um ein zähes Gufsmaterial zu erhalten. Die Bedienung des Ofens, das Abstechen usw. geschieht genau in derselben Weise wie in einer gewöhnlichen Giefserei.

Sobald das Umgiefsen (mittels gewöhnlicher Gufspfannen) stattgefunden hat, werden die Coquillen nach 3—4 Minuten Zeitdauer abgenommen, wobei die an den Schienenstöfsen angegossenen Gufsklötze noch in rotglühendem Zustande zum Vorschein kommen. Nach 3—4 Stunden ist die Abkühlung der Gufsklötze soweit vorgeschritten, dafs die umgegossenen Schienenenden befahren werden können.

Zu beachten ist, dafs bei dem Falkschen Verfahren die Laufbahn der Schienen frei von Gufseisen bleibt, dagegen (vom Kopf der Schiene an), deren Steg und Fufs vollständig mit einem Gufsmantel umgeben werden, welcher gleichzeitig für die Füfse der Schienen eine solide Unterlage bildet. Die hohe Temperatur des dünnflüssigen Gufseisens, sowie der wesentlich gröfsere Querschnitt des Gufsklotzes im Verhältnis zum Querschnitt der Schiene selbst, bewirken eine intensive Schweifsung der Schienenenden mit dem Gufskörper, so dafs sich diese drei Teile als ein Ganzes erweisen, während der obere Kopf der Schiene bzw. die Laufbahn von dem Gufseisen nicht berührt wird, und seine ursprüngliche Textur beibehält.

Für Schienen von 180 mm Höhe und 50 kg Gewicht für den lfd. m wird für einen Stofs eine Gufseisenmasse von etwa 75 kg Gewicht verbraucht, wobei der Gufsklotz eine Länge von 40—50 cm erhält.

Bei Anwendung des Falkschen Verfahrens können die üblichen Kupferbügel zur besseren Leitung der Schienenstöfse in Wegfall kommen. Die Kosten des Falkschen Stofses kommen bei gröfseren Geleiseanlagen ungefähr den Kosten einer Laschenverbindung und des Kupferbügels gleich.

Das Falksche Verfahren erfordert bei flottem Arbeiten eine Arbeiterpartie von 15 bis 20 Mann, welche 20—30 Stöfse pro Tag mit Leichtigkeit vergiefsen können.

Von den nach dem Falkschen Verfahren hergestellten Schienenstöfsen reifsen ungefähr 1 %[1]); beim Reifsen wird meist auch der Schienenfufs in Mitleidenschaft gezogen, so dafs man unter Umständen neue Schienenstücke einsetzen mufs. In scharfen Kurven, bei Weichen und Kreuzungsstücken pflegt man das Falksche Verfahren nicht in Anwendung zu bringen, einerseits würde eine zu starke Beanspruchung der Stöfse und daher ein Reifsen derselben auftreten, anderseits läfst sich ein Verschweifsen der flufseisernen Schienen mit den Weichen oder Kreuzungsstücken aus Stahl oder Hartgufs nicht gut vornehmen. Trotzdem ist das Falksche Verfahren sehr beachtenswert und bürgert sich immer mehr ein.

Ein grofser Nachteil des Falkschen Verfahrens ist der Umstand, dafs eine kleine Anzahl von Schienenstöfsen (nicht unter 20) nicht wohl vergossen werden kann, da die im Kupolofen befindliche Gufsmasse dann keine volle Verwendung finden würde.

Das Vergiefsen der Schienenenden nach dem Falkschen Verfahren fand bald einen bedeutenden Konkurrenten in dem Verbinden der Schienenenden nach dem »aluminothermischen« Verfahren von Dr. Hans Goldschmidt in Essen a. d. Ruhr. Goldschmidt fand, dafs durch eine an einer Stelle erfolgte Entzündung eines Gemisches, das im wesentlichen aus einer Metall-Sauerstoffverbindung und zerkleinertem Aluminium besteht, dieses ohne äufsere Wärmezufuhr von selbst weiter brennt, wobei Temperaturen bis zu etwa 3000⁰ C entwickelt werden. Es entsteht dabei eine chemische Verbindung von Sauerstoff und Aluminium, das Aluminiumoxyd oder die Tonerde, deren kristallisierte Form man Corund nennt. Der zur Verbrennung des Aluminiums nötige Sauerstoff wird nicht der Luft entnommen, sondern vorzugsweise den Metalloxyden.

Das oben erwähnte Gemisch aus einer Metall-Sauerstoffverbindung und zerkleinertem Aluminium ist nur schwer entzündbar. Um nun eine Entzündung herbeiführen zu können, wird ein besonderes Entzündungsgemisch (z. B. Bariumsuperoxyd und Aluminium), welches bei verhältnismäfsig niedriger Temperatur entzündet werden kann und sofort nach der Entzündung eine sehr hohe Verbrennungstemperatur entwickelt, in Anwendung gebracht. Das Entzündungsgemisch selbst kann dann durch ein gewöhnliches Streichholz entzündet werden.

Auf diese Weise gelang es Dr. Goldschmidt, die grofse im Aluminium aufgespeicherte Energie auf einfachste Weise — ohne Zuhilfenahme von Maschinen und Apparaten — frei zu machen, um sie zu den verschiedensten Zwecken zu verwenden. Das neue Verfahren

---

[1]) Man vergleiche den äufserst interessanten Bericht des Baurates J. Fischer-Dick auf dem Internationalen Strafsenbahnkongrefs zu Paris 1900.

nennt man »Aluminothermie«, das in Verwendung kommende Gemisch »Thermit«.

Es ist ganz selbstverständlich, dafs das aluminothermische Verfahren für das Schweifsen der Schienenenden ganz besonders in Befracht kommt, um so mehr als bei diesem Verfahren der schwerfällige Kupolofen des Falkschen Verfahrens oder die ziemlich unhandlichen Apparate beim elektrischen Schweifsen von Johnson in Wegfall kommen.

Bei dem neuen Verfahren des Schienenschweifsens von Dr. Goldschmidt wird die ganze für eine Schweifsstelle erforderliche Menge Thermit in einen trichterförmigen Tiegel eingeschüttet, der am Boden eine mit einem Eisenplättchen verschlossene kleine Öffnung besitzt. Wird nun das Thermit in früher erwähnter Weise auf der Oberfläche entzündet, so brennt der gesamte Tiegelinhalt in einigen Sekunden ab; am Boden desselben sammelt sich das Metall, das die Eisenscheibe durchschmilzt und so ein Entleeren des Tiegels bewirkt. Bei diesem Verfahren fliefst also zuerst das Metall aus dem Tiegel, dann die Schlacke, der Corund.

Bei dem älteren Verfahren der aluminothermischen Schienenschweifsung wurde der Tiegelinhalt über den Rand ausgegossen, wodurch sowohl das Schienenprofil als auch die den Stofs umgebende dünne Blechform sich innen rings mit einer dünnen Corundschicht überzog. Das aus dem Thermit ausgeschmolzene Eisen sammelte sich am Boden der Form an und umgab fufslaschenartig die Schweifsstelle. Diese Fufslasche war nicht mit der Schiene direkt verbunden, sondern durch eine Corundschicht von dieser getrennt und konnte deshalb leicht abgeschlagen werden. Bei dem neuen sog. automatischen Verfahren fällt die dünne Corundschicht fort und ein fest verschweifster Schienenfufs, aus Schmiedeisen bestehend, umgibt die Schweifsstelle und verstärkt diese wesentlich.

Die um den zu verschweifsenden Stofs zu legende Form, welche mit Lehm abgedichtet wird, besteht nicht mehr aus Blech, sondern aus einem feuerfesten Material und besitzt einen kleinen Einlaufkanal.

Der 37 cm hohe und oben 33 cm weite Tiegel wird mit Hilfe eines Gestelles über die Form gesetzt, mit Thermit angefüllt und letzteres dann entzündet. Durch die nun eintretende Reaktion und den nach unten erfolgenden Ausflufs des feuerflüssigen Eisens und Corunds vollzieht sich von selbst gleichzeitig eine Profilschweifsung und wird der Schienenfufs mit einem festverschweifsten Gufs von Schmiedeisen umgeben. Nach Anziehen der Schrauben des Schienenklemmapparates um einige Millimeter ist die Schweifsung vollendet.[1]

Die bis jetzt mit dem Schweifsverfahren von Goldschmidt gemachten Erfahrungen sollen günstig sein. Vorgenommene Festigkeitsproben zeigten, dafs die Schweifsstelle an Festigkeit und Dehnung des Materiales keine nennenswerte Änderung erfährt. Für Rillenschienen benötigt man je nach der Gröfse des Profiles 8—10 kg Thermit.

---

[1] Vgl. Stahl und Eisen 1901, Nr. 11.

In neuerer Zeit ist auch wieder das Schweißen der Schienen-enden auf elektrischem Wege durch die Lorain Steel Comp. und die Akkumulatorenfabrik A. G. in Hagen vorgenommen worden, mit welchem. Erfolge muß erst die Zukunft lehren.

Nach den bei der Großen Berliner Strafsenbahn gemachten Erfahrungen zeigen stark befahrene geschweißte oder vergossene Stöfse schon nach zwei Jahren eine bedeutend stärkere Abnützung an der Laufbahn als den Schienen selber. In eisenbahntechnischer Beziehung scheint demnach weder das Verschweifsen noch Vergiefsen der Schienenenden einwandfrei zu sein.

Methoden zur Verringerung der vagabundierenden Ströme.

Im Heft 22 der Berliner El. Zeitschrift 1900 stellt Dr. Teich-müller in sehr übersichtlicher Weise die in neuerer Zeit vorgeschlagenen und auch angewandten Methoden zur Verringerung der Gefahren der vagabundierenden Ströme zusammen. Diese Methoden mögen hier auszugsweise angeführt werden:

1. Man läfst die vagabundierenden Ströme zu, sucht aber ihren Eintritt in die Rohrleitungen oder eine beträchtliche Ausbildung in denselben zu verhindern. Hierunter gehören die Vorschläge, die Schienen an vielen Punkten mit in das Grundwasser versenkten Erd-platten zu verbinden, die Röhren mit weiteren, aufser Dienst gestellten Röhren zu umhüllen, sie mit einer gut isolieren-den Umhüllung oder einen Anstrich zu ver-sehen oder schliefslich ihre Leitfähigkeit durch isolierende Zwischen-

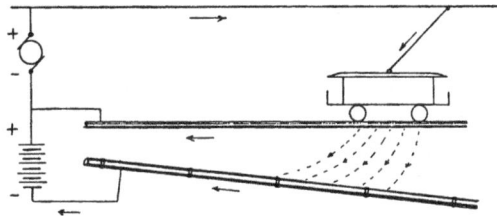

Fig. 153.

stücke oder Rohrverbindungen zu vermindern. Die Vorschläge und Versuche in dieser Richtung sind zahlreich. Wesentlich Erfolge hat man mit keiner dieser Methoden, soweit sie überhaupt praktisch durchführ-bar sind, erzielen können, insbesondere hat das einfachste Mittel, das eines isolierenden Anstrichs, versagt.

2. Man läfst die Entstehung der vagabundierenden Ströme zu und gestattet ihnen auch den Eintritt in die Röhren, sucht aber den Austritt auf einem elektrolytisch leitenden Wege zu verhindern. Schal-tungsschemata für dieses Verfahren sind in Fig. 153 und 154 darge-stellt. Die EMK einer Hilfsquelle hält die Schienenspannung stets positiv gegenüber der Röhrenspannung; es können also nur Ströme in die Röhren eintreten und sind dann ungefährlich. In der Gegend der Zentrale wird der Strom durch metallische Leitung abgenommen.

— Nachdem sich herausgestellt hat, daſs es äuſserst bedenklich ist,
die Ströme in den Röhren zu begünstigen, da man sie bei ihren vagabundierenden Neigungen doch nicht in den Röhren zu halten vermag,
sind diese Methoden unbedingt zu verwerfen. (vgl. »Progressive Age« 1900,
Bd. 18, S. 70, und »Journal für Gasbeleuchtung usw.« 1900, S. 300).

3. Man sucht die Entstehung der vagabundierenden Ströme zu
vermeiden und zwar durch Isolierung der Schienen und durch Verminderung der ·Spannung der Schienen gegen Erde. — An die
Möglichkeit, die Schienen gut, dauerhaft und billig zu isolieren,
ist vorläufig nicht zu denken, und neuere Erfahrungen, welche
man bei den Versuchen
Röhren zu isolieren, ge-
macht hat, die doch
nicht solchen Erschüt-
terungen wie die Schie-
nen ausgesetzt sind,
rücken diese Möglich-
keit in unendliche
Ferne.

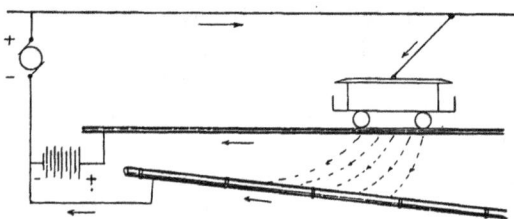

Fig. 154.

Eine Spannungsverminderung kann erreicht werden durch einfache Unterstützung der Schienenleitung mit anderen Leitungen, die
wie jene blank in die Erde gelegt werden können. Daſs aber auf
diese Weise mit mäſsigen Kosten nicht viel zu erreichen ist, liegt auf
der Hand und ist schon erörtert worden. Ein zweites Verfahren
ist das, die Schienen mit isolierten Kabeln an gewissen Punkten gerade so zu speisen wie Lichtleitungsnetze; man darf dabei also den
der Zentrale nächsten Schienenpunkt nicht mit der Maschine direkt,
sondern nur unter Einschaltung eines Widerstandes verbinden. Eine
dritte Methode besteht darin, die Schienen dadurch von Strömen
(also auch Spannungen) zu entlasten, daſs man sie zum Mittelleiter
eines Dreileitersystems macht. Leider ist diese gewiſs sehr brauchbare
Methode nur in wenigen Fällen anwendbar, ohne gröſsere Umstände
nur da, wo die Bahn durchweg zweigeleisig ist[1]).

Das eigentliche Dreileitersystem verlangt zur Entlastung des
Mittelleiters zwei annähernd gleich belastete, gleichartige Systemhälften.
Man kann die Entlastung aber auch mit ungleichartigen Systemhälften
durchführen: man hat der bestehenden Bahnanlage als der einen
Systemhälfte eine andere hinzuzufügen, die. nur eine EMK und eine
Leitung, also keine Nutzwiderstände enthält. Statt zweier elektro-
motorischer Kräfte kann man natürlich auch eine EMK nehmen, die

---

[1]) Gleichstrom-Dreileiternetze besitzen die Bahnen Grenoble-Chapar-
eillan, La Mure-Saint Georges (EZ. 1904, S. 11), Tabor-Bechyne (EZ. 1904, S. 740).

man etwa durch **Akkumulatoren** teilt. Das gibt das Schema der Fig. 155; der Teilpunkt ist dabei durch einen Zellenschalter verschiebbar gemacht. Das Schema läfst sich ohne weiteres auf den Fall ausdehnen, dafs man mehrere Speiseleitungen für die Schienen, mehrere Entlastungsleitungen anwenden will. Eine Anlage in dieser Weise wäre bei Bahnen, die mit Pufferbatterien ausgerüstet sind, leicht durchzuführen.

Nimmt man zwei elektromotorische Kräfte, also aufser der eigentlichen Betriebsdynamo eine kleinere Zusatzdynamo, so kommt man

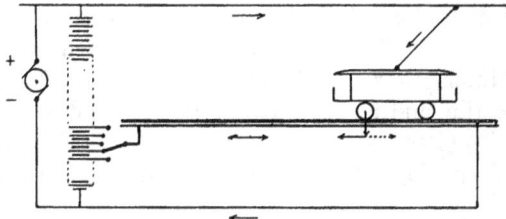

Fig. 155.

zu einem System, das zwar in der Anlage teuerer ist als das ebengenannte, aber auch da angewendet werden kann, wo keine Batterien vorhanden sind. Aufserdem aber besitzt es den Vorteil einer leichteren selbsttätigen Regulierung. In dem ersten Falle müfste die Spannungsleitung je nach der Belastung der Bahn durch Verstellung des Zellenschalters reguliert werden, was immerhin, wenn die Schwankungen grofs sind, Schwierigkeiten bieten wird; im zweiten Falle dagegen kann dadurch, dafs man die Zusatzdynamo durch den Strom im Fahrdraht oder eine Speiseleitung desselben erregt, die Regulierung bei passender Dimensionierung der Zusatzdynamo sehr leicht so

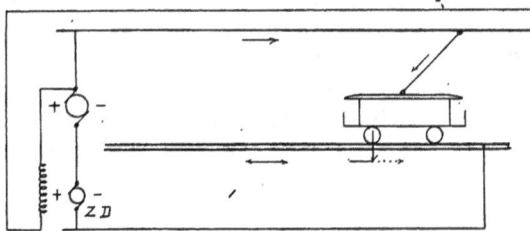

Fig. 156.

eingerichtet werden, dafs die Schienen bei jeder beliebigen Belastung mit genügender Genauigkeit in dem Mafse stromlos sind, als es überhaupt möglich ist. Diese Methode ist durch das Schema der Fig. 156 gekennzeichnet. Sie wurde von **Kapp** und ungefähr gleichzeitig von **Rasch** vorgeschlagen.[1]) Hiermit ist eine Methode gegeben, die wohl das Beste darstellt, was zur Bekämpfung der vagabundierenden Ströme bisher getan werden kann, vorausgesetzt natürlich, dafs die Schienen schon in möglichst vollkommener Weise miteinander leitend verbunden sind.

---

[1]) **Kapp**, D. R. P. Nr. 88275 vom 3. Okt. 1895, Vortrag im Elektrotechn. Verein in Berlin am 17. Dez. 1895. ETZ. 1896, Nr. 3 vom 16. Jan. 1896, S. 43. — **Rasch**, ETZ. 1896, Nr. 3, vom 16. Jan. 1896, S. 34.

Der Wert des Verfahrens besteht darin, daſs es die Spannung
der isoliert gedachten Schiene in jedem Punkte vermindert; nach der
Höhe dieser Spannung kann man die für jeden Punkt der Gleisanlage
bestehende Gefahr eines Stromübertritts aus den Schienen in die Rohrleitungen messen. Ist ein Übertritt erst erfolgt, so sind diejenigen Punkte
des Rohrnetzes einer Schadenwirkung ausgesetzt, aus denen der Strom austritt, und ein Maſs hierfür ist die Stromdichte an den einzelnen Punkten.«

Die Kappsche Methode der Schienenentlastung ist in Bristol
(durch Herrn H. F. Parshall), Dublin, Glasgow und in Schöneberg-
Berlin und anderen Orten zur Anwendung gekommen.

Parshall will stets dann Zusatzmaschinen in Anwendung bringen,
wenn die Entfernung des Geleises von der Zentrale 5 km überschreitet
und die Verkehrs-
dichte $2^1/_2$ Wagen
pro km beträgt.

Die Union
E.-G. Berlin bringt
eine von der Kapp-
schen Anordnung
etwas abweichen-
de Schaltung in
Vorschlag, vgl.

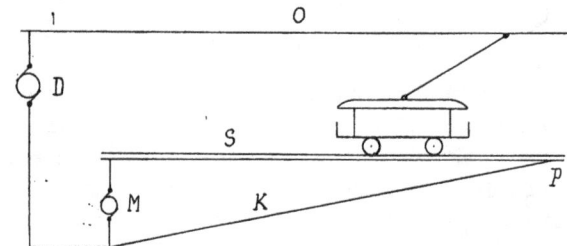

Fig. 157.

D. R. P. 107 673 (Fig. 157) (8. IV. 99). Die vom Kraftwerk II entfernten
Punkte P werden durch isolierte Kabel mit dem einen Pol des Strom-
erzeugers verbunden. Zwischen dem Stromerzeuger und der Fahrschiene S wird ein Motor M eingeschaltet, so daſs ein Teil des Rück-
stromes durch den Motor M gehen muſs. Der Motor M wird dann
eine elektromotorische Gegenkraft erzeugen, welche durch passende
Felderregung ungefähr gleich dem Spannungsverlust in den isolierten
Kabeln K gemacht werden kann. Die mechanische Energie, welche
der Motor liefert, kann entsprechend den jeweiligen Betriebsverhält-
nissen verwendet werden.

Die Straſsenbahn in Glasgow macht in ausgedehntem Maſs von
der Einschaltung von Zusatzgeneratoren in die Rückleitung der Schienen
Gebrauch. Der Spannungsunterschied zwischen den verschiedenen
Speisepunkten soll dabei 1 Volt nicht überschreiten. Jeder Zusatz-
generator genügt für 1000 A. Strom.

Eine so genaue Regulierung ist nur für Städte mit weit ver-
zweigten Gas- und Wasserröhren nötig.

Kommen jedoch wenig verzweigte, gröſstenteils geradlinige Bahnen
in Betracht, dann wird die Verwendung der erwähnten Zusatzgeneratoren (booster) zu kostspielig, besonders dann, wenn die Stromversor-
gung von einem Ende der Bahn aus geschehen muſs.

Für diese Fälle kann man sich mit einer angenäherten Regulierung des Schienenpotentials begnügen. G. Kapp macht auch hierfür einen Vorschlag (vgl. E. Z. 1902, S. 19) (Fig. 158). Läfst man nämlich an mehreren Stellen die Schienenverbindungen fort und überbrückt man diese Unterbrechungsstellen der Rückstromleitung durch Einschaltung eines kleinen Boosters (einer kleinen Saugdynamo) mit Serienerregung, so kann man die Spannungsdifferenzen in der Rückleitung und die Ausdehnung der gefährlichen Zonen ganz erheblich vermindern. Ein Nachteil dieser Methode besteht jedoch unter Umständen in den Spannungsdifferenzen, welche an den nicht mit Schienenverbinder versehenen Enden der Fahrschienen auftreten und für Pferde u. dgl. gefährlich werden können.

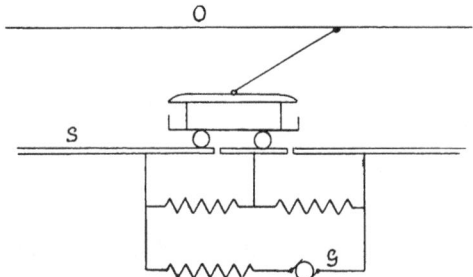

Fig. 158.

Das Kappsche Verfahren zur Verminderung des Schienenpotentialgefälles kann auch für Wechselstrombahnanlagen Anwendung finden. Statt der Saugdynamo kommt ein Saugtransformator, dessen Primärwicklung in Serie mit der Oberleitung und dessen Sekundärwicklung in Serie mit der Schienenleitung liegen.

Über »Verminderung der Erdströme bei mit Wechselstrom betriebenen Bahnen mit Schienenrückleitung« vgl. auch Emil Diehl. E. Z. 1902, S. 146. Dr. H. Behn-Eschenburg. E. Z. 1904. S. 311.

Über den Verlauf der Rückströme von Strafsenbahnen und über ihre elektrolytischen Wirkungen hat Ingenieur M. G. Claude von der französischen Thomson-Houston-Gesellschaft auf dem Elektrizitätskongrefs zu Paris 1900 einen sehr interessanten Vortrag gehalten. Einen Auszug dieses Vortrags findet man in der E. Z. 1902, S. 68. Erwiderungen hierzu in der E. Z. 1902, S. 143 von L. Vigier und E. Z. 1902, S. 208 von Dr. Michalke.

VII. Abschnitt.

Blitzableiter und Blitzschutzvorrichtungen.

Die in der Luft ausgespannten blanken Leitungen sind ganz besonders den bei Gewittern auftretenden atmosphärischen Entladungen — weniger den direkten Blitzschlägen — ausgesetzt.[1]) Zum Schutze der elektrischen Anlagen und wohl auch der Personen gegen diese Entladungen und Blitzschläge, als auch zum Ausgleiche der Erd- und Luftelektrizität werden Blitzableiter, Blitzschutzvorrichtungen angebracht.

Entladungen, bei welchen Kapazität und Selbstinduktion vorhanden sind, verlaufen in Schwingungen: wir haben es daher bei Blitzschlägen meist mit Wechselströmen von sehr hoher Wechselzahl zu tun. Diesen Wechselströmen setzen Leiter mit größerer Selbstinduktion einen außerordentlich hohen Widerstand entgegen. Aber auch in einer Richtung verlaufende Entladungsströme werden nur zum geringsten Teile durch Leiter mit Selbstinduktion hindurchgehen (vgl. H. Görges E. Z. 1896, S. 511).

Der Blitz wird demnach viel leichter die Isolation einer Drahtspule durchbrechen, als diese Spule selbst passieren. Durch Vorschalten einer Induktionsspule kann man folglich dem Blitz den Weg zur Stromquelle verlegen.[2])

---

[1]) Blitzschläge in die Maste selbst kommen ebenfalls vor. Über einen solchen Blitzschlag vgl. E. Z. 1902, S. 391.

[2]) Zu beachten ist auch, daß die Luft nur für geringe Spannungen einen nahezu ∞ großen Leitungswiderstand bildet. Bei hohen Spannungen werden Elektrizität führende Luftteilchen abgestoßen und bilden dann eine Brücke, wie beim Bogenlicht, wo die glühende Gasbrücke einen verhältnismäßig geringen Widerstand besitzt.

Man hat also die Blitzableiter so zu bauen, daſs dieselben keine
Selbstinduktion aufweisen und dem Blitz der Weg durch den Blitzableiter und zur Erde möglichst erleichtert wird. Es muſs aber auch
der Übergangswiderstand zur Erde möglichst gering gemacht werden.
Im Falle man die Erdleitung des Blitzableiters an Wasserleitungen
u. dgl. anschlieſsen kann, wird man auf einen kleinen Übergangswiderstand rechnen können; kommen jedoch sogenannte Erdplatten
in Anwendung und kann man dieselben nicht in Grundwasser versenken, dann erhält man auch bei sorgfältiger Einbettung der Platten
(in gemahlenen Koks u. dgl.) immerhin einen Übergangswiderstand
von mindestens 10 Ω. Bei elektrischen Bahnen kommen für die Erdleitung hauptsächlich die Fahrschienen in Betracht, weil diese meist
eine bessere Erdverbindung ergeben als die in das Erdreich versenkten
Platten.

Zur Verbindung von Blitzableiter und Erdplatte nimmt man
blanken Kupferdraht von mindestens 25 mm^2 Querschnitt. In der
Leitung vom Blitzableiter zur Erde sollen alle spitzen Winkel und
scharfen Krümmungen vermieden werden, doch braucht man hierin
nicht zu weit zu gehen. Vgl. Dr. Benischke, Die Schutzvorrichtungen
der Starkstromtechnik. 1902. S. 6.

Im Falle man jedoch Erdplatten anbringen muſs (z. B. bei Bahnen
mit eigenem Bahnkörper, deren Schienen auf Holzschwellen gelagert
sind und daher nur einen schlechten Übergang zur Erde vermitteln
würden) ist zu beachten, daſs die Erdplatten zweckmäſsiger aus Eisenblech, als aus Kupferblech hergestellt werden, weil Eisen eine geringere
Polarisation aufweist, als das weniger schnell oxydierende
Kupfer. Notwendig ist, daſs die Berührungsstellen an
beiden Enden der Leitung von gleichem Metall sind, da
sonst unter dem Einflusse des feuchten Erdreiches zwei
verschiedene Metalle, wie Eisen und Kupfer ein gal-
vanisches Element bilden und im Laufe der Zeit eine
Zerstörung der Verbindungsstellen herbeiführen würden.

Die für Telephon- und Telegraphenleitungen in
Frage kommenden elektromotorischen Kräfte sind nicht

Fig. 159.

bedeutend, hingegen ist der Widerstand dieser Leitungen im allgemeinen
sehr groſs. Hier genügen daher schon einfache Blitzplatten, deren geriefte oder gezahnte Flächen einander zugekehrt und bis 1 mm Abstand
einander genähert sind (Fig. 159).

Aus den obengenannten Umständen wird ein Blitzschlag in die
Leitung durch die Blitzplatte zur Erde geleitet, ohne daſs ein Lichtbogen im Blitzableiter zustande kommt.

Anders liegt die Sache bei Starkstromanlagen. Hier ist der
Widerstand der Leitung meist sehr gering und die in den Leitungen

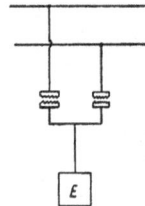

in Verwendung kommenden elektromotorischen Kräfte meist grofs.
Sind bei Starkstromanlagen beide Pole von Erde isoliert und schlägt
der Blitz nur in die Leitung des einen Poles, dann wird der durch
den Blitzableiter zur Erde geleitete Blitzstrom zwar die Leitung augen-
blicklich an Erde legen, doch wird kein Kurzschlufs in den Leitungen
auftreten. Ein solcher entsteht jedoch, wenn durch den Blitzschlag
die Leitungen beider Pole in Mitleidenschaft gezogen werden und die
Blitzableiter verschiedener Pole in Wirksamkeit kommen.

Schlimmer steht die Sache für die Oberleitungen der elektrischen
Bahnen, bei welchen ja gewöhnlich der eine Pol (meist der negative)
dauernd an Erde liegt. Hier bedeutet jeder Blitzschlag in die Oberleitung einen Kurzschlufs zwischen der Leitung und der Erde.[1] Der
durch den Blitzschlag eingeleitete Lichtbogen wird durch den nach-
fliefsenden Maschinenstrom aufrecht erhalten — soferne die Blitzableiter nicht mit besonderen Vorrichtungen versehen sind, welche den
Lichtbogen zum Erlöschen bringen.

Für die Oberleitungen elektrischer Bahnen sind daher gut wirkende
Blitzschutzvorrichtungen von ganz besonderer Wichtigkeit.

Früher pflegte man die Stangenblitzableiter und die bei Telegraphenleitungen verwendeten Plattenblitzableiter in Anwendung zu
bringen. Die Stangenblitzableiter kommen mit den Luftleitungen gar
nicht in Verbindung, nehmen daher auch die in die Leitungen über-
gegangenen atmosphärischen Entladungen nicht auf. Dasselbe gilt
selbstredend auch für den manchmal parallel zu den Leitungen gezogenen Stacheldraht, welcher ja ebenfalls nicht mit der stromführenden Leitung in Verbindung kommt. Die Plattenableiter werden aus
dem früher bereits erwähnten Grunde bei Blitzschlägen in die Starkstromleitung stets zerstört.

Um aber trotzdem die Starkstromanlagen vor den Folgen der
Blitzschläge schützen zu können, griff man zu einem sehr einfachen
Mittel: man schaltete bei heranziehenden Gewittern zwischen Leitung
und Erde einen Wasserwiderstand und erhielt so einen vorzüglich
wirkenden, induktionsfreien Blitzableiter.[2] Um Stromverluste zu vermeiden, kann jedoch ein derartiger Blitzableiter nur für die Dauer
des Gewitters in Betracht gezogen werden. Da aber oft Blitzschläge
unerwartet rasch erfolgen, ohne dafs man auch nur ein Gewitter ahnt,

---

[1] Durch Einbau eines (induktionsfreien) Widerstandes in die Erdleitung kann die Wirkung dieses Kurzschlusses sehr gemildert werden.

[2] Derartige Blitzableiter brachte Herr Ing. König schon anfangs der
neunziger Jahre bei der Budapester Stadtbahn in Anwendung. Der Widerstand der Flüssigkeit darf nicht zu grofs gewählt werden. Vgl. H. Müller,
E. Z. 1901, S. 602.

so würde es wohl vorkommen, daſs dieser Blitzableiter gar nicht aktionsfähig ist, wenn Blitzgefahr vorhanden ist.

Glücklicherweise ist es gelungen, Blitzschutzvorrichtungen herzustellen, welche ein sicheres Erlöschen des durch Blitzschlag eingeleiteten Lichtbogens ermöglichen.

Blitzableiter mit selbsttätiger Funkenlöschung.

Wir können hier zweierlei Arten von Blitzableitern unterscheiden. Bei den einen erfolgt ein Abreiſsen des entstandenen Lichtbogens durch Vergröſserung der Funkenstrecke und auch eventuelle Löschung des Lichtbogens in einem Öl-bad, bei den anderen findet ein Löschen des Licht-bogens durch ein magnetisches Gebläse oder durch die elektrodynamische Wirkung der hörnerartig geformten Pole statt. Vielfach weisen Blitzableiter die genannten Wirkungen gleichzeitig auf.

Bei dem Siemensschen Blitzableiter älterer Konstruktion (Fig. 160) wird die obere geriefte Platte a von dem Magnet m angezogen, sobald Maschinen-strom von dem Fahrdraht zur Erde flieſst, die Funken-strecke wird somit vergröſsert und hierdurch der durch Blitzschlag eingeleitete Lichtbogen zwischen a und b abgerissen. Nach erfolgtem Abreiſsen des Lichtbogens

Fig. 160.

wird der Blitzableiter wieder gebrauchsfähig, solange kein Abschmelzen von Metall stattfindet, das Kurzschlüsse zwischen den geriefften Platten herstellt. Dieser Blitzableiter bewährt sich gut bis zu Spannungen von 200 Volt.

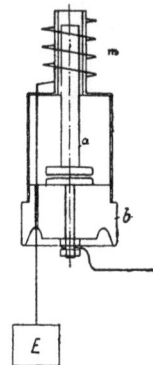

Auf ganz ähnlichem Prinzipe beruht der Woodsche Blitzableiter mit Schlaghebel.

Der Blitzableiter der Allgemeinen Elektrizitätsgesell-schaft Berlin (Fig. 161) besitzt eine unveränderliche Funkenstrecke F_2 und eine veränderliche Funkenstrecke F_1, erstere ist $1\frac{1}{2}$ mm lang, letztere wird durch einen Anschlag des Kolbens K begrenzt. Die Wirkungsweise des Blitzableiters ist leicht verständlich. Die Funkenstrecke F_2 ist angebracht, um den oszillatorischen Entladungen einen induktionsfreien Weg zur Erde zu bieten.

Eine weitere Methode, den Blitz zur Erde zu leiten und das Entstehen eines Lichtbogens für den nachfolgenden Maschinenstrom zu verhüten, besteht in der Anwendung sehr vieler kleiner Funkenstrecken. Der Blitz durchbricht

Fig. 161.

leicht diese vielen kleinen Funkenstrecken; der Maschinenstrom ist jedoch nicht imstande, die vielen hintereinander geschalteten Lichtbogen

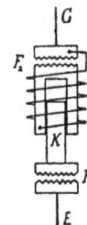

aufrechtzuerhalten. Diese Blitzableiter (auch Kondensatorblitzableiter genannt) werden einfach durch Aufeinanderlegen von Metallplatten oder Kohlenplatten und isolierenden Zwischenlagen (Glimmer u. dgl.) gebildet. Die oberste Platte steht mit dem Leitungsnetz, die untere mit der Erde in leitender Verbindung. Je nach der herrschenden Maschinen- oder Netzspannung nimmt man mehr oder weniger Platten aufeinander.

Hierher gehört der Blitzableiter von Elihu Thomson mit in einer Spirallinie liegenden Kugeln (vgl. E. Z. 1891, S. 118); ferner der Blitzableiter von Siemens & Halske A.-G. D. R. P. Nr. 138352, bei welchem die Funkenstrecke durch aneinander gereihte, hintereinander geschaltete und voneinander isolierte Metallplatten gebildet wird.

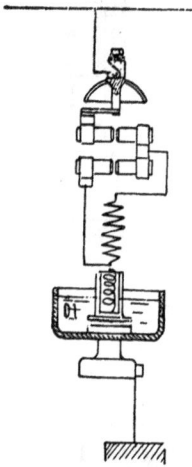

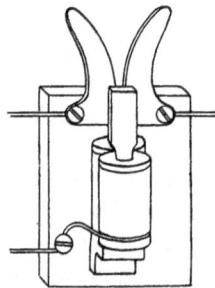

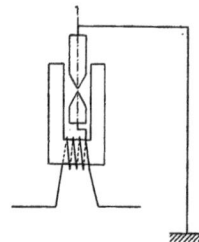

Fig. 162.   Fig. 163.   Fig. 164.

Eine verbesserte Konstruktion des in Fig. 160 dargestellten Blitzableiters zeigt der Blitzableiter von S. & H. mit Funkenlöschung im Ölbad. (Fig. 162.) Parallel zur Elektromagnetspule ist eine zweite Funkenstrecke angebracht, während die erste Funkenstrecke beiden vorgeschaltet ist. Der Blitz springt bei der ersten Funkenstrecke über und bildet einen Lichtbogen für den nachfolgenden Maschinenstrom; ebenso wird die zweite Funkenstrecke durchbrochen und dabei der Elektromagnet erregt, wodurch die im Ölbad befindlichen Spitzen der zweiten Funkenstrecke auseinandergezogen werden und der Lichtbogen im Ölbad leicht gelöscht wird. Hierdurch wird der Widerstand vergröfsert, und es erlischt nun auch der Lichtbogen der ersten Funkenstrecke.

Der älteste Blitzableiter mit selbsttätiger magnetischer Funkenlöschung ist der von Elihu Thomson (Fig. 163). Von zwei einander zugekehrten und auf wenige Millimeter genäherten Metallsegmenten ist das eine mit der Oberleitung, das andere mit der Erde in Verbindung.

Durchbricht der Blitz den Luftraum, so entsteht durch das Nachfliefsen des Maschinenstroms ein Lichtbogen, welcher jedoch durch einen im Haupt- oder Nebenstrom liegenden Elektromagnet ausgeblasen wird. Hier treiben nicht nur die Kraftlinien, sondern auch die erwärmte Luft den Lichtbogen nach oben.

Die neue Ausführungsform der Thomsonschen Blitzschutzvorrichtung zeigt Fig. 164.

Die Thomsonsche Blitzschutzvorrichtung weist bereits den grofsen Vorzug auf, dafs dieselbe keine beweglichen Teile enthält. In die Erdleitung des Blitzableiters wird neuerdings ein Kohlenwiderstand geschaltet, damit der Kurzschlufsstrom nicht zu grofs werden kann.

Blitzableiter mit magnetischer Funkenlöschung von Siemens & Halske. Zwischen den Polschuhen eines Elektromagneten sind vier Kohlenprismen isoliert angeordnet, von denen die beiden inneren mit den Enden der Magnetspule, die äufseren mit der Oberleitung bzw. der Erdleitung in Verbindung stehen. Durchbricht der Blitz die von den Kohlenprismen gebildeten drei Funkenstrecken und fliefst der Maschinenstrom nach, so geht ein

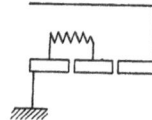

Fig. 165.

Teilstrom durch den im Nebenschlufs zur Funkenstrecke liegenden Elektromagneten, welcher auf diese Weise erregt wird und den zwischen den Kohlenspitzen entstandenen Lichtbogen zum Ausblasen bringt.

Bei dem Spulenblitzableiter der Siemens & Halske A.-G. sind die Funkenstrecken in ähnlicher Weise wie bei dem oben beschriebenen Blitzableiter angeordnet. Statt Kohle sind Metallstücke in Anwendung gebracht worden (Fig. 165).

Eine Blitzschutzvorrichtung mit elektromagnetischer Auslösung ist die von Schuckert & Co. Der Blitz geht durch die Funkenstrecke B über C zur Funkenstrecke A und dann zur Erde. Der nachfolgende Maschinenstrom erzeugt einen Lichtbogen bei A und B, wodurch auch die im Neben-

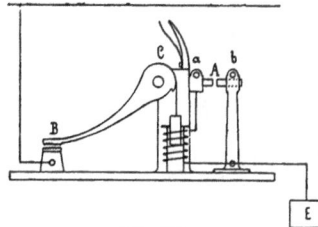

Fig. 166.

schlufs liegende Elektromagnetspule erregt, der Hebel B—C bewegt und der Lichtbogen bei B abgerissen wird (Fig. 166).

Eine ähnliche Konstruktion zeigt auch die Blitzschutzvorrichtung von Ganz & Co.; nur sind hier statt der Metallspitzen Kohlenspitzen in Anwendung gebracht.

Hörnerblitzableiter.

Äufserst einfache und besonders für Freileitungen sehr geeignete Blitzschutzvorrichtungen sind die sog. Hörnerblitzableiter. Diese Blitzableiter besitzen keine beweglichen Teile, keine Elektromagnete oder irgendwelche mechanische Vorrichtungen, um den Lichtbogen aus- zulöschen; sie sind fast gänzlich frei von Selbstinduktion, wirken selbstunterbrechend und können nach jedem Blitzschlag sofort wieder in Tätigkeit treten.

Die Hörner des Hörnerblitzableiters von Siemens & Halske[1] (Fig. 167) werden aus Kupferdrähten hergestellt, welche jahrelang unversehrt bleiben und nur von Zeit zu Zeit mittels Schmirgelpapier gereinigt werden müssen. Eine Gußkappe ist auf einem Iso- lator aus Porzellan, Hartgummi usw. befestigt und trägt das eine mit dem Fahrdraht in Verbindung stehende Horn. Das andere Horn wird mittels eines eisernen Bügels am Mast- kopfe festgeschraubt und mit der Erde, d. h. den Fahrschienen, in leitende Verbindung gebracht.

Die Hörner werden bei einer Spannung von 500 Volt auf 2 bis 3 mm Entfernung eingestellt. Legt man in die Erdleitung einen (induktionsfreien) Widerstand, dann können die Hörner auch noch etwas näher eingestellt werden, ohne daß gefährliche Kurzschlüsse beim Überbrücken der Hörner durch Baum- blätter, Staubteile usw. auftreten können.

Bei Blitzschlag in die Oberleitung wird der Luftweg zwischen den Hörnern durch- brochen, ein Lichtbogen hergestellt und dann dieser Lichtbogen durch die elektrodynamische Wirkung der Hörner[2] nach oben geblasen und bei zunehmender Verlängerung abge- rissen. Der Auftrieb der erwärmten Luft unterstützt — in geringem Maße — die dynamische Wirkung.

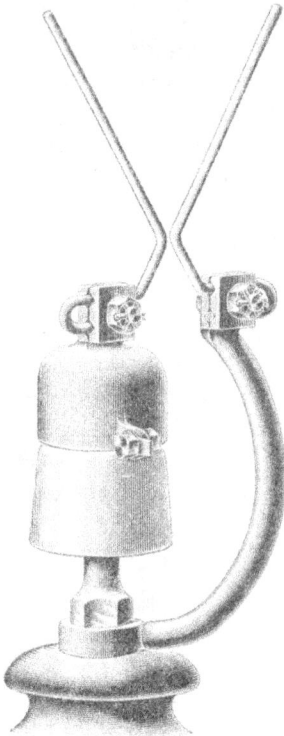

Fig. 167.

Der Hörnerblitzableiter hat eine sehr große Verbreitung gefunden, und es sind auch verschiedene Konstruktionen aufgetaucht.

---

[1] Vgl. Görges, E. Z. 1897, S. 214. D. R.-P. Nr. 91133.

[2] Nach Faraday haben die magnetischen Kraftlinien die Eigenschaft von elastischen Fäden, welche sich zu verkürzen suchen und die sich gegen- seitig abstoßen. Die Kraftlinien eines elektrischen Stromes haben die Form konzentrischer Kreise. Die Kraftlinien einer Stromschleife (der Hörnerblitz- ableiter stellt eine nach oben offene Schleife dar) stehen einander gegenüber und stoßen daher sich gegenseitig ab.

Brown, Boveri & Co. gruppieren um einen mit der Erde in Verbindung stehenden geraden Stab mehrere Hörner, so daſs eine Blitzschutzvorrichtung entsteht, welche für mehrere Leitungen (z. B. für das Dreileiternetz, für Drehstromleitungen usw.) gleichzeitig in Verwendung kommen kann. D. R. P. Nr. 114056.

H. Müller, Nürnberg, ordnet die Hörner des Blitzableiters so an, daſs sie sich in einem Abstand von 2—4 mm — also gleich der Funkenstrecke — kreuzen. E. Z. 1901, S. 601

Max Schiemann und Gust. Mertens lieſsen sich eine Funkenlöschung patentieren (D. R. P. Nr. 131778), welche aus einander gegenüberstehenden, divergierenden Leitern aus Blech hergestellt ist, wobei die gegenüberstehenden Blechkanten die Funkenstrecke bilden.

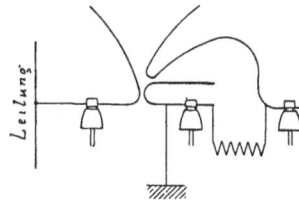

Fig. 168.

W. Lahmeyer & Co. schalten einen Ohmschen oder induktiven Widerstand parallel zu einer Unterbrechungsstelle des Hornes selbst. Diese Unterbrechungsstelle kann dabei wieder als Blitzableiter ausgebildet werden. D. R. P. Nr. 128433 (Fig. 168).

O. L. Kummer & Co. (D. R. P. Nr. 118866), Fig. 179a, stellten einen Blitzableiter her, bei welchem die ursprünglich von Thomson gewählte Form beibehalten ist; sie armierten die Hörner mit Eisen, um eine Unsymmetrie des magnetischen Feldes und hierdurch einen Auftrieb des Lichtbogens zu erzielen. Vgl. E. Z. 1901, S. 1045.

Um die Eigenwirkung des Lichtbogens noch weiter zu unterstützen, wendet Dr. Benischke ein magnetisches Gebläse in folgender Weise an: Zwei in der Mitte wagrechte und gegen das Ende aufwärts gebogene Messingbügel bilden die Funkenstrecke. Unter diesen befindet sich ein Elektromagnet aus unterteiltem Eisen, dessen Wicklung in

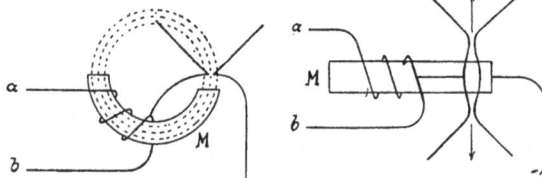

Fig. 169.

die Fernleitung eingeschaltet wird, so daſs also der Magnet beständig erregt ist, soferne Strom in der Leitung flieſst. Hierzu kommt noch bei Entstehung eines Lichtbogens der Kurzschluſsstrom, der auch für sich schon den Eisenkern magnetisiert (Fig. 169).

Von den vielen Konstruktionen von Blitzschutzvorrichtungen, welche in die eine oder andere Gruppe der oben erwähnten Blitzableiter eingereiht werden können, seien noch erwähnt:

1. Die Blitzschutzvorrichtung der Westinghouse-Co. (Fig. 170). Zwei als Pendel aufgehängte Kohlenstücke stehen mit den Leitungen in Verbindung und reichen durch zwei Öffnungen in ein geschlossenes Kästchen. Findet eine Entladung statt, so werden die Kohlenstückchen explosionsartig — durch die Ausdehnung der erwärmten Luft — auseinander geschleudert, so daſs der entstehende Lichtbogen abreiſst.

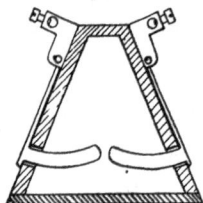

Fig. 170.

2. Blitzschutzvorrichtung der Stanley Electric Manufacturing Co. in Pittsfield, Mass. Diese Blitzschutzvorrichtung besteht aus einer Funkenstrecke und mehreren in Reihe geschalteten Glasröhren, welche mit Metallkügelchen von etwa 1—1,5 mm ϕ gefüllt sind. Die zahlreichen zwischen den kleinen Kügelchen gebildeten Funkenstrecken bewirken ein sofortiges Auslöschen des von einem Blitzschlage erzeugten Flammenbogens. Diese Blitzschutzvorrichtung soll von Leitung zur Erde einen Widerstand von 50 Ω aufweisen. (E. Z. 1899, S. 641.)

3. Blitzschutzvorrichtung der Siemens-Schuckertwerke mit geteilter Funkenstrecke. Hier sind die einzelnen Teile der Funkenstrecke sämtlich oder zum Teil durch die Zwischenräume von hintereinander angeordneten Flüssigkeitsbehältern aus porösen, stark hygroskopischen Materialien gebildet.

4. Blitzschutzvorrichtung von Wurts. Die eigentümliche Erscheinung gewisser Zink- und Antimonlegierungen, bei Wechselstrom keine Lichtbogen zu bilden, benützt Wurts zu einem eigenartigen, viel verwendeten Blitzableiter. Dieser Blitzableiter besteht in der Regel aus 7 Walzen, welche in geringem Abstand parallel zu einander gelagert sind. Die mittlere Walze wird mit der Erde, die äuſseren werden mit den Leitungen verbunden. Der Blitzableiter eignet sich nur für Wechsel- und Drehstrom, nicht aber für Gleichstrom.

5. Blitzschutzvorrichtung von Gola. Eine ganz eigenartige Blitzschutzvorrichtung hat G. Gola angegeben und in Ausführung gebracht, wobei durch den Einfluſs magnetischer und elektrischer Felder die Richtung der Entladung bestimmt wird. Näheres hierüber E. Z. 1902, S. 455.

Die Blitzschutzvorrichtungen oder Blitzableiter sollen so angebracht werden, daſs sie leicht zugänglich sind und bequem besichtigt werden können.

Gewöhnlich bringt man die Blitzableiter in den Maschinenstationen, ferner an den Übergangsstellen von Speisekabeln in Luftleitungen und an den Enden der Arbeitsleitungen an. Da man die Arbeitsleitung meist in mehr Sektionen teilt, so pflegt man auch jede Sektion wenigstens mit einem Blitzableiter zu versehen und setzt dann den Blitz-

ableiter in die Mitte der Leitung. Diese Anordnung ist bei den Oberleitungen der elektrischen Bahnen die allgemein übliche.

Eine andere sehr empfehlenswerte Anordnung zeigt Fig. 171.
Hier ist jede Leitungssektion mit zwei Blitzableitern versehen und an
den Enden der Sektion, also beiderseits des Streckenisolators angebracht.
Die Induktionsspulen sind in die Streckenausschalterkästchen eingebaut.

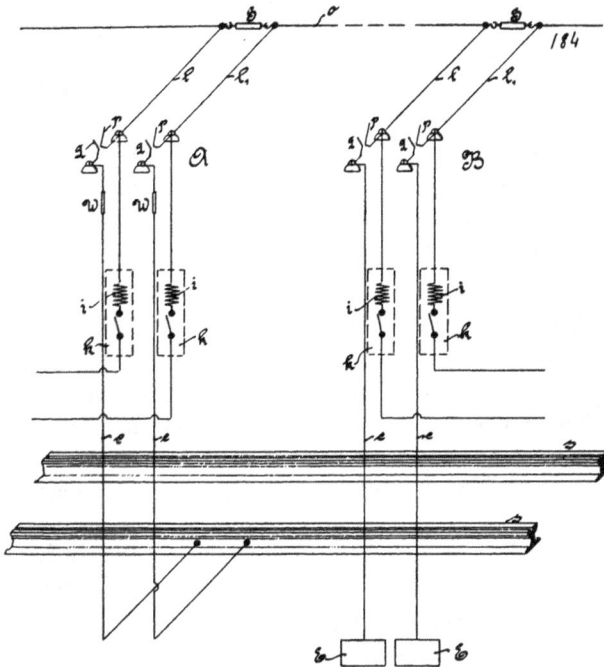

S = Streckenisolator.	i = Induktionsspule.
o = Oberleitung.	k = Ausschalterkästchen.
l, l_1 = Speiseleitungen.	e = Erdleitung.
p, q = Hörnerblitzableiter.	s = Schiene.
W = Widerstand.	E = Erdplatte.

Fig. 171.

Bei Anschluß der Erdleitungen an die Fahrschienen, Gas- oder
Wasserleitungen ist die Einschaltung induktionsfreier Widerstände in
die Erdleitungen sehr zu empfehlen.

Für Gegenden, welche besonders häufig den Blitzschlägen ausgesetzt sind, eignen sich am besten Blitzableiter mit sehr kleiner Funkenstrecke oder auch Blitzschutzvorrichtungen, welche eine ständige
Erdverbindung aufweisen. Bei den erstgenannten Blitzableitern muß
dann stets ein Widerstand in die Erdleitung eingebaut werden. Bei
der Tank-Blitzschutzvorrichtung der Westinghouse Co. wird ein

Wasserwiderstand (Wasserbecken mit Zu- und Abflufsrohr, in welches die Elektroden tauchen) in die Erdleitung eingebaut. Vgl. auch S. 134. Wasserwiderstände verwendet auch die Maschinenfabrik Oerlikon, die A. E. G., Berlin u. a. Eine Blitzschutzvorrichtung mit dauernder Erd-verbindung stellt folgende Vorrichtung der Westinghouse Co. dar:

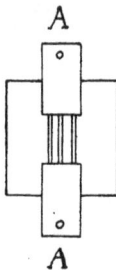

Zwei Metallstücke *A*, wovon das eine mit der Luftleitung, das andere mit der Erde verbunden, sind in einem kleinen Holzstück eingelassen. Auf dem Holzstück ver-laufen einige parallele angekohlte Streifen, welche die beiden Metallstücke verbinden und einen Widerstand von 50000 Ω aufweisen. Diese angekohlten Streifen sind durch eine Holzplatte gegen Luftzutritt abge-schlossen. Die atmosphärischen Entladungen sollen über diese Streifen hinweggehen, ohne dafs ein Licht-bogen entsteht (Fig 172).

Fig. 172.

Schutzvorrichtungen für Schwachstromleitungen.

Von ungemeiner Wichtigkeit sind die Schutzvorkehrungen gegen den Übergang der Starkströme in die Schwachstromleitungen und gegen die Beeinflufsung der Schwachstromleitungen durch die Stark-stromleitungen.

Die Telephon- und Telegraphendrähte werden gewöhnlich in dieselben Trassen verlegt, wie die Oberleitungen der elektrischen Bahnen und benützen meist ebenso wie diese die Erde als Rückleitung. Wir haben deshalb die Schwachstromleitungen zu schützen:

1. Gegen mechanische Berührung mit den Starkstromleitungen, um Stromübergänge zu vermeiden.
2. Gegen die Beeinflufsung der von den Starkstromleitungen indu-zierten Ströme.

1. Vorkehrungen, um die mechanische Berührung der Schwachstromdrähte mit den Starkstromdrähten zu vermeiden.

Reifst z. B. ein blanker Telephondraht und legt sich auf die nicht geschützte (d. h. nicht isolierte) Stelle einer elektrischen Ober-leitung, so wird sofort der Starkstrom in die Telephonstation gelangen und hier unter Umständen mehr oder minder grofse Verheerungen anrichten, besonders dann, wenn die Rückleitung der Schwachstrom-leitung durch die Erde gebildet wird.

Durch den Übertritt des Starkstromes in die Schwachstrom-leitungen sind schon öfters Beschädigungen an Telephon- oder Tele-graphenleitungen aufgetreten, manchmal auch Brände herbeigeführt worden.

Bleiben gerissene Telephondrähte so auf den Fahrdraht liegen, daſs die Drahtenden herunterhängen, ohne die Erde selbst zu berühren, so können diese stromführend gewordenen Drähte auch für Menschen oder Tiere gefährlich werden. Besonders Pferde, welche durch die Hufeisen eine gut leitende Verbindung mit den Fahrschienen — also der Erde — herstellen, ferner durch Ziehen und Laufen mehr oder minder stark schwitzen und deshalb bei Berührung mit stromführenden Drähten nur einen sehr geringen Übergangswiderstand darbieten, können leicht beschädigt, unter Umständen auch getötet werden.

Um diesem Übelstande entgegenzutreten, hat man eine Reihe von Schutzvorkehrungen ersonnen, welche mehr oder minder ihren Zweck erfüllen.

Am einfachsten wäre es, die Schwachstromleitungen — soferne man von einer Verlegung dieser Leitungen Abstand nehmen muſs — im Bereiche der Starkstromleitungen bzw. an den Kreuzungsstellen mit denselben, als isolierte Leitungen auszuführen. Leider gibt es keine für die Dauer genügend gute Isolierung für die Schwachstromleitungen, um einer Spannungsdifferenz von etwa 500 Volt Stand zu halten. Ferner sind die Schwachstromleitungen meist früher verlegt worden als die Bahnleitungen, und es würde daher meist ein Austausch der blanken Leitungen gegen isolierte Leitungen notwendig werden. Man sieht infolgedessen von diesem Mittel ab und versieht umgekehrt die Bahnleitungen mit einer Isolierung, welche die Berührung eines Schwachstromdrahtes mit der Starkstromleitung verhindern soll.

Fig. 176 a.

Fig. 173.   Fig. 174.   Fig. 175.   Fig. 176 b.

Da der Kontakt der Stromabnehmer mit dem Fahrdraht an jeder Stelle des Fahrdrahtes aufrechterhalten werden muſs, so kann selbstredend der Fahrdraht nur an der oberen Stelle mit einer Isolierung versehen werden. Derartige Isolierungen werden dadurch erreicht, daſs man den Fahrdraht mittels Holzleisten oder Halbröhren aus Bambus, Papier usw. bedeckt. Die Figuren 173, 174, 175, 176a, 176b zeigen derartige Anordnungen.

Holzleisten, Bambusrohre usw. haben den Nachteil, daſs ihre Haltbarkeit im Freien nur von kurzer Dauer ist und daſs die Isolationsfähigkeit in kurzer Zeit bedeutend vermindert, wenn nicht ganz aufgehoben wird. Da ferner mittels dieser Vorrichtungen nur der

obere Teil des Fahrdrahtes geschützt werden kann, so werden reifsende
Telephondrähte infolge ihrer Federelastizität (Schnellkraft) fallweise
immer noch — wenn auch sehr selten — in Berührung mit den Fahrdrähten kommen können. Wenn trotzdem Holzleisten u. dgl. sehr
häufig angewandt werden, so geschieht dies hauptsächlich aus dem
Grunde, weil die Anbringung und Entfernung derselben bequem,
rasch und billig vorgenommen und deshalb den häufigen Änderungen
an den Telephonleitungsnetzen leicht Rechnung getragen werden kann.

Fig. 177.

Die Isolierleisten werden an den Aufhängungen oder Haltern
unterbrochen, meist jedoch durch besondere, die Aufhängungen oder
Halter überbrückenden Drahtbügel (Fig. 177) wiederum verbunden.

An den Enden der Isolierleisten pflegt man sog. Endhaken
(Fig. 178) aus Draht anzubringen, um ein etwaiges Abschnellen gerissener Schwachstromdrähte von den Isolierleisten zu verhindern.

Es können auch Schwachstromdrähte,
welche den Fahrdraht nicht kreuzen, sondern mehr parallel zu ihm verlaufen, beim
Reifsen in Berührung mit dem Fahrdraht
kommen. Um derartige Berührungen zu
vermeiden, versieht man auch die Quer-
und Spanndrähte mit Fanghaken (Fig. 179),
wobei stets vorausgesetzt werden mufs,
dafs die Quer- und Spanndrähte nicht
stromführend sein dürfen.

Fig. 178.

Fig. 179.

Ein anderes Mittel, die Berührung gerissener Schwachstromleitungen mit den stromführenden Starkstromleitungen zu vermeiden,
besteht darin, dafs man stromlose Schutznetze oder Drähte über dem
Fahrdrahte anbringt.

Die Schutznetze werden aus grobmaschigem Drahtgeflecht hergestellt und entweder an besonderen Wandplatten oder an genügend
hohen und sehr starken Masten aufgehängt. Die Anbringung der
Schutznetze ist, besonders dann, wenn dieselben für grofse Spannweiten und in bedeutender Höhe montiert werden müssen, ziemlich
kostspielig, empfiehlt sich jedoch stets dann, wenn ein Bündel von

Leitungen geschützt werden soll, z. B. wenn eine Bahn von einer grofsen Anzahl auf einem Gestänge befindlicher Telegraphendrähte gekreuzt wird.

Anmerkung: Die Firma C. Schniewindt Westfalen bringt Spiraldrähte zu den Schutzvorrichtungen für Freileitungen in den Handel. Diese Spiraldrähte besitzen eine sehr grofse Festigkeit und lassen sich infolge ihrer Nachgiebigkeit sehr bequem spannen.

Die Schutzdrähte werden parallel zum Fahrdraht und über demselben gespannt und wieder an Wandplatten oder an Masten befestigt. In nebenstehender Figur 180 bedeuten mm die Abspannmaste, nn die Spannvorrichtungen, oo die Schutzdrähte und om die Abspanndrähte hierfür.

Bei richtiger Anordnung der Schutzdrähte bieten dieselben einen ziemlich guten Schutz, wobei jedoch ein möglichst senkrechtes Kreuzen der Schwachstromleitungen mit dem Fahrdraht anzustreben ist.

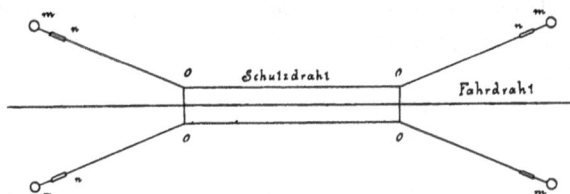

Fig. 180.

Schutznetze und ganz besonders die Schutzdrähte sollen an Erde gelegt werden; fällt dann ein gerissener Telephondraht auf das Schutznetz oder den Schutzdraht und kommt er zufällig auch noch mit dem Fahrdrahte in Berührung, so wird der Telephondraht sofort zum Schmelzen gebracht und zwar stets an einer Stelle desjenigen Drahtstückes, welches die Verbindung vom Schutzdraht zum Fahrdraht herstellt. Dieses Drahtstück wird demnach als eine ganz vorzüglich wirkende Sicherung für die Telephon- und Telegraphenapparate bzw. deren Leitungen angesehen werden können.

Schutzdrähte und Schutznetze bedingen gewöhnlich das Vorhandensein besonders starker und genügend langer Bahnmaste oder die Aufstellung besonderer Abspannmaste, bzw. die Anbringung passender Wandhaken. Eigene Abspannmaste verteuern ganz bedeutend den Telephonschutz, und die Anbringung besonderer Wandhaken in grofser Höhe ist mit vielen Unzukömmlichkeiten verknüpft. Die Siemens & Halske A.-G. hat daher die Anbringung eines einzigen Schutzdrahtes ‖ zur Arbeitsleitung und in möglichst geringer Entfernung zu dieser in Vorschlag und Ausführung gebracht (D.R.P. Nr. 108 010). Schutzdraht und Arbeitsdraht sind dabei unmittelbar miteinander durch isolierende Zwischenstücke verbunden. Ein und derselbe Querdraht kann zur Aufhängung der Fahrdrähte und der Schutzdrähte verwendet werden. Infolge des geringen Abstandes zwischen Fahrdraht und Schutzdraht ist es in vielen Fällen möglich, den Schutzdraht nachträglich ohne Vermehrung der Stützpunkte und auch ohne Verlängerung der Maste anzubringen, und die Beanspruchung der Maste und sonstiger Stützpunkte wird geringer als bei den früher erwähnten Schutzdrähten und Schutznetzen.

Durch die Anbringung eines einzigen Schutzdrahtes in möglichst geringem Abstande von dem Fahrdrahte wird die Leitungsanlage bedeutend weniger verunziert als bei dem Anbringen der sonst gebräuchlichen Schutzdrähte, Schutznetze oder auch der Schutzleisten.

Fällt ein gerissener Schwachstromdraht auf einen geerdeten Schutzdraht und kommt derselbe auch noch in Berührung mit dem Fahrdraht, so können folgende Fälle eintreten:

1. Der gerissene Schwachstromdraht schmilzt am Fahrdraht ab, und das vom Fahrdraht zur Erde hängende Drahtstück fällt stromlos zu Boden.
2. Der gerissene Schwachstromdraht schmilzt am Erddraht ab, und das vom Erddraht bis zur Erde hängende Drahtstück fällt stromlos zu Boden.
3. Das während des Berührens zwischen Erddraht und Fahrdraht befindliche Stück Schwachstromdraht wird ganz ähnlich dem Schmelzstreifen einer Sicherung durch den Durchgang des Stromes zerstäubt, wobei das vom Fahrdraht zur Erde hängende Drahtstück wiederum stromlos zur Erde fällt.

Außer diesen 3 Fällen kann es ausnahmsweise noch vorkommen, daß das vom Erddraht zur Erde hängende Drahtstück am Erddraht abschmilzt, sich dann um den Fahrdraht legt und auf diese Weise stromführend zur Erde hängt. Es kann ferner beim Abschmelzen des Schwachstromdrahtes am Fahrdraht ein Anschmelzen des Schwachstromdrahtes an den Fahrdraht entstehen und auf diese Weise wiederum ein stromführendes Stück Schwachstromdraht frei herunterhängen. Dieser Fall tritt jedoch selten ein.

Das Abschmelzen des Schwachstromdrahtes findet im allgemeinen an dem Drahte statt, mit welchem derselbe in weniger gute Berührung kommt, indem an der schlechteren Kontaktstelle auch der größere Lichtbogen entstehen und daher das Abschmelzen zuerst eintreten wird.

Da nun das Abschmelzen des gerissenen Schwachstromdrahtes am Fahrdraht und nicht am Erddraht stattfinden soll, so muß der Erddraht aus Kupfer oder einem andern wenig oxydierenden Metalle hergestellt werden; man verwendet zweckmäßig einen 5—6 mm dicken

Draht aus Hartkupfer. Es soll ferner der Erddraht möglichst nahe dem Fahrdraht gespannt werden, damit nicht ein Berühren des Fahrdrahtes ohne gleichzeitigem Berühren des Erddrahtes stattfinden kann. Je näher jedoch der Erddraht zum Fahrdraht gezogen wird, desto schwieriger und wohl auch gefährlicher werden die Reparaturarbeiten an der Oberleitung. Es ist daher unbedingt notwendig, daſs die Erddrähte vollständig isoliert ausgespannt und nur an einzelnen Stellen mittels abklemmbarer Drähte an Erde gelegt werden. Bei allen Arbeiten an der Oberleitung sind dann diese Verbindungsdrähte zu lösen, so daſs der Erddraht zu einem isolierten Draht wird und eine Gefahr nicht mehr in sich birgt.

Bei den Oberleitungen für das Bügelsystem kann man durch Anwendung der geerdeten Schutzdrähte in den Kurven die Fahrdrahtleitung so ausspannen, daſs die sonst üblichen Zusatzdrähte an den Aufhängestellen entbehrt werden können. Hierdurch wird ein besseres Aussehen der Oberleitungen für Bügelbetrieb erreicht.

Die Telephonleitungen bestehen meist aus Bronzedrähten von 1—2 mm Durchmesser; diese Drähte werden auch sicher durchschmelzen, wenn sie in Berührung mit Fahrdraht und Erddraht kommen. Die Telegraphenleitungen hingegen werden aus stärkeren Drähten hergestellt, und es reiſsen daher diese Drähte auch äuſserst selten. Reiſst jedoch ein derartig starker Draht, z. B. ein (verzinkter) Eisendraht von 5 mm Stärke, und kommt derselbe in Berührung mit Fahrdraht und Erddraht, so kann auch der Erddraht oder, was noch schlimmer ist, der Fahrdraht selbst zum Durchbrennen kommen.

Die Kreuzungen der Telegraphendrähte mit den Fahrdrähten sind nicht sehr häufig, und man wird für derartige Kreuzungen vorteilhaft ein Schutznetz in Anwendung bringen.

Will man die Schutzdrähte überhaupt nicht an Erde legen, um die erwähnten Gefahren nicht

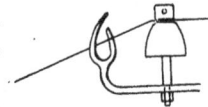

Fig. 181.

mit in Kauf nehmen zu müssen, so kann man auch isolierte Schutzdrähte spannen und diese Drähte durch Porzellannüsse u. dgl. in Abständen von 3 zu 3 m unterteilen. Reiſst dann dieser unterteilte Schutzdraht und kommt er in Berührung mit dem Fahrdraht, so werden die tiefer hängenden Drahtstücke, welche von den Passanten etwa erreicht werden können, immerhin noch eine genügende Isolation aufweisen, also keinen Schaden mit sich bringen.

In vielen Fällen kann man die geerdeten Schutzdrähte nicht anbringen; man hilft sich dann durch sog. Erdschlingen (Fig. 181) oder Erdschienen, welche nächst den Befestigungspunkten der Schwachstromleitungen montiert werden und beim Reiſsen dieser Drähte dieselben an Erde legen. Die Erdschlingen werden hauptsächlich für

10 *

einzelne Drähte, die Erdschienen bei Bündeln von Drähten in Anwendung gebracht. Die Erdschlingen oder Erdschienen müssen mit der Erde sehr gut leitend verbunden sein; sie müssen ferner aus Bronzedraht oder sonst einem nicht dem Rosten ausgesetzten Material hergestellt werden, um einen guten Kontakt mit den gerissenen Telephondrähten zu ermöglichen.

Um einen guten Kontakt des gerissenen Telephondrahtes mit der Erdschiene zu erreichen, ist es ferner notwendig, daſs man diejenige Stelle des Telephondrahtes, welche nach erfolgtem Reiſsen in Berührung mit der Erdschiene kommt, durch Umwickeln von Kupferdraht oder durch Anbringen einer Kupferhülse verstärkt (Fig. 182). Selbstredend müssen sowohl die Erdschienen als

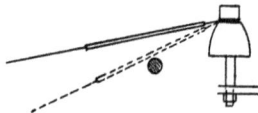
Fig. 182.

auch die Verstärkungshülsen der Schwachstromdrähte von Zeit zu Zeit gereinigt werden, um gute Berührungskontakte jederzeit zu ermöglichen.

In Belgien ist die Anbringung dreier geerdeter Schutzdrähte vorgeschrieben, welche über die Fahrleitung parallel zu derselben verlaufen. Vgl. E. Z. 1903, S. 519.

In Österreich werden die Erdschlingen nach den Vorschriften des k. k. Handelsministeriums aus 4 mm starkem Bronzedrahte mit etwa 80 mm Höhe und 60 mm Breite (elliptisch) hergestellt. Die Anbringung der Erdschlingen geschieht in einer Entfernung von 170 mm vom Isolatorbunde. Die Erdschienen werden ebenfalls aus 4 mm starkem Bronzedrahte gefertigt, die Enden aufgebogen, damit das Abgleiten zerrissener Telephondrähte möglichst vermieden wird. Die Befestigung der Erdschienen an den Querträgern der Dachständer bzw. in den Mauerträgern erfolgt in Abständen von höchstens 1 m durch entsprechend konstruierte Träger von ungefähr 170 mm Ausladung und in einer solchen Höhe, daſs die Drähte bei normaler Spannung mindestens 40 mm von den Erdschienen abstehen.

Einen sehr sinnreichen Schutz für gerissene stromführende oder stromführend werdende Leitungen kann man in folgender Weise erreichen[1]:

Man spannt über dem Fahrdraht einen dünnen, etwa 2 mm starken blanken Draht und führt dessen Enden zu den Spulen selbsttätiger Ausschalter, welche an Stelle der gewöhnlichen Streckenausschalter aufgestellt werden.

Reiſst nun ein Schwachstromdraht und berührt derselbe Schutzdraht und Fahrdraht, so werden die beiden selbsttätigen Ausschalter,

---

[1] Vgl. auch E. Z. 1896, S. 278. Über Erdschluſsvorkehrungen an Straſsenbahnleitungen. Von R. Ulbricht. Ulbricht verwendet die in den Speiseleitungen in der Zentrale angebrachten selbsttätigen Ausschalter (Ausführung der Straſsenbahn Zwickau).

welche mit den Enden des in Frage kommenden Schutzdrahtes in Verbindung stehen, in Tätigkeit gesetzt und die in Mitleidenschaft gezogene Fahrdrahtstrecke wird ausgeschaltet.

Reifst der Schutzdraht selbst, so werden wiederum die Automaten zur Wirkung kommen und die Fahrdrahtstrecke wie vorher abschalten.

Versieht man noch den Fahrdraht mit einer den Schutzdraht umgreifenden, jedoch nicht berührenden Drahtschleife und reifst dann der Fahrdraht so wird die gleiche Wirkung wie vorher eintreten.

Eine ähnliche Sicherheitsschaltung, wie vorstehend beschrieben, wurde von Salazar und Munro (unabhängig voneinander) angegeben. Bei dieser Schaltung ist der Schutzdraht geerdet unter Zwischenschaltung eines Relais mit hohem Eigenwiderstand, welches bei Stromdurchgang einen in die Speiseleitung eingebauten Automaten auslöst. Munro hat ferner noch einen einfachen 75 mm langen Apparat angegeben, welcher mit seinen beiden Ösen an der Oberleitung und dem Schutzdraht befestigt wird und beim Reifsen des Fahrdrahtes eine metallisch leitende Verbindung zwischen Fahrdraht und Schutzdraht herstellt und so den in die Speiseleitung eingebauten Automaten zur Wirkung bringt (Fig. 183). Vgl. E. Z. 1903, S. 519.

Das in manchen Städten übliche Zick-Zackspannen der Telephondrähte bedingt sehr ausgedehnte Schutzvorrichtungen und ist deshalb zu verwerfen. Der Vorteil der Zick-Zackspannung (abgesehen von der Billigkeit) besteht darin, dafs die Telephonleitungen weniger der Beeinflussung durch Induktionsströme ausgesetzt sind als parallel zum Fahrdraht laufende Leitungen (vgl. S. 152), doch kann dieser

Fig. 183.

Beeinflussung in viel gröfserem Mafse durch Herstellung eigener Rückleitungen für die Schwachströme Rechnung getragen werden.

Ein vollkommener Schutz wird auch durch die Anwendung der geerdeten Schutzdrähte nicht erreicht, da besonders schräg zum Fahrdraht gespannte Telephondrähte beim Reifsen so abschnellen können, dafs sie auf den Fahrdraht fallen, ohne den geerdeten Schutzdraht zu berühren. Um diesen Übelständen zu begegnen, ist es zweckdienlich, die Schwachstromleitungen in Strafsen zu verlegen, welche von den elektrischen Bahnleitungen nicht durchzogen werden und alle notwendigen Kreuzungen möglichst senkrecht auszuführen, weil sich bei senkrechten Kreuzungen die Schwachstromleitungen noch am besten schützen lassen.

Ganz selbstverständlich liefse sich durch Umwandlung der oberirdischen Schwachstromnetze in unterirdische Netze ein sehr vollkommener — leider auch sehr teurer — Schutz erwirken.

Die Telephonapparate werden schon bedeutend besser geschützt sein, wenn sie auch isolierte Rückleitungen besitzen, weil dann meist wohl nur ein Pol des Schwachstromnetzes mit einem Pol der Starkstromleitung in Berührung kommen wird.

Ein weiterer Schutz für die Schwachstromleitungen wird dadurch erzielt, daß man diese Leitungen mit Abschmelzsicherungen versieht, welche gewöhnlich in nächster Nähe der zu schützenden Apparate angebracht werden. Statt der Abschmelzsicherungen könnten automatische Unterbrecher in Gebrauch gesetzt werden, doch kommen diese Stromunterbrecher der hohen Kosten wegen nicht in Betracht.

Die Telephon- und Telegraphenleitungen besitzen Spulen mit sehr vielen dünnen Windungen und können daher nur sehr geringe Stromstärken dauernd vertragen; die Schreib- und Drucktelegraphen und die gewöhnlichen Wecker nur 0,2 Amp., die Telephone gar nur 0,12 Amp. Die Herstellung eines Schmelzdrahtes für so geringe Stromstärken ist daher mit großen Schwierigkeiten verbunden; ·man erhält sehr feine Drähte und muß, um die Oxydation an der Luft hintanzuhalten, Drähte aus Edelmetallen ziehen. K. Strecker teilt in einem interessanten Aufsatze in der E. Z. 1896, S. 432 nachfolgende Tabelle über die mit dünnen Edelmetalldrähten angestellten Versuche mit.

Schmelzsicherungen aus feinsten Drähten und ähnliche.

Drahtsorte	Durchmesser in mm	Schmelzstrom		Absolute Festigkeit in g	zerstäubt bei	
		in der atmosph. Luft	im Vakuum 12 mm Hg		einer Funkenlänge von mm	aus einem Kondensator von Mf
Iridium	0,05	0,70—0,75	—	—	—	—
Konstantan	0,025	0,35	—	—	—	—
Konstantan	0,03	0,34	0,27	56	0,3	0,086
Silber . . . . . ., . .	0,02	0,37	—	45	0,34	0,086
Gold	0,02	0,37	—	35	0,33	0,086
Nickelin	0,025	0,31	—	—	0,32	0,086
Glühlampenform mit Termotandraht (Gülcher)		0,4—0,5	—	—	—	—
Glühlampenform m. Kohlenfaden (Wahlström)		0,19—0,29	—	—	0,02—0,03	0,094
Silberpapier auf Pappe (Stegmann)		0,10—0,11	—	—	0,75	0,074
Stanniolstreifen frei gespannt (Union) . . .		0,19—0,30	—	—	0,06—0,11	0,094

Diese feinen Drähte haben jedoch eine sehr geringe Festigkeit, so daſs atmosphärische Entladungen, welche die Telegraphenleitungen durchlaufen, dieselben zerschmelzen oder zerstäuben werden.

Diese feinen, aus Edelmetall hergestellten Drähte können daher für Schmelzdrähte praktisch nicht in Betracht kommen. Bedenkt man nun, daſs der Schaden, welcher durch in Telephon- oder Telegraphenapparate gelangende sehr schwache Ströme angerichtet wird, meist nur sehr klein sein kann, so kommt man zu der Überzeugung, daſs es genügt, wenn die Schmelzdrähte so bemessen werden, daſs sie das Einleiten von Stromstärken über 1$^1/_2$ Amp. verhindern. Strecker hat eine Reihe von Versuchen mit Schmelzdrähten von 0,7—1,0 mm Stärke und verschiedenen Legierungen angestellt; die Versuchsergebnisse sind in nachstehender Tabelle zusammengestellt.

Be- zugs- quelle	Material	Durchmesser mm		Schwachstrom Amp.		Funkenlänge bei der Zerstäubung mm	
		a	b	a	b	a	b
A	Manganin . . .	0,07	0,10	1,2	1,7	0,6	1,3
B	Nickelin . . .	0,07	0,10	0,9	1,3	0,8	1,1
	Rheotan . . .	0,07	0,10	0,8	1,2	0,5	1,3
	Extra Prima . .	0,07	0,10	1,1	1,5	0,7	1,1
C	Nickelin . . .	0,07	0,10	1,1	1,6	0,5	1,2
	Patentnickel . .	0,07	0,10	1,3	1,6	0,6	1,2
	Konstantan . .	0,07	0,10	1,0	1,6	0,9	1,5
D	Nickelin I . . .	0,07	0,10	1,0	1,5	1,2	2,0
	Nickelin II . .	0,07	0,10	1,1	1,6	1,2	2,0
	Superior . . .	0,07	0,10	0,8	1,1	1,5	2,0
	Neusilber . . .	0,07	0,10	1,0	1,4	1,0	1,5
	W-Draht . . .	0,07	0,10	1,0	1,5	1,0	2,0
E	Manganin . . .	0,07	0,10	1,2	1,6	0,7	1,0
	Konstantan . .	0,07	0,10	0,9	1,6	0,8	1,0
	Nickelin . . .	—	0,10	—	1,7	—	1,0
	Nickelstahl . .	—	0,10	—	1,1	—	1,0

Nach Strecker vertragen die aus einem verzinnten Kupferleiter von 0,6 mm bestehenden Drähte in den Kabeln der Vielfachumschalter dauernd 12 Ampere, die gewöhnlichen Wachsdrähte nahezu 30 Ampere. Eine Feuersgefahr durch Erhitzen wäre demnach ausgeschlossen bei einer Schmelzsicherung, die bei etwa 10 Ampere wirkt. Tritt jedoch eine solche Stromstärkung in die Bewicklung eines Elektromagneten, so vermag dieselbe eine ganz bedeutende Wirkung hervorzubringen.

Die Rolle eines Morseapparates besitzt 300 Ω Widerstand (bei etwa 250 g Gewicht). Bei 3000 Volt Spannung würde demnach eine Stromstärke von 10 Ampere auftreten können, welche in der Sekunde 7200 g·kal Wärme erzeugen würde. Die Rolle braucht zur Erwärmung um 1⁰ etwa 25 g·kal; es würde daher der Kupferdraht in der Sekunde eine Temperatur von 300⁰ erreichen und die Umspinnung dabei verbrennen.

Bei einer Spannung von 600 Volt (Maximalspannung bei Strafsenbahnen) erhalten wir hingegen nur eine Stromstärke von 2 Ampere, so dafs in der Sekunde 288 g·kal Wärme erzeugt werden, wodurch in einer Sekunde eine Temperatur von nur 12⁰ erreicht wird.

Die heute gebräuchlichen Schmelzsicherungen für Telephon- und Telegraphenleitung werden entweder aus Drähten der in Tabelle II angeführten Materialien oder aus Kruppindrähten, Stanniolstreifen usw. hergestellt. Die Drähte werden in Glasröhrchen oder sonst isolierenden Hülsen eingeschlossen.

Bose verwendet zwei 0,15 mm starke, spiralförmig gewundene Drähte aus Kruppin, die mit Woodschem Metall zusammengelötet sind. Die Lötstelle reifst bei 0,3 A.

Die »Union« bringt einen Stanniolstreifen, welcher in nichtleitendes Material eingeschlossen ist, in den Handel.

Sesemann u. a. spannen den Schmelzdraht in sehr langen Glasröhren aus; durch die grofse Entfernung der Elektroden wird das Zustandekommen eines Lichtbogens verhindert.

2. Vorkehrungen, um die Beeinflussung der von den Starkstromleitungen induzierten Ströme hintanzuhalten.

a) Störungsursachen.

Früher wurde der mangelhafte Kontakt des Stromabnehmers mit dem Fahrdraht als eine Ursache für die Telephonstörungen angesehen. Die Versuche von G. Kapp u. a. haben jedoch bewiesen, dafs dem nicht so ist. Der Kontakt des Stromabnehmers, ob nun dieser durch eine Rolle, einen Bügel oder einen Kontaktschuh vorgenommen wird, ist an den Störungen selbst nicht schuldig; ein Abschleudern des Stromabnehmers vom Fahrdraht und das damit zusammenhängende Funkenziehen ist ohne jeden Einflufs. Auch der Kontakt zwischen den Schienen und den Laufrädern hat mit Telephonstörungen nichts zu tun.

Die Fahrschalter, welche ja gegenwärtig nur mehr mit Blasmagneten zur Ausführung kommen, können knackende Töne — durch das Abreifsen des Funkens — hervorrufen. Diese Töne werden um so schwächer, je mehr Schaltstufen der Fahrschalter besitzt.

Die Hauptquelle der Störungen bilden jedoch die Wagenmotoren. Die von diesen ausgehenden Wechselströme lagern sich über den Betriebsstrom. Der auf diese Weise »pulsierend« gewordene Gleichstrom stört die Telephone und deren Leitungen sowohl durch Induktion, als auch durch unmittelbaren Stromübergang.

Die Induktion ist teils elektrodynamischer, teils elektrostatischer Natur. Im ersten Falle verlaufen die Kraftlinien konzentrisch zum störenden Leiter, im zweiten Falle parallel. Bei langen, parallel zu den Starkstromleitungen gespannten Telephonleitungen wird die elektrostatische Induktion überwiegen.

Der unmittelbare Stromübergang könnte zunächst durch die Isolatoren der Telephon- und der Starkstromleitungen erfolgen; bei nur halbwegs guten Isolatoren ist dieser Stromübergang zu unbedeutend, um in Betracht kommen zu können. Anders hingegen liegt die Sache, wenn die Starkstromleitung und die Telephonleitungen die Erde als Rückleitung benützen. Hier werden stets Erdströme auftreten, welche unmittelbar in den Telephonstromkreis treten und die Telephone beeinflussen — wenn auch deren metallische Leitungen gar nicht mehr den induzierenden Wirkungen der Starkstromleitungen ausgesetzt sein sollten.

Die pulsierenden Ströme, d. h. die Gleichströme mit übergelagerten Wechselströmen, finden infolge der hohen Frequenz der letzteren einen grofsen Widerstand in den eisernen Fahrschienen, welche man ja stets zur Rückleitung der Bahnströme verwendet, und es werden aus dieser Ursache gewissermafsen die Wechselströme aus den Schienen heraus in das Erdreich gedrängt.[1]

Die Ausbreitung dieser Erdströme hängt von der Güte der Schienenrückleitung, der Bodenbeschaffenheit, den Witterungsverhältnissen, dem Grundwasserstand, von benachbarten Rohrleitungen usw. ab. Im allgemeinen sind die Entfernungen, bis zu welchen die Ausbreitung dieser Erdströme für die Telephone noch störend wirken, sehr bedeutende.[2]

Die durch den elektrischen Strafsenbahnbetrieb in den Telephonen auftretenden Störungen bestehen im allgemeinen aus einem Tongemenge, von welchem zwei charakteristische Tonlagen besonders bemerkenswert sind: ein hoher pfeifender, kreischender Ton und ein tiefer brausender oder schnarrender Ton, welche Töne fortwährend wechseln und zu denen

---

[1] Dr. C. Michalke, Die vagabundierenden Ströme elektrischer Bahnen.

[2] Im Observatorium zu Torento wurden nach Eröffnung der elektrischen Bahn, 1892, Störungen an den wissenschaftlichen Instrumenten bis auf $3/_4$ Meilen (1600 m) beobachtet. E. Z. 1898, S. 273. Nach v. Bezold liefsen sich störende Einflüsse auf das Telephon bis 17 km Entfernungen nachweisen (?). E. Z. 1898, S. 315. Vgl. auch E. Z. 1898, S. 287, 378, 677.

sich noch ein in unregelmäfsigen Zeiträumen auftretenden knackender Ton gesellt.

Die tieferen Töne werden durch die Kurzschlüsse an den Bürsten verursacht, besonders deshalb, weil bei den Wagenmotoren, der fortwährend sich ändernden Drehrichtung wegen, die Bürsten in der neutralen Zone sich befinden müssen und nicht, wie bei den Stromerzeugern, der Drehrichtung entsprechend eingestellt werden können.

Die schrilleren Töne werden durch den Einflufs der Ankernuten auf das magnetische Feld, durch die ungerade Zahl der Kollektorlamellen (für die vierpoligen Motoren mit nur zwei Stromabnahmestellen) durch die Reibung der Kohlenbürsten am Kollektor u. dgl. hervorgebracht.

Die knackenden Töne werden durch das Abreifsen der Funken im Fahrschalter erzeugt.

Zum Messen der Stärke dieser verschiedenen Töne bedient man sich keiner Instrumente, sondern man nimmt nur vergleichende Beobachtungen an den den Störungen ausgesetzten Telephonen selbst vor.

b) Vorkehrungen zur Behebung der Störungen.[1]

1. Bezüglich der Konstruktion der Wagenmotoren wäre folgendes zu beachten:

Durch Unterteilung des Schenkeleisens, Verwendung nicht genuteter Anker, gut aufliegender, nicht vibrierender Bürsten u. dgl. könnte vielleicht eine Verminderung des Einflusses der Erdströme auf die Telephone erreicht werden; doch sind die hierdurch erzielten Vorteile so unbedeutend, dafs man auf die modernen, bewährten Konstruktionen der Wagenmotoren mit Kohlenbürsten usw. nicht verzichten wird.

2. Als die wichtigsten Vorkehrungen zur Verminderung der Telephonstörungen können Drosselspulen und Kondensatoren betrachtet werden und zwar kann jede dieser Vorrichtungen für sich allein, als auch beide zusammen in Verwendung kommen. Diese Vorrichtungen müssen in nächster Nähe der Wagenmotoren — also entweder im Motorwagen selbst oder entsprechend verteilt in den Speise- bzw. Arbeitsleitungen — angebracht werden.

Damit die Drosselspulen auch eine genügende Abdrosselung der Wechselströme bewirken, ist es notwendig, dafs für die maximal auftretende und durch die Drosselspulenwindungen gehende Stromstärke das Eisen nicht übersättigt wird. Durch Anbringung von Luftzwischenräumen im Eisen der Drosselspule kann man der Übersättigung mehr

---

[1] Nach Dr. Michalke.

vorbeugen. Die Drosselspule muß eine ziemlich große Windungszahl (900 und mehr) besitzen, um eine genügende Drosselung hervorzubringen. Durch diese große Windungszahl entsteht ein Spannungsverlust von 5—10% und dementsprechend ein ziemlich großer Effekt-
verlust. Als Kondensatoren können für Bahnzwecke nur solche in
Anwendung kommen, welche keiner Flüssigkeit bedürfen, z. B. Kondensatoren aus Papier und Stanniol. Leider lassen sich diese Kondensatoren
nur sehr schwierig herstellen und haben aus diesem Grunde bis jetzt
noch keine ausgedehnte Anwendung gefunden. Die Kondensatoren
müssen in nächster Nähe der Motoren bzw. der Dynamos angebracht
werden, wobei der Kondensator parallel zum gesamten Motorstrom-
kreis geschaltet wird.

Ein Kondensator schwächt hauptsächlich die hohen pfeifenden
Töne, während die Drosselspule die tiefen Töne besser abzuschwächen
vermag. Durch gleichzeitige Anwendung von Drosselspulen und Kondensatoren kann man daher die Telephonstörungen am besten beheben.

Sicherung gegen Stromüberlastung.

Die Arbeitsleitung muß ebenso wie jede andere elektrische
Stromleitung gegen ein zu starkes Anwachsen des Stromes gesichert
werden. Da bei den elektrischen Bahnen sehr starke Stromschwan-
kungen auftreten und die Strommaxima gewöhnlich nur ganz vorüber-
gehend auftreten, so kann man die maximale Beanspruchung höher
nehmen als dies bei sonstigen blanken Luftleitungen üblich ist.
Während bei blanken Luftleitungen von 50 qmm Querschnitt die
Betriebsstromstärke mit 100 Amp., die Abschmelzstromstärke der Sicherung mit 200 Amp. bemessen wird[1]), kann man dieselbe bei Bahnleitungen ganz unschädlich mit 300 Amp. ansetzen und demnach die
Schmelzsicherungen in den Speiseleitungen bemessen. Für die Schmelzsicherungen kommen Bleistreifen, Zinkstreifen, Kupferdrähte, Aluminiumdrähte etc. in Anwendung. Zweckmäßig ist auch hier die
Anwendung von Schmelzsicherungen mit magnetischer Funkenlöschung
oder von Röhrensicherungen.

Statt der Schmelzsicherungen bringt man meist automatische
Starkstromausschalter auf dem Schaltbrett der Zentrale an und öfters
außer den automatischen Ausschaltern noch Sicherungen, welche
dann für etwas größere Stromstärken als die Automaten berechnet
werden.

---

[1]) Vgl. Sicherheitsvorschriften für elektrische Anlagen des Verbandes
deutscher Elektrotechniker, 1898—1900.

Sicherungen gegen Drahtbrüche.

Tritt bei der Oberleitung einer elektrischen Bahn ein Bruch des Fahrdrahtes ein, so werden die Drahtenden auf die Strafse fallen und einen Kurzschlufs zwischen Fahrdraht und Schienenrückleitung herstellen, wodurch starke Feuererscheinungen auftreten können, bis dafs der in der Kraftzentrale angebrachte automatische Ausschalter oder eine Schmelzsicherung in Wirksamkeit tritt und die betreffende Strecke ausschaltet. Die herabfallenden oder auch herabhängenden Enden des Fahrdrahtes können jedoch auch für Menschen gefährlich und für Tiere manchmal tödlich werden.

Es sind verschiedene Konstruktionen erdacht worden, um die durch Drahtbruch entstehenden, nicht immer ungefährlichen Wirkungen unschädlich zu machen. Siehe z. B. Fig. 184.

Alle bis jetzt angewandten Methoden, ein selbsttätiges Ausschalten des Drahtes durch sein Eigengewicht beim Herabfallen herbeizuführen, haben eine Menge Übelstände; sie bedingen zunächst ein Zerschneiden des Fahrdrahtes an allen Aufhängestellen und ein Einbinden in den entsprechenden Konstruktionsteilen, wodurch eine Menge von Fehlerquellen entstehen können und ein noch viel häufigeres Reifsen des Drahtes bedingt wäre; sie verunstalten ferner die Leitung ganz bedeutend und geben beim Passieren des Stromabnehmers vielfach zur Funkenbildung Veranlassung. Dafs durch den Einbau dieser selbsttätigen Streckenabschalter die Oberleitungsanlage erheblich verteuert und auch die Isolationsstücke noch weiter vermehrt werden, soll nur nebenbei erwähnt werden.

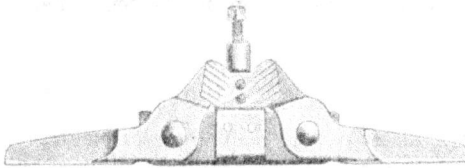

Fig. 184.

Eine andere Sicherheitsvorrichtung besteht darin, dafs man eine Hilfsleitung und einen Ruhestrom-Elektromagnet in Anwendung bringt, welcher beim Reifsen des Fahrdrahtes oder der mit ihr hintereinander geschalteten Hilfsleitung den Fahrdraht von der Stromquelle abtrennt. Selbstredend würde durch derartige Vorrichtungen die Oberleitungsanlage kompliziert und teurer werden.

Die beste Sicherheit gegen Drahtbruch gewährt eine sachgemäfse Ausführung der Oberleitungsanlage und die Verwendung von auf Festigkeit geprüften Materialien.

Durch Nachspannen der Arbeitsleitungen im Sommer und Nachlassen der Arbeitsleitung im Winter kann die Sicherheit der Leitungsanlage ebenfalls erhöht werden, doch werden hierbei besondere in die Arbeitsleitung eingebaute Spannvorrichtungen bedingt (vgl. S. 42).

VIII. Abschnitt.

Instandhaltung der Oberleitungen. — Prüfung der Leitungsnetze im Betriebe. —
Schienenstofsprüfapparate.

Instandhaltung der Oberleitungen.

Der Instandhaltung der Oberleitung mufs sowohl aus Betriebs-
rücksichten als auch hauptsächlich aus Rücksichten für die öffent-
liche Sicherheit ein ganz besonderes Augenmerk geschenkt werden.
Eine periodenweise vorzunehmende Untersuchung des gesamten Trage-
werks der Oberleitung ist daher unerläfslich. Diese Arbeit hat sich
zu erstrecken:

1. Auf die Untersuchung der Wandhaken oder Wandplatten, besonders derjenigen Haken oder Platten, welche an altem Ge-
   mäuer angebracht wurden oder starke Kurvenzüge aufnehmen und
   bei eintretender Kälte überlastet werden können. Bei Tauwetter
   kann ein Sprengen des Mauerwerks durch das in die Fugen
   der Bohrlöcher eingedrungene und gefrorene Wasser eintreten.

2. Auf die Untersuchung der Maste, auf Fäulnis bei Holzmasten,
   auf Rostbildung bei Rohr- oder Gittermasten.

3. Auf die Untersuchung der Quer- und Spanndrähte. Es sind besonders die Drahtbunde zu untersuchen und dieselben zur Vermeidung von Rostbildung mit Asphaltlack u. dgl. zu streichen.
   Im Laufe der Zeit kann ein Durchscheuern der Drahtösen eintreten.

4. Auf die Untersuchung aller Spannvorrichtungen, Aufhängungen,
   Isolatoren usw. Die Gewinde der Spannvorrichtungen sind von
   Zeit zu Zeit einzufetten, die Klemmschrauben nachzuziehen, die
   Isolationsteile zu reinigen. Alle Eisenteile sind des Rostens wegen
   zu streichen oder einzufetten.

5. Auf die Untersuchung des Fahrdrahtes selbst. Diese Untersuchung
   ist hauptsächlich notwendig
   a) an allen Lötstellen,
   b) an allen Stoſsstellen,
   c) überhaupt an allen Punkten, wo infolge von Steigungen,
      Anfahrstellen u. dgl. ein groſser Stromverbrauch auftritt
      oder auch ein stärkeres Feuern des Stromabnehmers beim
      Passieren der fraglichen Stelle beobachtet wird. Vgl. auch
      S. 41.
6. Auf die Untersuchung der Schienenverbindungen. Beim Befahren
   der Geleise findet ein Durchfedern der Schienenstöſse statt, wodurch der Kontakt der Schienenverbindungen mit den Schienen
   gelockert werden oder auch ein Abbrechen der Verbindung selbst
   erfolgen kann.
7. Auf die Untersuchung der Blitzschutzvorrichtungen, Telephon-
   schutzvorrichtungen u. dgl. Bei den Blitzschutzvorrichtungen
   sind die Funkenstrecken zu besichtigen und die Elektroden zu
   reinigen. Besondere Sorgfalt ist ferner allen Kontaktstellen und
   den Erdverbindungen zu widmen. Die sog. Telephonschutzleisten
   sind in bezug auf ihre Isolierfähigkeit zu prüfen. Bei geerdeten
   Schutzdrähten ist die Erdung zu untersuchen.

Über die etwa alle vier Monate[1]) vorzunehmende Prüfung des
gesamten Leitungsnetzes in bezug auf Erhaltung der Isolation gibt
nachfolgendes Kapitel näheren Aufschluſs.

Zur guten Erhaltung des Fahrdrahtes, der Fahrdrahtklemmen
oder Fahrdrahtösen ist eine sorgfältige Erhaltung der Stromabnehmer
notwendig. Es müssen also abgenützte Rollen oder Bügel ausgetauscht,
die Schmierung erneuert werden usw. Sehr wichtig ist ein gleich-
mäſsiges Andrücken der Stromabnehmer gegen die Fahrdrahtleitung.
Die Rolle soll mit 5—8 kg, der Bügel nur mit 3—4 kg gegen den
Fahrdraht gedrückt werden. Die Rollenlager sind zu schmieren, der
Bügel mit konsistentem Fett zu füllen. Beim Bügelsystem pflegt man
auch die Fahrdrahtleitung selbst zu schmieren. Dieses Schmieren, Einfetten der Fahrdrahtleitung hat auch noch den Vorteil, daſs bei eintretender Kälte dem Vereisen der Leitung entgegengearbeitet wird.

Die elektrischen Bahnen sind noch zu jung, um über die Dauer
der einzelnen Bestandteile der Oberleitungen sichere Erfahrungsdaten
mitteilen zu können.

Über die Dauer der Holzmaste liegen Erfahrungen aus der Tele-
graphentechnik vor. Vgl. Abschnitt II. Die eisernen bzw. stählernen

---

[1]) Nach den Sicherheitsvorschriften in mindestens halbjährigen Zwischenräumen.

Maste werden im Laufe der Zeit durchrosten und hängt daher die Dauer der Maste hauptsächlich auch von der Erhaltung des Anstriches ab.

Die Quer- und Spanndrähte weisen eine Dauer von mindestens zehn Jahren auf; doch können sie z. B. in der Nähe von chemischen Fabriken schon nach Jahren auswechslungsbedürftig werden.[1]

Die Fahrdrähte aus Hartkupfer oder Bronze sind der natürlichen Abnützung durch den rollenden oder gleitenden Kontakt und der dabei erzeugten Funkenbildung unterworfen. Die Dauer des Drahtes hängt wesentlich von der wirklichen Inanspruchnahme, von der Art der Verspannung, der Anpressung der Stromabnehmer gegen den Fahrdraht usw. ab.

Die Benützungsdauer eines richtig verspannten und sorgfältig unterhaltenen Fahrdrahtes kann man selbst bei der stärksten Inanspruchnahme mit mindestens acht Jahren annehmen. Bei Strecken, die wenig befahren werden, kann selbstredend diese Dauer auch das Dreifache und mehr erreichen.

Von wesentlichem Einflusse auf die Haltbarkeit und Dauer des gesamten Tragwerks der Oberleitungen überhaupt ist der Zustand des Geleises bzw. die Erhaltung des Oberbaues. Bei schlechtem Geleise ist ein starkes Schaukeln der Motorwagen unvermeidlich; es tritt ein Schleudern der Stromabnehmer und hierdurch wiederum ein starkes Vibrieren des Tragwerks auf. Die Folge hiervon ist eine gröfsere Beanspruchung des Tragwerks, insbesondere eine stärkere Abnützung der Fahrdrähte, ein Ausscheuern der Drahtschlingen usw.

In weit gröfserem Mafse beeinflufst der Zustand und die Erhaltung des Geleises die Haltbarkeit und Dauer der elektrischen Schienenverbindungen. Jede Durchfederung des Schienenstofses beansprucht die Schienenverbindungen. Je länger und je biegsamer daher dieselben hergestellt werden, desto längere Dauer werden sie aufweisen. Zu beachten ist jedoch, dafs die aus Kupferseilen gebildeten Schienenverbindungen mehr der Grünspanbildung unterworfen sind als solche, die aus einem Stück Draht bestehen.

Sehr verschieden ist die Dauer der für die Isolierung des Fahrdrahtes von den Quer- und Spanndrähten sowie dieser Drähte von Erde verwendeten Materialien. Viele der angepriesenen Isoliermaterialien sind nicht witterungsbeständig und müssen schon nach einigen Jahren erneuert werden. Sehr witterungsbeständig, doch leider zerbrechlich sind Porzellan und Glas. Vorzüglich haltbar ist der sog. Eisengummi, weniger Ambroin, Stabilit u. dgl.

---

[1] Vgl. Jos. V. Drescher. Leitungsbrüche bei elektrischen Bahnen und deren Ursachen. Z. f. E. 1900, S. 289.

Die zur Verhütung von Berührungen gerissener Schwachstromdrähte mit den stromführenden Fahrdrähten sehr häufig angewandten
Schutzleisten aus Holz weisen je nach der Holzgattung, der Teerung
oder Imprägnierung eine genügende Isolierung 4—10 Jahre lang auf.
Die Befestigung der Schutzleisten an den Fahrdrähten leidet sehr
durch das fortwährende Fibrieren des Fahrdrahtes beim Befahren.

Bei den Streckenunterbrechern werden die Schleifhölzer abgenützt
und müssen innerhalb 3—5 Jahren ausgewechselt werden. Die Strecken-
unterbrecher bilden überhaupt die wunden Punkte einer elektrischen
Oberleitung.

Ganz selbstverständlich leiden auch alle gummiisolierten Kabel
durch den Einfluſs der Witterung.

Der Einfluſs des Klimas und der Witterungsverhältnisse auf die
Erhaltung der Bestandteile der elektrischen Oberleitungen darf nicht
unterschätzt werden.

Prüfung der Leitungsnetze für Straßenbahnen im Betriebe.

An den im Betriebe befindlichen Leitungsnetzen für Straſsenbahnen müssen zur Sicherung des Betriebes in regelmäſsigen Zeit-
abschnitten Messungen vorgenommen werden.[1]) Diese systematisch
durchzuführenden Messungen haben sich zu erstrecken:

1. auf die Erhaltung der Isolation der Speise- und Arbeitsleitungen.
2. auf die Aufrechterhaltung eines möglichst kleinen Widerstandes
   sowohl der Stromzuführungsleitungen als auch vor allem der
   Schienenrückleitungen.

Fehler, deren Entstehungsursache auf mangelhafte Isolation
zurückzuführen ist, sind anfangs von geringer Bedeutung, entwickeln
sich jedoch nach und nach zu immer gröſseren Fehlern, bis schlieſslich — bei eintretendem Kurzschluſs — Störungen im Betriebe auftreten und Reparaturen unvermeidlich werden.

Ein groſser Leitungswiderstand in den Stromzuführungsleitungen
bedingt groſsen Energieaufwand in der Zentrale, verteuert demnach
die Betriebskosten. Besitzt jedoch die Rückleitung einen hohen Widerstand, dann treten an den verschiedenen Erdanschluſsstellen hohe
Potential-Differenzen auf, welche hauptsächlich elektrolytische Wirkungen an Rohrleitungen und Kabeln aller Art zur Folge haben.

Für die oben genannten Überprüfungen der Leitungsnetze eignen
sich besonders die von Kallmann (E. Z. 1893 S. 545, 724),
Frank B. Porter (Electrical World 1897, S. 61) und Albert B.
Herrick (Str. R. J. 1898, S. 775) angegebenen Meſsmethoden. Die

[1]) Vgl. auch die Vorschriften des Verbandes Deutscher Elektrotechniker
für Bahnanlagen 1904.

von Porter und Herrick angegebenen Mefsmethoden sind ganz besonders dem Betriebe angepafst und eignen sich zur Kontrolle und Überprüfung der Leitungsnetze, während die Kallmannsche Methode für genaue Messungen am Platze ist.[1])

1. Isolationsmessungen.

Die Prüfung der Isolation der Stromzuführungsleitungen ist verhältnismäfsig einfach, weil das Strafsenbahnnetz meist ein offenes ist oder wenigstens leicht in offene Zweige geteilt werden kann.

Für die Isolationsmessungen der Speiseleitungen kann in einfacher Weise die in Fig. 185 angedeutete Schaltung verwendet werden. Es bedeutet dabei A die Verteilungsschiene des Schaltbrettes; 1, 2, 3, 4 die Speiseleitungskabel; B den Schalter zum Abtrennen der einzelnen Speisekabel; C einen Ausschalter, S einen Umschalter; V ein Voltmeter mit Skala bis 600 Volt.

Bedeutet nun V die Spannung zwischen den Sammelschienen (z. B. $V = 500$ Volt); V' die Spannung zwischen der Sammelschiene A und der Erde bei Hintereinanderschaltung des Speisekabels 1 und des Zuführungskabels (z. B. $V' = 50$ Volt);

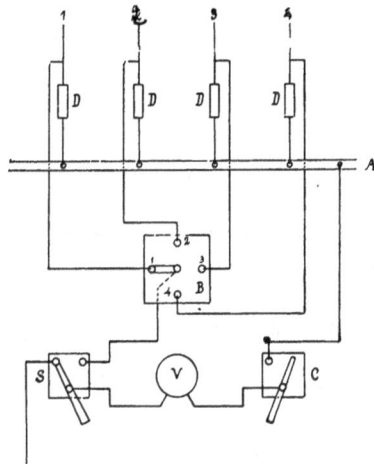

Fig. 185.

R den Widerstand des Voltmeters (z. B. $R = 70\,000\ \Omega$), dann erhält man den Isolationswiderstand $= R\left(\dfrac{V}{V'} - 1\right) = \left(\dfrac{500}{50} - 1\right) \cdot 70\,000$ $= 630\,000\ \Omega$.[2])

[1]) Vgl. auch: Über Messungen der elektrischen Ströme in den städtischen Rohrleitungen von Sigwald Krohn E. Z. 1901, S. 269.

[2]) Der Stromkreis »+« Pol — Voltmeter — Kabel — Isolationswiderstand — Erde — »—« Pol ergibt (Fig. 186):

$V = J\,(R + R')$, wenn

    $V =$ Spannungsdifferenz zwischen den Sammelschienen ($+$ u. $-$),

    $R =$ Widerstand des Voltmeters,

    $R' =$ Isolationswiderstand,

    $J =$ Strom,

$V' = J \cdot R$, wenn

    $V' =$ Spannung zwischen $+$ und Erde.

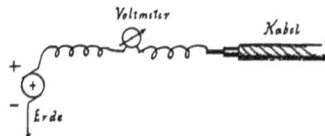

Fig. 186.

Aus beiden Gleichungen folgt $R' = R\left(\dfrac{V}{V'} - 1\right)$.

Diese Messungen müssen während der Nacht, wenn keine Wagen auf der Strecke fahren, vorgenommen werden. Man muſs dabei darauf achten, daſs keine Glühlampen angeschlossen bleiben, da sonst die Meſsresultate unrichtig würden. Kann man die zu prüfende Leitung in bequemer Weise in Abschnitte zerlegen, so ist es nicht schwer, die schadhafte Stelle der Lei-

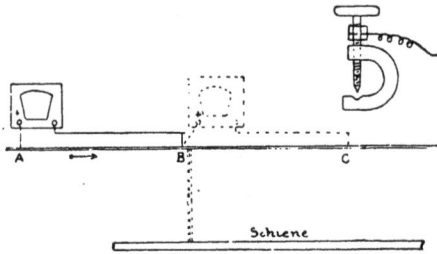

Fig. 187.

tung aufzufinden. Kann man jedoch die Leitung nicht in einzelne Teile zerlegen, so wendet man eine andere Meſsmethode (Fig. 187) an, wobei man jedoch mit den Meſsinstrumenten stets wandern muſs.

Bei dieser Methode sendet man durch die von der + Sammelschiene abgetrennte, fehlerhafte Speiseleitung den Strom einer besonderen Dynamo oder einer Akkumulatorenbatterie und miſst zwischen zwei etwa 100 m voneinander entfernten Punkten A und B, B und C (Fig. 187) den Spannungsverlust mittels eines Millivoltmeters. Sobald man beim wandernden Messen die Stelle des Erdschlusses passiert, wird das Voltmeter keinen oder einen nur sehr geringen Ausschlag zeigen. Sind gut isolierte, aber schlecht ausgeführte Lötstellen vorhanden, so erhöht sich der Ausschlag.

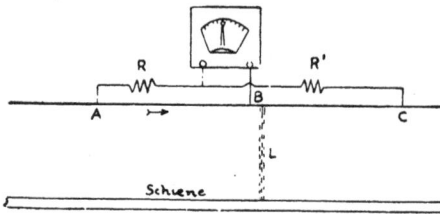

Fig. 188.

Ist keine passende Stromquelle vorhanden, so schlägt Porter vor, ein Millivoltmeter in Differentialschaltung zu verwenden, dessen Nullpunkt in der Mitte der Skala liegt. Fig. 188 zeigt die Schaltung. Für gewöhnlich ergibt sich kein Ausschlag; beim Passieren des Erdschlusses erhält man jedoch einen einseitigen Ausschlag, weil das Potential des an Erde liegenden Abschnittes der Strecke niedriger als normal ist. R und R' sind dabei zwei gleich groſse Hilfswiderstände. Liegt der Schluſs z. B. zwischen B und C, so wird das Voltmeter nach links ausschlagen, weil der von B nach C flieſsende Strom kleiner ist, als der von A nach B gehende.

In »Industrie Electrique« vom 25. März 1904 gibt L. Pillier eine Methode zur Messung des Isolationswiderstandes während des Betriebes an. Diese Methode, zunächst für elektrische Bahnen mit Stromführung durch dritte Schiene, kann auch für elektrische Bahnen mit Oberleitung angewendet werden und deckt sich teilweise mit der von Porter angegebenen Methode. Bedeutet E den Ausschlag des Voltmeters beim Messen der Spannung zwischen Fahrdraht und Fahrschiene, D und d die entsprechenden Ausschläge beim Messen der Spannung zwischen Fahrdraht und Querdraht bzw. zwischen Querdraht und Fahrschiene; bedeutet ferner G den Widerstand des Voltmeters, R den Widerstand des Aufhängeisolators, r den Widerstand des Spannisolators, dann erhalten wir die Spannung zwischen Fahrdraht

und Querdraht: $e_R = K \cdot D = K \cdot E \dfrac{\frac{G\,R}{G+R}}{\frac{G \cdot R}{G+R}+r}$ und zwischen Querdraht und

und Fahrschiene: $e_r = K \cdot d = K \cdot E \dfrac{\frac{G\,r}{G+r}}{\frac{G \cdot r}{G+r}+R}.$

Aus diesen beiden Gleichungen folgt

$$r = G\,\frac{E-(D+d)}{D} \quad \text{und} \quad R = G\,\frac{E-(D+d)}{d} \quad \text{oder}$$

$$r = G\left(\frac{E-d}{D}-1\right) \quad \text{und} \quad R = G\left(\frac{E-D}{d}-1\right).$$

Die Differenz der beiden Ablesungen $E-d$ bzw. $E-D$ kann man leicht im Kopfe ausführen; mit Hilfe einer geeignet eingerichteten Tabelle kann man unmittelbar den Isolationswiderstand r bzw. R als Funktion der Differenz $E-d$ bzw. $E-D$ der beiden ersten Ablesungen und der dritten Ablesung D bzw. d bestimmen.

Will man den Gesamtwiderstand der Speiseleitung, des Fahrdrahtes und der Schienenrückleitung messen, so bringt man auf einem Wagen (Fig. 189) ein (aperiodisches) Ampèremeter, ein Voltmeter und einen Widerstand mit zwei Ausschaltern H und B unter und fährt mit diesem Wagen an das Ende der zu untersuchenden Linie, wobei sonst kein Strom in derselben verbraucht werden darf. Schliefst man B, so erhält man

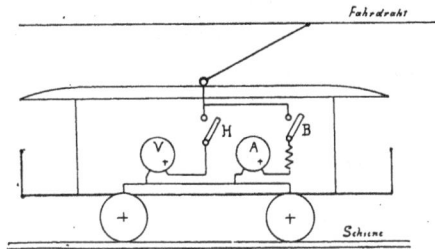

Fig. 189.

die Spannung der unbelasteten Leitung E (z. B. = 500), schliefst man H und stellt auf einen Strom J (z. B. = 250) ein, so wird die Ablesung für V kleiner, e (z. B. = 355 Volt). Öffnet man B, so erhält man E' (z. B. = 510 Volt), dann ist der gesuchte Widerstand der Linie =

$$R = \frac{\frac{E+E'}{2}-e}{J} = \frac{\frac{500+510}{2}-355}{250} = 0{,}6\,\Omega.$$

11*

Wird der Widerstand zu hoch, so müssen die einzelnen Teile desselben untersucht werden, wozu Porter eine Hilfsleitung verwendet. Diese Hilfsleitung geht von dem »+«-Leiter aus, wenn es sich um die Kontrolle des Fahrdrahtes handelt, vom »—«-Leiter, wenn die Schienenrückleitung unter-

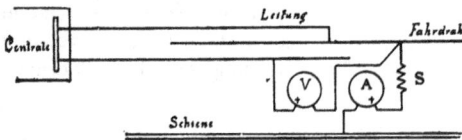

Fig. 190.

sucht werden soll. In beiden Fällen werden wieder ein Amperemeter A, ein Voltmeter V und ein Hilfs-widerstand S verwendet. Die Figuren 190 und 191 zeigen die Schaltung.

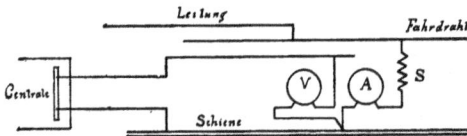

Fig. 191.

Auf diese Weise kann man auch die Übergangs-widerstände an den Stofs-verbindungen der Fahr-schienen annähernd be-stimmen. Porter verwendet jedoch hierfür — des bequemen Absuchens wegen — zwei durch isolierte Zughaken verbundene Wagen (Fig. 192), von welchen der eine mit Strom beschickt wird, während der zweite nur zum Anschlusse des Voltmeters V dient. Selbstverständlich müssen bei dieser Methode die Geleise rein geputzt sein, da sonst eine Wider-

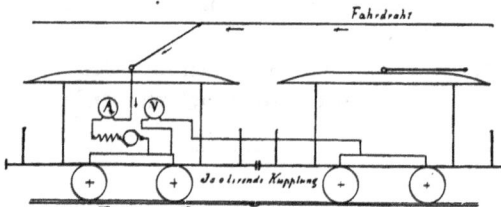

Fig. 192.

standserhöhung durch den zwischen Rädern und Schienen befind-lichen Schmutz eintreten würde.

Tritt am ober-irdischen Tragwerk einer elektrischen Bahn ein Isolationsfehler auf, so wird derselbe entweder in den mangelhaften Isolationen des Fahr-drahtes von den Quer- und Spanndrähten oder in den fehlerhaften Isolationen der Quer- und Spanndrähte von den Stützpunkten — den Masten oder Wandrosetten — liegen. Liegt der Fehler in der erst-genannten Isolation, so wird das mit dem einen Pol an Erde, mit dem andern Pol an den Spanndraht angelegte Voltmeter V (vgl. Fig. 193) Spannung anzeigen. Zeigt ein mit dem »+« Pol an den Arbeits-draht, mit dem »—« Pol an den Quer- oder Spanndraht angelegtes Voltmeter Spannung an, so muß die Isolation des Quer- oder Spann-drahtes von den Stützpunkten fehlerhaft sein. Diese letztgenannten Isolationsmessungen sind auch recht einfach und können während des Betriebes vorgenommen werden.

Bei Annahme eines Leitungswiderstandes (W) pro km Geleis, eines Übergangswiderstandes (w) zwischen Schienen und Rohrleitungen, unter Zugrundelegung einer bestimmten Verkehrsdichte (d. h. Anzahl Motorwagen pro 1 km Doppelgeleis), läfst sich die Erdstromstärke i nach Dr. Michalke[1] für einen Punkt des Geleises, welcher l km vom Anfang entfernt liegt, nach der Formel

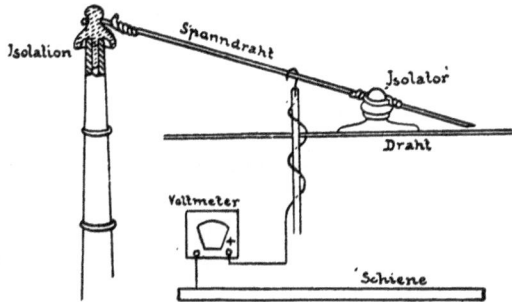

Fig. 193.

$$i = \frac{J\,(L-l)\cdot l}{2} \cdot \frac{W}{w}$$

berechnen.

Hierbei bedeutet J die Belastung am Ende der L km langen »freitragenden« Strecke.

Das Maximum des Erdstromes herrscht in der Mitte der Strecke, im Abstande $l = \frac{1}{2}\,L$, angenähert

$$i_{max} = \frac{J \cdot L^2}{8} \cdot \frac{W}{w}.$$

Mit Hilfe dieser beiden Formeln kann man den Erdstrom für jeden Punkt einer Stromschleife berechnen. Man trägt die Kurve graphisch für jeden Wagen auf und addiert die Ordinaten, um den Gesamterdstrom j_1 bzw. j_2 (Fig. 194) an einem Punkte H zu ermitteln.

Wird eine Schienenstrecke von zwei Seiten aus gespeist, so erhält man zwei Erdstromkurven. (Fig. 195.)

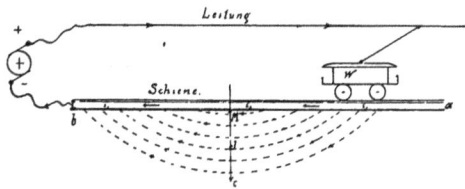

Fig. 194.

Um nun die Gröfse der Erdströme ermitteln zu können, ist es zunächst notwendig, die Widerstände W und w in genauer Weise messen zu können. Dies erreicht man in nachstehend beschriebener Weise:

2. Messung des Leitungswiderstandes der Geleise.

Man läfst (nach Kallmann)[2] den Strom einer besonderen Stromquelle, z. B. einiger Akkumulatorzellen, die zu messende Geleisstrecke auf einer ganz bestimmten Länge durchfliefsen, welche Geleisstrecke

---

[1] E. Z. 1895 S. 421.
[2] E. Z. 1899 S. 163.

durch Loslösung der Laschen und elektrischen Kupferverbindungen
von dem Geleisnetze ganz abgetrennt wird. In Fig. 196 stellt 1—4
diese Geleisstrecke von z. B. 800 m Länge dar. Diese Geleisstrecke
wird in der Mitte wiederum durch Lösen der Laschen und Verbindungen

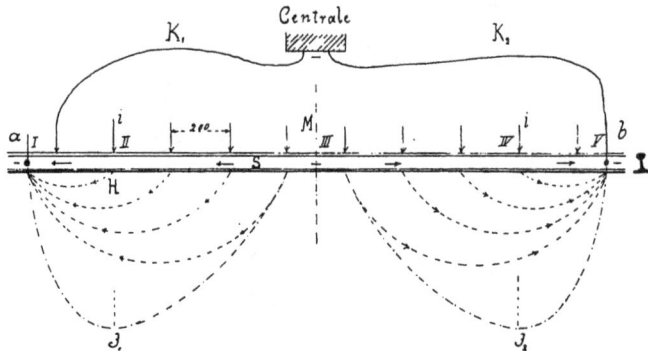

Fig. 195.

nochmals getrennt bzw. halbiert, so daſs man zwei nahezu gleich groſse
Meſsstrecken erhält. Wird nun der Strom der Akkumulatorenzellen
(von etwa 100 Ampere) unter Benützung eines Amperemeters A_1 und
eines Regulierwiderstandes W durch isolierte Kabel den getrennten
Geleisstrecken zugeführt — wobei die vier Schienenenden einer jeden

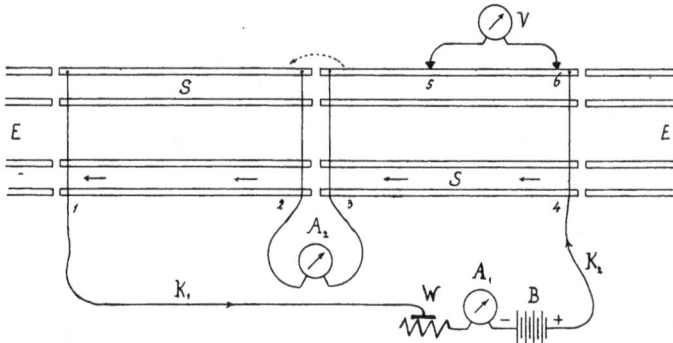

Fig. 196.

Strecke untereinander noch verbunden sind — und schaltet man
in die mittlere Trennungsstelle ein Amperemeter A_2, so wird der
konstant gehaltene Meſsstrom (von z. B. 100 Ampere) einen Spannungsabfall auf dem Wege von 1 nach 4 hervorbringen. Durch Ver-
gleichung der Amperemeter A_1 und A_2 kann man ersehen, ob der
volle Meſsstrom durch die Schienen flieſst, oder ob ein Teil des Stromes
aus den Schienen heraus in das Erdreich gedrängt wird. Die Differenz

in den Amperemeter-Ablesungen gibt die Stärke des Erdstromes, also des vagabondierenden Stromes an.

Den Spannungsabfall im Geleise mifst man, wie bereits vorher erwähnt, mittels eines Millivoltmeters V, welches man in bestimmten Abständen (z. B. von 3 zu 3 Schienenlängen) anlegt, wobei der Kontakt mittels Stahlspitzen bewirkt wird. Im Falle man mittels der Stahlspitzen keinen genügenden Kontakt erhalten sollte, mache man die Schienen mittels Feile u. dgl. etwas blank und amalgamiere die Kontaktstellen. Um die Verteilung des Stromes auf die vier parallelen Schienenstränge zu finden, mufs man dann die oben erwähnte Messung in jedem Geleisstrang noch besonders vornehmen.

Bei diesen Messungen werden die Stofsverbindungswiderstände mit den Schienenwiderständen mitgemessen. Eine fehlerhafte Stofsverbindung macht sich durch einen gröfseren Ausschlag des Voltmeters bemerkbar. Zu beachten sind dabei die Verbindungen der Schienenstränge und Geleise untereinander, sei es durch Quer- und Geleisverbindungen oder durch Weichen und Kreuzungen.

3. Messung des Übergangswiderstandes.

Bedeutend schwieriger als die Messung des Leitungswiderstandes der Schienen ist die Messung des sog. Übergangswiderstandes von den Schienengeleisen zur Erde. Auch hierfür hat Kallmann[1]) eine verhältnismäfsig einfache Mefsmethode angegeben, die auf dem Differentialprinzip beruht. Da im praktischen Betriebe eine Trennung der Schienengeleise nicht durchführbar ist, demnach also die Einschaltung eines Amperemeters (wie bei Fig. 196) in die Schienenstränge nicht möglich ist, so hat Kallmann eine Art Nebenschlufsmethode ausgebildet, bei welcher bestimmte Schienenstrecken als Nebenschlufs (d. h. Hauptstromabzweigungswiderstand) dienen. Die Differenz der Stromstärke an einer Stelle des Geleises gegenüber der an einer andern Stelle herrschenden Stromstärke gibt absolut das Mafs des aus den Schienen entwichenen Stromes an, unter der Voraussetzung, dafs im übrigen zwischen den beiden Kontrollstrecken ein Stromverbrauch nicht stattfindet. Findet ein Stromverbrauch statt, dann würde sich zu dem entwichenen Strom noch ein weiterer Strom (z. B. der Stromverbrauch des Wagens) hinzugesellen. In den Fig. 197 und 198 ist das Prinzip der Differentialmethode dargestellt.

In Fig. 197 dient ein Differentialgalvanometer G zur Messung der Stromstärkendifferenz $i_1 - i_\text{I}$, welche in der Mefsstrecke 1—2 gegenüber der Mefsstrecke 3—4 herrscht, indem unter Zwischenschaltung

---

¹) E. Z. 1899 S. 168.

geeigneter Widerstände ϱ die beiden Wicklungen 5, 6 und 7, 8 des Galvanometers an die beiden Meſsstrecken angelegt sind.

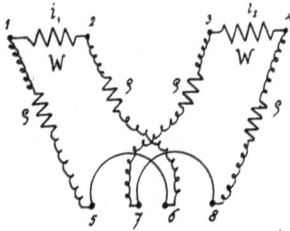 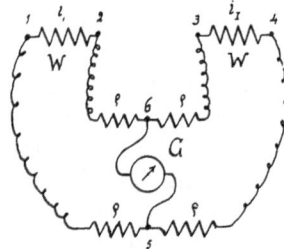

Fig. 197.   Fig. 198.

Bei der Doppelbrückenschaltung Fig. 198 ist man bei Ungleichheit der beiden Hauptwiderstände $W\,W$, aber Gleichheit des Stromes in beiden, in der Lage, durch Abgleichung der Abzweigwiderstände ϱ den Ausschlag des Instrumentes G auf 0 zu bringen. Entsteht jedoch trotzdem ein Ausschlag der Nadel des Instrumentes G, so muſs eine Ungleichheit der Stromstärke in 1—2 gegenüber 3—4 auftreten, was natürlich nur dann der Fall sein wird, wenn auf der Strecke 2—3 eine Stromentweichung bzw. Stromentnahme stattfindet. Fig. 199 zeigt diesen Fall auf das Schienengeleise einer elektrischen Bahn übertragen. Der sonst übliche Meſswiderstand wird durch ein Stück Geleise ersetzt.

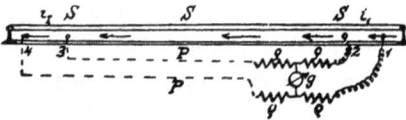

Fig. 199.

Das Instrument zeigt bei entsprechender Voreichung direkt den auf der Strecke 2—3 der Geleise ausgetretenen und daher vagabondierenden Strom $(i_1—i_1]$ an, vorausgesetzt, daſs während des Messens kein Wagen die Strecke 2—3 befährt. Würde ein Wagen diese Strecke befahren, dann würde das Instrument G auch den Stromverbrauch des Wagens mitanzeigen.

Die Fig. 200 und 201 zeigen die Schaltungen für die in der Praxis am häufigsten vorkommenden Fälle. Zur Vereinfachung der Messung läſst man (bei einseitiger Schienenableitung Fig. 200) einen Widerstand R einen Strom A konsumieren, welcher die Strecke 12—3 durchflieſst, während auf dieser Strecke ein sonstiger Stromverbrauch nicht stattfinden darf.

Der Differential-Meſsapparat M — bestehend aus einer fertig justierten Doppelbrücke Fig. 200 — wird durch die Prüfdrähte 15, 16 und 17, 18 an die beiden Kontrollstrecken 5, 6 und 9, 10 angelegt. Der Ausschlag des Millivoltmeters gibt direkt den maximal entwichenen Erdstrom an. Das gleiche Resultat wird man erhalten, wenn man die Mefsstrecken 9, 10 und 13, 14 an das Instrument anlegt.

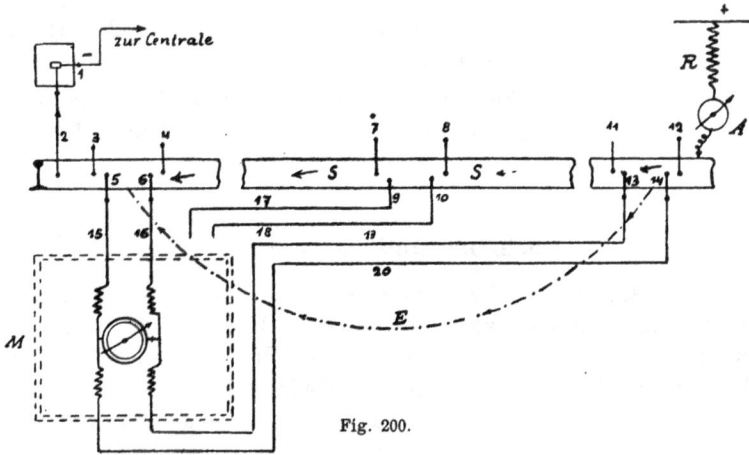

Fig. 200.

Ist z. B. die Stromstärke bei $A = 45$ Ampère, der Widerstand $R = 12\ \Omega$, die Geleislänge 3—12 (Ausläufer) $= 2$ km; der Leitungswiderstand pro km Doppelgeleis $= 1/150\ \Omega$, der Übergangswiderstand $= 15\ \Omega$, dann beträgt die maximale Stromentweichung an der Mitte der Strecke 5—6, also in 1 km Abstand von Pt 3.

$$i_{max} = J \cdot \frac{L^2}{8} \cdot \frac{W}{w} = \frac{45 \cdot 2^2}{8} \cdot \frac{1/150}{1/15} = 2{,}25 \text{ Ampere.}$$

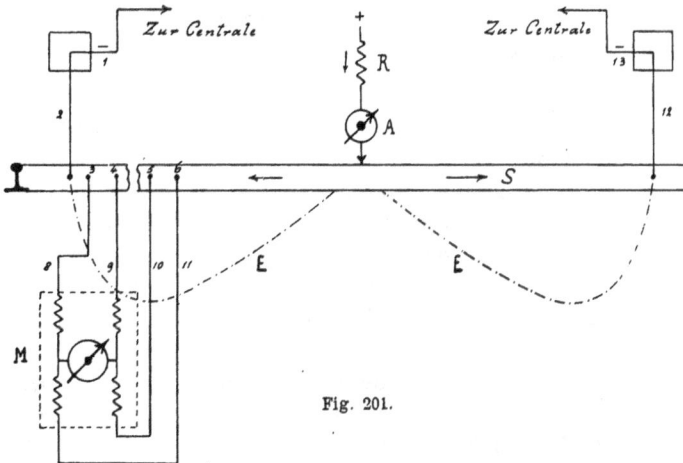

Fig. 201.

Bei doppelseitig gespeisten Schienenstrecken (Fig. 201) schickt man durch den in der Mitte der Strecke 2—12 angebrachten Widerstand R

einen Strom i von z. B. 100 Ampere, welcher Strom sich dann gleichmäfsig nach den beiden Speisepunkten 1 und 13 der Schienen strecke teilen wird.

Die durch Messung erhaltenen Daten werden durch Rechnung auf die Stromstärken des normalen Betriebes übertragen.

Als Kontrollstrecken eignen sich am besten die unverzweigten geraden Strecken. Im übrigen sei auf den lehrreichen Aufsatz von Dr. Kallmann in der E. Z. 1899 S. 170 verwiesen.

Schienenstoßprüfapparate.

Die elektrischen Schienenverbindungen der im Betriebe stehenden Geleise sind beim Befahren der Geleise starken Erschütterungen aus gesetzt, sie werden daher besonders an den Kontaktstellen leicht schadhaft werden. Um nun diese schadhaft gewordenen Schienen verbindungen bequem auffinden zu können, bedient man sich beson derer Schienenstofsprüfapparate, welche auf Grund der vorher be schriebenen Mefsmethoden aufgebaut sind. Als Stromquelle dient meist der Betriebsstrom, ausnahmsweise auch eine Hilfsbatterie. Da nun das Einschalten eines Stromzeigers in den Schienenstromkreis zeitraubend und kostspielig ist — es müfste ja in diesem Falle stets eine Trennung des Geleisestranges stattfinden — so verschafft man sich einen Zweigstromkreis und schaltet in diesen Stromkreis ein Gal vanometer u. dgl. Um nun von den unvermeidlichen Schwankungen in der Stromstärke des Betriebsstromes und der dadurch bedingten Spannungsänderungen im Zweigstromkreis unabhängig zu sein, wendet man zweckmäfsig die sog. Nullmethode an.

Schienenprüfer von Lord Kelvin. (Fig. 202.)

Bei diesem sehr einfachen Schienenprüfer mufs ein konstanter Strom von 100—200 Ampere durch den Schienenstrang fliefsen. An einem Mefsstab sind zwei voneinander isolierte Stahlspitzen angebracht,

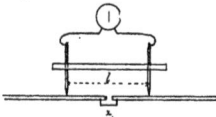

Fig. 202.

welche zu beiden Seiten des Schienenstofses fest auf die Laufbahn der Schienen gedrückt werden und durch isolierte biegsame Leitungs schnüre mit einem Voltmeter von sehr niederm Widerstande in Verbindung stehen. Der Aus schlag des Voltmeters zeigt direkt die Gröfse des Schienenstofswiderstandes, bzw. die Gröfse des Widerstandes für das zwischen den Stahlspitzen liegende Schienenstück an. Der Messende kann mit diesem Instrumente sehr rasch vorwärts kommen und z. B. alle 10 m eine Ablesung machen. Ergeben die Messungen einen plötzlichen Unterschied in den Ablesungen, dann weifs man, dafs in der Nähe dieses Punktes ein Teil des Stromes durch das Erdreich fliefst, also eine schlechte Schienenverbindung oder aus irgend einem Grunde eine metallische Verbindung mit Wasserleitungsröhren u. dgl. vorhanden ist. Da man in den seltensten Fällen einen konstanten Strom durch in Betrieb stehende Geleise senden kann, so kann der Lord Kelvinsche Schienenprüfer nur selten in Anwendung gebracht werden.

Schienenstofsprüfapparat der Union E. G. (Fig. 203).

Bei diesem Apparat findet das Messen unter Betriebsstrom statt, als Instrument kommt ein einfaches Galvanoskop in Verwendung. Der Kontakt I wird auf das dem zu messenden Schienenstofs zugekehrte Ende der Schiene a, Kontakt III auf das entgegengesetzte Ende der Schiene a aufgesetzt, während Kontakt II auf Schiene b in einer Entfernung von etwa 0,8 S gestellt wird, wobei S die Länge der Schiene a bedeutet. Es wird dabei angenommen, dafs ein normaler Schienenstofs einen Widerstand $x = 0,2$ des Wider-

Fig. 203.

standes der ganzen Schiene erreichen darf. Die Schaltung des Instrumentes ist die der Wheatstoneschen Brücke, wobei die Klemmen II und III miteinander verbunden sind.

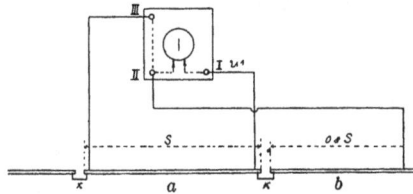

Ist der Schienenstofs x in gutem Zustande, so gibt die Nadel des Instrumentes keinen dauernden Ausschlag; entsteht jedoch ein dauernder Ausschlag, so ist die Schienenverbindung mangelhaft. Je gröfser der Ausschlag, desto schlechter ist die Verbindung.

Zur Herstellung der Kontakte I, II und III bedient man sich dreier etwa 1 m lange Bambusstäbe, deren eine Enden mit Stahlspitzen zum Aufsetzen auf die Schienen, deren andere Enden mit Klemmen versehen sind. Stahlspitzen und Klemmen stehen miteinander in leitender Verbindung. Die Klemmen der Bambusstäbe werden mittels gut biegsamer Leitungsschnüre mit den Klemmen des Instrumentes verbunden.

Die Widerstände der Schienen und Schienenstöfse sind verhältnismäfsig klein; es müssen daher auch die Widerstände des Instrumentes und der Zuleitungen klein gehalten werden, um einen genügend starken Strom durch das Instrument überhaupt schicken zu können. Im Vergleich zu diesen Widerständen sind jedoch die Übergangswiderstände an den Kontaktstellen der Stahlspitzen sehr grofs. Das

Instrument wird daher keine grofse Empfindlichkeit aufweisen, und es eignet sich deshalb der erwähnte Schienenstofsprüfapparat nur zum Aufsuchen grober Fehler. Durch Amalgamierung der Kontaktstellen werden die Übergangswiderstände verringert.

Dr. Paul Meyer baut einen ganz ähnlichen Schienenstofsprüfapparat, er verwendet ein Galvanometer nach dem System Deprez d'Arsonval. E. Z. 1900, S. 796.

Schienenstofsprüfapparat der Allgemeinen Elektrizitätsgesellschaft in Berlin. E. Z. 1900, S. 986. (Fig. 204.)

Bei diesem Apparat kommt ein Differentialgalvanometer an Stelle des gewöhnlichen Galvanometers in Verwendung. Im übrigen ist der Apparat wie der vorher beschriebene Apparat ausgestattet.

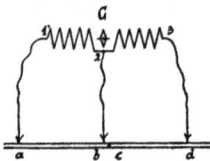

Fig. 204.

Das Differentialgalvanometer wird im allgemeinen einen Ausschlag zeigen, soferne Strom in den Schienen fliefst. Durch Verschieben des Kontaktes d auf der benachbarten Schiene wird die Nadel stets auf Null gebracht werden können. Dann ist wiederum der Widerstand der Schiene $a\,b$ = dem Widerstand der Schienenlänge $c\,d$ mehr um den Widerstand der Verbindungsstelle $b\,c$, also auch der Widerstand der Verbindungsstelle gleich der Differenz der Widerstände für die Schienenlängen $a\,b$ und $c\,d$. Der Widerstand wird also nicht in Ohm, sondern in Einheiten der Schienenlänge ausgedrückt.

Die Übergangswiderstände bei den Kontaktstellen a, b und d beeinträchtigen auch bei diesem Instrument die Genauigkeit des Messens.

Schienenstofsprüfapparat der Siemens & Halske A.-G.

Dieser Apparat gestattet nicht eine direkte Messung des Widerstandes in Ohm, sondern erlaubt den Vergleich des Übergangswiderstandes mit dem Widerstande eines fortlaufenden Schienenstückes. Durch Rechnung kann der Widerstand in Ohm erhalten werden. Der Vergleich geschieht mittels eines Differentialvoltmeters, das keinen Ausschlag gibt, wenn die beiden Wicklungshälften an die gleiche Spannung oder, bei gleichem Strom in der Leitung, an gleiche Widerstände angelegt sind. Das Voltmeter mufs bei der Kleinheit der zu vergleichenden Widerstände äufserst empfindlich, dabei aber handlich und auf der Strecke ohne Schwierigkeiten verwendbar sein, ebenso mufs eine bequeme Vorrichtung vorhanden sein, um die Verbindung mit der Schiene herzustellen.

Die Kontaktstange A (Fig. 205) besitzt zwei gegeneinander verstellbare Kontaktschneiden a und b aus Stahl. Die Entfernung jeder Kontaktschneide von der Mitte der Stange ist an den Mafsstäben *m m* ablesbar. Die Schneiden *a* und *b* stehen mit den auf einem Tischchen *d* angebrachten Steckkontakten *s s* in leitender Verbindung. Weiters gehören zum Apparat eine Kontaktstange *B* und ein Differentialvoltmeter *C*, welches mit festem Stahlmagnet und beweglicher Spule nach Deprez d'Arsonval versehen ist. Die Spule ist zwischen zwei feinen Bronzebändern, die durch zwei Blatt-federn in Spannung gehalten werden, aufgehängt. Diese beiden Blatt-federn und eine kleine Spiralfeder vermitteln die Stromzuführungen.

Da Anfang und Ende je einer der beiden Wickelungen verbunden sind, so benötigt das Instrument nur 3 Anschlufsklemmen. Die Teilung des Instrumentes ist in Milli-Volt hergestellt; ein Teilstrich bedeutet $\frac{1}{2}$ Milli-Volt. Die Skala ist ein wenig verschiebbar, um stets auf 0 eingestellt werden zu können.

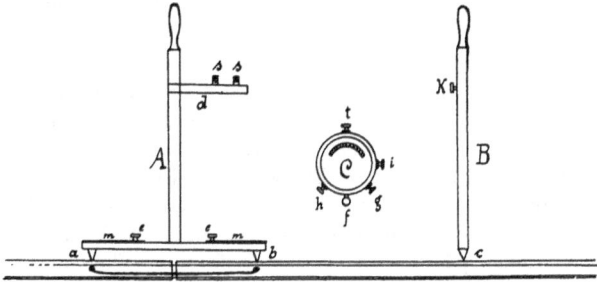

Fig. 205.

Die Messung kann während des Betriebes mit dem veränderlichen Betriebsstrom, aufser der Betriebszeit mit konstantem Schienenstrom vor-genommen werden.

Im ersten Falle werden die Kontaktstücke *a* und *b* der Stange *A* auf eine bestimmte gegenseitige Entfernung, etwa 1 Meter, eingestellt, die an-genähert der Länge der Kupferverbindung am Schienenstofs entsprechen soll. und die Muttern *e e* fest angezogen. Nun setzt man das Voltmeter auf den Tisch *d* des Apparates, löst die Arretierung und stellt den Nullpunkt der Skala ein. Die Klemme *i* des Voltmeters verbindet man mittels einer flexiblen Leitung mit der Klemme *K* der Kontaktstange *B*. Sodann wird die Kontaktstange *A* auf der Fahrschiene über einer Stofsverbindung auf-gestellt, und zwar so, dafs die Kontaktschneiden *a* und *b* auf blank gemachte Stellen der Schienen zu stehen kommen. Man wartet nun einen Zeitpunkt ab, in welchem ein stärkerer Strom in der Schiene vorhanden ist und einen erkennbaren Ausschlag am Voltmeter hervorruft. Sodann setze man in etwa 4 Meter Entfernung die Kontaktstange *B* fest auf einen blanken Punkt der Schiene auf. Findet jetzt ein Ausschlag nach entgegengesetzter Seite statt, so ist die Stofsverbindung gut, andernfalls schlecht. Zur Messung des Widerstandes verschiebe man die Stange *B* so lange auf der Schiene, bis das Voltmeter dauernd keinen Ausschlag gibt. Ist die Entfernung zwischen den Kontakten *b* und *c* dann δ Meter, während die Kontakte a und b auf eine Entfernung von γ Metern eingestellt sind, so hat der Schienenstofs einen Übergangswiderstand, der einer Schienenlänge von $\delta - \gamma$ Zentimetern entspricht. Nimmt man den Widerstand einer Schiene von 1 Meter Länge zu $1{,}1\dfrac{1}{p} \cdot 10^{-3}$ Ohm an, wo p das Gewicht der Schiene in kg pro Meter bedeutet, so ist der zu messende Übergangswiderstand $1{,}1\dfrac{\delta - \gamma}{p} \cdot 10^{-3}$ Ohm. Da das Schienengewicht bekannt ist, läfst sich nach dieser Gleichung der Widerstand in Ohm stets berechnen. Für den praktischen Gebrauch empfiehlt es sich indessen, mit der Schienenlänge zu rechnen, die den gleichen Widerstand wie die Stofsverbindung besitzt.

Soll bei einem konstanten Schienenstrom, der auf etwa 50—100 Ampère zu bemessen ist, die Prüfung vorgenommen werden, so kann die Messung aufser in der beschriebenen Weise einfacher ohne die Kontaktstange B vorgenommen werden; es ist dann nur ein Mann erforderlich.

Man stelle zu diesem Zwecke die Kontaktstange A mit Voltmeter auf ein fortlaufendes Schienenstück in der Nähe des zu messenden Stofses. Der Zeigerausschlag wird beobachtet nach Drücken des Tasters; sodann stelle man den Apparat über einer Stofsverbindung ebenso auf und beobachte wieder den Ausschlag; ist derselbe höchstens 3 bis 4 mal so grofs wie vorher, so ist die Stofsverbindung in Ordnung, andernfalls nicht. Ist der Ausschlag im ersten Fall α, im zweiten Fall β Millivolt, die Entfernung der Kontaktstücke a und b γ Meter, so hat der Stofs einen Übergangswiderstand, der einer Schienenlänge von $\dfrac{\beta - \alpha}{\alpha}\,\gamma$ Meter entspricht. Unter Umständen kann dieser Wert negativ ausfallen, wenn nämlich durch die Kupferverbindung die Leitfähigkeit an der Stelle des Stofses besser geworden ist, als die fortlaufende Schiene besitzt. Unter denselben Annahmen wie oben erhält man den Übergangswiderstand in Ohm als $1{,}1\dfrac{\beta - \alpha}{\alpha}\dfrac{\gamma}{p}\,10^{-3}$ Ohm, wenn p wiederum das Gewicht der Schiene in kg pro Meter bedeutet.

Schienenstofsprüfapparat von L. Kadrnozka. (Fig. 206.)

Hier kommt ebenfalls ein Differentialgalvanometer in Anwendung, dessen Wicklung zu gleichen Teilen in die Zweige a—b und b—d der Brückenschaltung gelegt wird. Der Widerstand der Zweige a—b und b—d kann bei dieser Schaltung ziemlich hoch (5 Ω) gehalten werden, so dafs die Übergangswiderstände bei a, c und d nicht so sehr in Betracht kommen.

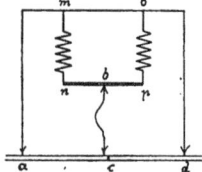

Fig. 206.

Bei diesem Apparat braucht der Kontakt d nicht verschoben zu werden, weil ein Mefsdraht $n\,p$ am Instrumente selbst vorhanden ist, welcher ein Verschieben des Punktes b erlaubt und so das Einstellen des Instrumentes auf die Nullstellung durch den Beobachter selbst ermöglicht. Die

Kontakte *a d c* bleiben während des Einstellens des Instrumentes und während des Messens unverrückt und können daher durch Amalgamierung der betreffenden Schienenstellen in ganz besonders guter Weise hergestellt werden.

Optischer Kurzschlußprüfer.[1])

Die Isolationsmessungen während des Betriebes werden durch alle möglichen Umstände gestört und sind meistens gar nicht durchzuführen. Da in der eigentlichen Oberleitung selbst äußerst selten ein Isolationsfehler auftritt, sondern meist andere Ursachen, wie Fehler an den Motoren und Schaltern, Feuchtigkeitsschlüsse usw. mitspielen, so ist für den praktischen Gebrauch ein einfacher Isolationskontrollapparat sehr wertvoll. Ein derartiger Apparat besteht aus zwei Gruppen hintereinander geschalteter Glühlampen, welche

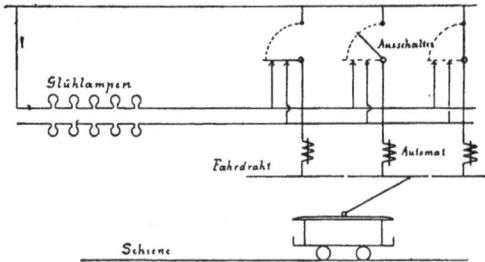
Fig. 207.

durch die volle Betriebsspannung zum vollen Leuchten gebracht werden können. Die beiden Glühlampengruppen werden durch die Hebel der Streckenausschalter hintereinander und gleichzeitig an ihrer Kontaktstelle an die zu prüfende Speiseleitung angeschlossen. (Fig. 207.)

Bei vollkommener Isolation brennen sämtliche Glühlampen in Hintereinanderschaltung gleichmäßig dunkelrot. Je nachdem nun in der Speiseleitung der Isolationswiderstand gesunken ist, brennt die obere Lampenreihe heller als die untere, bis bei vollständigem Kurzschluß die untere Lampenreihe dunkel bleibt, während die obere in helles Leuchten kommt. Die Abstufungen in der Leuchtkraft lassen bei einiger Übung in der Beobachtung rasch einen sicheren Schluß über die Vorgänge auf der Strecke ziehen.

---

[1]) E. Z. 1898, S. 287.

IX. Abschnitt.

Gerüstwagen. — Geräte. — Besondere Werkzeuge und Apparate. — Tabellen. — Vorschriften.

Montagegerüstwagen, Turmwagen, Revisionswagen.

Für die Montage und Revision der Oberleitungen benötigt man eigenartig gebaute Gesüst- oder Turmwagen, welche von Pferden gezogen werden und eine möglichst stabile Bauart aufweisen müssen. Für die Montage benutzt man gewöhnlich Wagen von kräftiger Bauart und großer Spurweite, mit fester oder verstellbarer Plattform, während man für die Revision und Instandhaltung der Oberleitungen leichtere Gerüstwagen oder auch bloß Wagen mit aufstellbaren Leitern gebraucht.

Ein für Montagezwecke geeigneter Gerüstwagen soll folgenden Anforderungen entsprechen:

1. Der Gerüstwagen muß vollständig standfest sein, was durch eine große Spurweite und durch Verlegung des Schwerpunktes möglichst nach unten erreicht wird. Eine Feststellung der Wagenfedern bei Stillstand ist zu empfehlen.

2. Der Wagen muß mit einer gut wirkenden Handbremse ausgestattet sein. Um Unfälle zu vermeiden, ist — besonders beim Aufstellen des Gerüstwagens im Gefälle — ein Festbremsen der Wagenräder bei Stillstand unbedingt notwendig.

3. Die Plattform des Gerüstwagens muß von der Erde vollständig isoliert sein, damit die auf der Plattform stehenden Arbeiter auch dann arbeiten können, wenn der Fahrdraht unter Strom steht. Aus diesem Grunde gibt man den hölzernen Gerüstwagen den Vorzug vor den eisernen Wagen.

4. Die Plattform muß sich auskragbar anordnen lassen, um eine möglichst gute Zugänglichkeit des Fahrdrahtes bei im Betrieb stehenden Linien zu erreichen. Am zweckmäßigsten sind drehbare Plattformen von ungleicher Seitenlänge, bei welchen durch einfaches Drehen der Plattform (Kugellager!) das Auskragen erreicht wird.

5. Der Montagegerüstwagen soll mit Werkzeugkisten, Werkzeugladen, Schraubstock und Kleiderspint ausgestattet werden.

6. Da der Gerüstwagen seiner grofsen Höhe wegen meist nicht unter Dach gebracht werden kann, so ist derselbe mit dauerhaftem Anstrich und wasserdichter Plattform zu versehen.

7. Wird die Plattform zum Heben und Senken eingerichtet (vorteilhaft z. B. beim Durchfahren von Viadukten), dann mufs dieses Heben und Senken bequem vorgenommen werden können und ein Feststellen der Plattform in jeder Höhe möglich sein. Zum Heben und Senken der Plattform verwendet man meist Kurbel und Zahnradübersetzungen oder Seiltrommel und Seil.

Ein für den Betriebsdienst zur Untersuchung und Unterhaltung der Oberleitung geeigneter Gerüstwagen wird gewöhnlich leichter konstruiert, um einen raschen Transport zu ermöglichen. Sehr geeignet ist der Revisionswagen von O. Schlüter, Dresden. Vgl. E. Z. 1902, S. 281.

Für den Holzbau des Gerüstes und des Wagens verwendet man gut ausgetrocknetes, astfreies Eschenholz, für den Rahmen Eichenholz, für den Bodenbelag der Plattform und des Wagens Fichtenholz. Guter zweimaliger Ölanstrich ist unerläfslich.

Die Plattform wird gewöhnlich mit einem Geländer versehen, welches beim Transport des Wagens umgelegt werden kann.

Für Bahnstrecken mit eigenem Fahrdamm baut man die Gerüstwagen mit der Bahnspur, sonst jedoch mit möglichst grofsen Spurweiten.

Der Turmwagen mit teleskopartig beweglicher Plattform ist eines der unentbehrlichsten Hilfsmittel für den Bau und die Untersuchung der Oberleitung elektrischer Bahnen. Er gewährt vor allem ein sicheres Arbeiten. Als Zugtiere verwendet man ausschliefslich Pferde und zwar zwei Pferde für die eigentlichen Montagewagen und ein Pferd für die sog. Revisionswagen. Bei grofsen Betrieben verteilt man die Revisionswagen meist auf das ganze Netz und bringt sie gewöhnlich in den Wagenschuppen oder in eigenen Schuppen der Betriebsbahnhöfe unter. Die Unterbringung der Turmwagen soll in nächster Nähe des Pferdestalles geschehen, damit bei Unfällen an der Oberleitung die Pferde möglichst rasch angespannt werden können. Die Mannschaft eines Revisionswagens besteht aus einem Kutscher, einem Monteur und einem Helfer. Auf jedem Wagen soll ein Heft mit übersichtlichen Oberleitungsplänen vorhanden sein.

In Nordamerika wird das Bedienungspersonal der Revisionswagen in ganz ähnlicher Weise wie das Personal der Feuerwehr geschult. Der Kutscher fährt in raschem Tempo, der Wagenbegleiter betätigt

eine schrill tönende Warnungsglocke usw. In Europa wird das Bedienungspersonal der Revisionswagen bei allen grofsen Leitungsnetzen
ebenfalls entsprechend eingeschult.

Um den Pferdebetrieb ganz zu umgehen und hierdurch weitere
Ersparnisse an Mannschaft und Zeit zu ermöglichen, werden auch
selbstfahrende Turmwagen in Anwendung gebracht. Damit man eine
möglichst tiefe Lage des Schwerpunktes erhält, wird der Motor (Benzin-
motor etc.) unter dem Wagenboden montiert und kann bei Stillstand
des Wagens zum Betrieb einer Winde herangezogen werden. Diese
Winde betätigt die Plattform des Turmwagens, spannt den Oberleitungs-
draht und dient (in Nordamerika) zum Einziehen von Kabeln in die
aus Zement oder glasierten Tonröhren hergestellten Untergrundkanäle.
Die Beweglichkeit des Wagens in Verbindung mit der leichten Um-
steuerbarkeit des Motors ermöglicht ein rasches Ausweichen und Zu-
rückfahren in die Arbeitsstellung während der Vornahme von Reparaturen an einer im Betrieb befindlichen Strecke mit grofsem Wagen-
verkehr. Hierdurch wird bedeutend an Zeit gespart. Des weiteren
kann der automobil betriebene Turmwagen auch unschwierig senkrecht
zur Gleisrichtung bewegt werden; er ist stets betriebsbereit und kann
auch bei grofsen Entfernungen mit hoher Geschwindigkeit fahren.
Infolge dieser grofsen Geschwindigkeit kann der automobil betriebene
Turmwagen viel rascher die Unfallstelle erreichen als der mit Pferden
bespannte Wagen. Die Unterhaltungskosten des selbstfahrenden Wagens
sollen geringer sein als die eines Wagens mit Pferdegespann.

Sehr häufig werden die elektrischen Strafsenbahnwagen selbst
als Turmwagen ausgebildet, und zwar nimmt man hierzu meist alte
ausrangierte Wagen. An der Aufsen- und Innenseite des Wagenkastens
werden Haken, Hängeeisen u. dgl. angebracht, um Leitern, Seile, Draht-
rollen, Werkzeuge usw. bequem befestigen zu können.

Für grofse Strafsenbahnnetze mit ausgedehntem Vorort- und
Überlandverkehr pflegt man in Nordamerika besondere elektrisch betriebene Turmwagen mit beweglicher Plattform in Anwendung zu
bringen. Vgl. »Elektr. Bahnen« 1904, S. 209.

Geräte: Leitern, Wagen.

Für Montage und Revision sehr brauchbar sind fahrbare Schub-
leitern von 9—10 m Höhe. Derartige Leitern müssen sich durch einfache Konstruktion und bequeme Handhabung auszeichnen. Die Holme
werden aus geradfaserigem Fichtenholz, die Sprossen aus Eschenholz
hergestellt. Alle Holzteile werden mit Firnisanstrich, die Eisenteile
mit Ölanstrich versehen. Das Verlängern und Verkürzen der Leitern
wird durch Auseinander- und Zusammenschieben vorgenommen. Das

Feststellen für irgend eine Höhe wird durch Einfallhaken selbsttätig bewirkt. Um die Standfestigkeit der Leitern zu erhöhen, werden dieselben noch mit besonderen Terraineinstellspindeln versehen. Richtig gebaute fahrbare Leitern können von einem Mann bedient werden.

Aufser den fahrbaren Leitern kommen bei der Montage einer Oberleitung noch Doppelleitern (Bockleitern), einfache und ausziehbare Anlehnleitern in Verwendung. Die aus Fichtenholz hergestellten Holme werden bei den Anlehnleitern unten mit eisernen Spitzen, oben mit Gummi- oder Lederrollen versehen, um einerseits ein sicheres Stehen zu ermöglichen, anderseits jede Beschädigung des Verputzes der Gebäude beim Anlehnen der Leitern zu vermeiden.

Zum Transport und Abwickeln des auf Holztrommeln gewickelten Fahrdrahtes dienen sog. Trommelwagen aus Holz oder Eisen. Die zum Auf- und Abwickeln des Fahrdrahtes bestimmte Holztrommel von 100 cm φ und 60 cm Breite besitzt starke Ränder von 150 cm φ und 11 cm Dicke, so dafs sie am Boden gerollt werden kann, ohne den Fahrdraht zu beschädigen; ferner seitlich gufseiserne Flanschen, geeignet zum Durchstecken einer Achse von 55 mm Stärke.

Dieser Trommelwagen wird am besten so gebaut, dafs die Fahrdrahttrommel zwischen die Räder gerollt und dann — nach erfolgtem Durchstecken der Achse — mittels verstellbarer Lager gehoben werden kann. Der Trommelwagen mufs eine gewöhnliche Wagenbremse und eine besondere, die Ränder der Fahrdrahttrommel fassende Backenbremse besitzen. Die Räder des Trommelwagens sollen nicht zu klein gehalten werden.

Für den Transport des kleineren Oberleitungsmaterials bedient man sich eines zweiräderigen Handwagens.

Quer- und Spanndrähte kommen meist in Bünden von 0,6 bis 1,0 m φ zum Transport; sie werden dann auf hölzerne oder eiserne Haspel gebracht und diese selbst entweder am Montagegerüstwagen oder auf einem besonderen zweirädrigen Handkarren montiert.

Zum Einstellen der Leitungen bei Bügelbetrieb benutzt man Mefsständer aus Bambus, welche oben eine in cm geteilte Querlatte besitzen, um die Leitungen für die Zick-Zackverspannung einstellen zu können.

Besondere Werkzeuge und Apparate. [1])

Bei der Montage der elektrischen Oberleitungen für Strafsenbahnen kommen aufser den gewöhnlichen Werkzeugen für Monteure elektrischer Anlagen noch besondere Werkzeuge in Gebrauch, welche hier kurz erläutert werden mögen:

---

[1]) Die hier abgebildeten Werkzeuge (Fig. 208 bis Fig. 221) entsprechen den bewährten Ausführungen der Firma W. K ü c k e & Co. in Elberfeld.

1. Steinbohrer für Keilschrauben. (Fig. 208.)

Diese Bohrer (Kronenbohrer) werden aus starkwandigen Werk-
zeug-Gußstahlröhren hergestellt. Die Aufschlagfläche wird durch ein-
geschweißten Keil verstärkt. Um die Bohrer während des Einschlagens
bequemer drehen zu können, versieht man dieselben mit einem Loch
zum Durchstecken eines Wendeeisens. Die Krone der Bohrer arbeitet
wie ein Fräser; ist dieselbe stumpf geworden, so wird sie ausgeglüht,
mit einer dreikantigen Sägefeile nachgefeilt und dann wieder gehärtet.

Fig. 208.

2. Drahtabschneider. (Fig. 209.)

Zum Abschneiden der 5—7 mm starken Stahldrähte, des 8 mm
starken Hartkupferdrahtes benutzt man besonders kräftig konstruierte
Kraftzwickzangen, Hebelgelenkzangen mit isolierten Griffen.

Fig. 209.

3. Drahtwickler, Würgeisen. (Fig. 210.)

Zum Herstellen der Würgbunde für die Quer- und Spanndrähte
gebraucht man Drahtwickler aus Stahl.

Ähnlichem Zwecke dient die Vorrichtung von W. Bockermann.
D. R. P. Nr. 118 299.

Fig. 210.

4. Klemmhaken, Zug- oder Spannklemmen. (Fig. 211, 212, 213.)

Zum Ausspannen der Drähte benötigt man kräftig gebaute Klemmplatten mit Haken, welche ein sicheres Fassen der Drähte ermöglichen.

Die verschiedenen Konstruktionen von sog. Froschklammern
(Fig. 214) eignen sich nicht für die Montage der Oberleitungen, sie
greifen entweder die Drähte zu stark an oder bieten keinen sicheren Halt.

5. Spannbügel. (Fig. 215.)

Für alle Stellen des Fahrdrahtes, bei welchen ein Löten statt-finden soll, ist die Anwendung eines Spannbügels (aus Stahl) uner-läfslich. Der Spannbügel wird vor dem Beginn des Lötens angesetzt und nach dem Erkalten der Lötstelle entfernt.

Fig. 211.

Fig. 212.

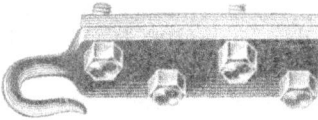

Fig. 213.

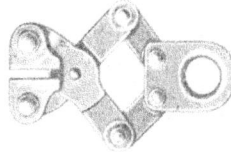

Fig. 214.

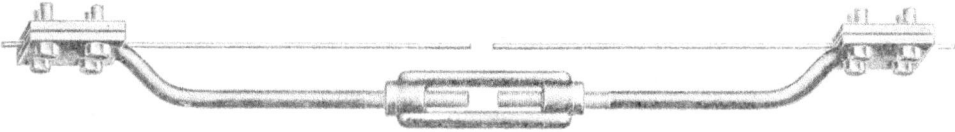

Fig. 215.

6. Zugmesser. (Fig. 216, 217, 218.)

Das Spannen des Fahrdrahtes mufs unter Berücksichtigung der herrschenden Temperatur und soll n u r unter Benutzung von Zug-messern vorgenommen werden. Diese Zugmesser werden mit von

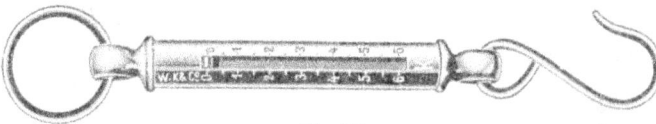

Fig. 216.

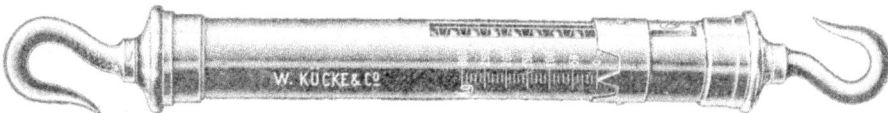

Fig. 217.

aufsen sichtbarer Zeigervorrichtung (mit selbsttätiger Feststellung nach jedem Zuge) ausgerüstet; sie werden gewöhnlich für Züge bis 600 kg und bis 1000 kg gebaut.

7. Hämmer, Klopfhölzer.

Zum Ausklopfen der unvermeidlichen Büge, welche beim Ab-
rollen und Spannen der Drähte entstehen, bedient man sich besonderer
Hämmer aus Holz, Blei, Kupfer oder Hornhaut mit Stielen aus Holz.
Zum Gegenhalten verwendet man Klopfhölzer aus Hartholz.

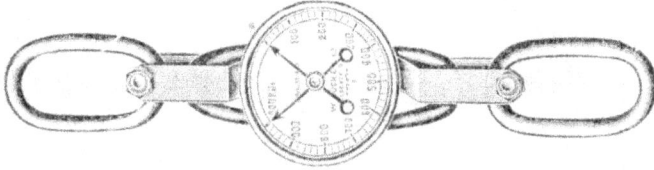

Fig. 218.

8. Kurvenrollen, Drahtleiterollen.

Zum Ausziehen des Fahrdrahtes in den Kurven verwendet man
sog. Kurvenrollen, Drahtleiterollen, durch welche ein radiales Einstellen
der Spanndrähte zur Kurve des Fahrdrahtes bequem ermöglicht wird.

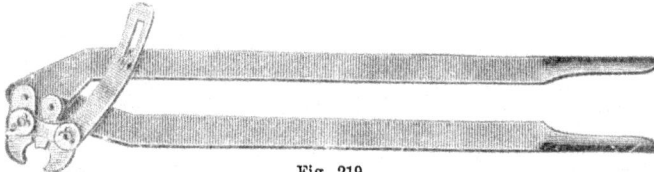

Fig. 219.

9. Stützenzangen. (Fig. 219.)

Zum Aufpressen der sog. Telephonschutzleistenträger (Leisten-
stützen Fig. 176a, 176b) auf den Fahrdraht bedient man sich besonders
konstruierter Zangen.

10. Lötwerkzeuge.

Von ungemeiner Wichtigkeit sind 'praktisch konstruierte Lötwerkzeuge. Am zweckmäfsigsten sind kräftige Lötkolben, (Fig. 220,
221), welche einerseits mit einer Schneide, anderseits mit einer Rille
zum Einlegen des Fahr-
drahtes versehen sind.
Beim Gebrauch des Löt-
kolbens ist ein Ausglühen
des Fahrdrahtes nicht zu
befürchten. Zum An-
wärmen der Lötkolben
dienen Lötöfen aus Gufs-
eisen oder Eisenblech mit
Rost für Koksfeuerung.

Fig. 220.

Fig. 221.

Statt der Lötkolben kommen auch Lötlampen in Anwendung.
Sehr zweckmäfsig sind die Lötlampen von Sievert in Stockholm und

zwar Type *LaSB* (Gewicht leer 0,85 kg) und Type *LaHLL* (Gewicht leer 1,50 kg).

Bei den Sievertschen Lötlampen kommt als Brennmaterial ausschließlich Ligroin (Benzin II) in Verwendung, welches nach vorheriger Entzündung der Flamme — infolge der eigenen Wärme der

Fig. 222.

Apparate in Gasform verwandelt — durch das Mundstück (eine feine Öffnung) in das Brennerrohr strömt, sich daselbst mit einer regulierbaren Luftmenge mischt und an der Ausmündung des Brennerrohres als blaue rauchfreie Flamme brennt. Die mittels dieser Flamme erreichbare Temperatur beträgt bis nahezu 2000° C, wobei feinere Platindrähte zum Schmelzen gebracht werden können.

Die Sievertschen Lötlampen sind mit einer Sicherung gegen Explosion versehen, welche bei einem über die zulässige Grenze steigenden Druck funktioniert und dem Gas freien Austritt gewährt.

Nach dem gleichen Prinzipe wie die Lötlampen konstruierte Sievert einen sog. selbstwärmenden Lötkolben (Gewicht 1,55 kg), welcher ebenfalls für Oberleitungsarbeiten gute Dienste leistet.

Für Oberleitungsarbeiten weniger geeignet sind die verschiedenen Konstruktionen von Spirituslötlampen und

Fig. 223.

Spirituslötkolben. Die Gaslötgebläse eignen sich besser für Werkstätten als für Arbeiten im Freien und auf einem Turmwagen.

11. Bohrapparate.

Zum Bohren der Löcher in die Fahrschienen behufs Aufnahme der Schienenverbindungen kommen außer den gewöhnlichen Bohrratschen auch noch besonders gebaute Bohrapparate in Gebrauch, welche in den Fig. 222 und 223 genügend deutlich erläutert sind.

12. Schienenverbinder-Nietapparate.

Zum Einnieten der Schienenverbinder in den Schienensteg bedient man sich mechanisch oder hydraulisch wirkender Apparate. Fig. 224.

13. Werkzeuge für das Fundieren der Maste.

Die für das Fundieren der Maste in Anwendung kommenden besonderen Werkzeuge, wie Erdbohrer (Fig. 225), besonders abgebogene Faſsschaufeln (Fig. 226), stählerne Stoſsstangen usw. wurden bereits S. 67 erwähnt.

14. Für das Aufstellen der Maste kommen in Nordamerika auch besonders gebaute, fahrbare Kranwagen in Gebrauch; doch sind derartige Kranwagen nur für sehr lange Aufsenlinien von Bedeutung.

15. Zum Messen der Neigung der Maste beim Aufstellen derselben bedient man sich sog. Neigungsmesser, welche aus einem Anlegewinkel mit Wasserwage und Senkel bestehen.

16. Um die Abnützung des Fahrdrahtes genau feststellen zu können, bringt man besondere Profilzeichner in An-

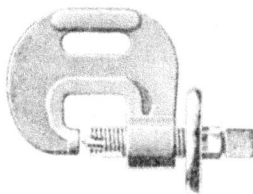

Fig. 224.   Fig. 225.   Fig. 226.

wendung. Vgl. »Elektr. Bahnen« 1904 S. 340 (Apparat von Winterhalter) und E. Z. 1904 S. 863 (Apparat von A. Harrich).

Die sonst in Verwendung kommenden gewöhnlichen Werkzeuge können aus den beigegebenen Zusammenstellungen des Inhalts der Werkzeugkisten für Oberleitungsmontagen ersehen werden.

Inhalt einer am Montagegerüstwagen befestigten Werkzeugkiste.

1 Bohrratsche 400 mm lang.
1 Bohrwinkel, verstellbar.
2 Metallzentrumbohrer für 36 mm Durchmesser.
1 Metallspitzbohrer für 10 mm Durchmesser.
1 Metallspitzbohrer für 16 mm Durchmesser.
1 Bohrer für Streckenausschalter-Befestigungsschrauben.
2 Handhammer (0,90 kg) mit Stiel.

2 Holzhammer.
1 Kupferschere mit isolierten Griffen. Fig. 209.
1 Hebelklemmzange für Telephonstützen. Fig. 219.
1 Brustleier.
2 Lötkolben.
1 Gabelschlüssel 25 × 32 mm, kalibriert.
2 Drahtwickler 5 mm.
2   »   6 »
1   »   7 »

2 Drahteinleger.
20 kleine Zughaken mit 2 Schrauben.
20 mittlere   ›   › 3   ›
10 grofse Doppelzughaken mit
   4 Schrauben.
2 Spannbügel zum Löten der Ösen
   (Rollensystem). Fig. 215.
2 Spannvorrichtungen für Verankerungen.
2 Flaschenzüge für 12 mm Seil.
20 Kurvenrollen zum Ausziehen der
   Kurven (Bügelsystem).
1 Dynamometer für 500 kg Zug.
2 Steinbohrer 27 mm Durchmesser.
1 Maurerkanne.
1 Maurerkelle.
1 Handblasebalg.
1 Büchse Minium.

1 Zinnschmelzlöffel.
1 Paar Gummihandschuhe samt
   Leinensack.
2 Sicherheitsgürtel samt Leine.
1 Hanfseil 25 m lang, 13 mm Durchmesser.
6 Putztücher.
1 Maurerpinsel.
2 Richtklötze 80 × 80 × 400 mm.
2 Ketten zu 1,5 m zum Sperren der
   Turmwagen.
1 Gefäfs für Isolierlack.
1   ›   › Ölfarbe.
3 Pinsel hierzu.
2 Spulen Bindedraht.
2 Ligroinlampen.
1 Schneidkluppe mit $^5/_8$" Gewinde
   backen.
1 Satz Gewindebohrer $^5/_8$".

Inhalt einer transportablen Werkzeugkiste.

1 Holzbohrer 11 mm Durchmesser.
1 flache Vorfeile 400 mm.
1 runde   ›   300 ›
1   ›   ›   200 ›
2 dreieckige ›   250 ›
1 halbrunde ›   200 ›
2 Sägefeilen   150 ›
8 Feilenhefte.
1 Feilkloben mit Schlüssel 7".
2 Flachmeifsel.
5 Kreuzmeifsel.
1 Handhammer (0,60 kg) mit Stiel.
1   ›   (0,30 kg) ›   ›
1 Metallbogensäge.
2 Reserveblätter zur Metallbogensäge.
1 Rundzange 185 mm.
2 Universal-Bindezangen 300 mm.
1 Fuchsschwanzsäge.
1 Körner.
2 Durchschläge 1—3 mm, 1—6 mm.
2 Schraubenzieher (1 mittel, 1 grofs).
2 Gabelschlüssel 16×18 mm kalibriert.
2   ›   20×22 ›   ›
2   ›   27×33 ›   ›
1 engl. Schraubenschlüssel 300 mm.

2 Steckschlüssel für 16 mm.
2   ›   › 18 ›
2   ›   › 20 ›
1   ›   › 22 ›
3 Steckdorne 350 mm lang.
1 Würgeisen mit Dreher für 5 mm Draht.
1   ›   ›   ›   › 6 ›   ›
1   ›   ›   ›   › 7 ›   ›
2 Froschklemmen.
2 Flaschenzüge für 8 mm Seile.
1 Sievertsche Lötlampe H. L. L.
2 Kabelmesser.
1 Bandmafs in Lederdose (20 m).
1 Mafsstab 6 teilig.
1 Maurerlibelle.
2 Kannen für Benzin à 3 Liter.
1 Kanne für Rüböl 0,5 Liter.
1 Ölspritzkanne.
1 Büchse Unschlitt.
1 Rebschnur 35 m.
1 Knäuel Spagat.
1 Pinsel Nr. 10.
1 Spule Bindedraht (Kupfer).
4 Blaustifte und Kreide.
4 Bogen Schmirgelleinwand.
1 Senkel aus Messing.

Materialien für den Bau einer Oberleitung für Rolle oder Gleitschuh.

1. Maste (Holzmaste, Gittermaste, Rohrmaste).
2. Armaturen hierfür (Ziersockel, Zierringe, Zierkappen).
3. Schellen zu den Masten.
4. Wandplatten, Mauerhaken.
5. Gabelschrauben zu den Schellen und Wandplatten.
6. Fahrdraht 8,17 mm ϕ in Längen von 1000 m.
7. Verzinkter Stahldraht 5 mm ϕ für Querdrähte, Kurvendrähte.
8. 　　　》　　　　　》　　6 mm ϕ 》 Ankerdrähte, Kurvendrähte.
9. 　　　》　　　　　》　　7 mm ϕ 》 Brückenverspannungen.
10. Wirbelisolatoren, Wandspanner für Querdrähte, Kurvendrähte.
11. Isolierte Spannschlösser für Verankerungen.
12. Wirbelisolatoren wie 10 vereinigt mit Schalldämpfer.
13. Isolierte Spannschlösser wie 11 vereinigt mit Schalldämpfer.
14. Schalldämpfer.
15. Halter für gerade Strecken und Kurven, deren Radius $>$ 600 m.
16. Doppelhalter für gerade Strecken und Kurven, deren Radius $>$ 600 m.
17. Deckenhalter für Wagenschuppen u. dgl.
18. Einarmige Halter für Bögen.
19. Zweiarmige 》　　》　　》
20. Einarmige Doppelhalter für Bögen.
21. Zweiarmige 　　》　　　　》　　　》
22. Halter für Verankerungen.
23. Doppelhalter für Verankerungen.
24. Einfache Ösen.
25. Verbindungsösen.
26. Speiseösen.
27. Verankerungsösen.
28. Normalweichen.
29. Linksweichen.
30. Rechtsweichen.
31. Diagonalweichen.
32. Feste Kreuzungen.
33. Bewegliche Kreuzungen.
34. Streckenisolatoren.
35. Streckenausschalter.
36. Blitzableiter.
37. Luftringe zu den Verspannungen.
38. Weitspanner zu den Ankerdrähten.
39. Ausleger für Maste.
40. Querseile hierzu samt Spannvorrichtungen.
41. Isoliertes Doppelkabel für Streckenausschalter SGU 2×60.
42. Masteinführungen hierzu.
43. Anschlußkabel für Blitzableiter an die Oberleitung SGU 35.
44. Weichkupferdraht für die Erdleitung B 35.
45. Keilschrauben für Wandplatten.
46. Lötmaterialien: Lötzinn, Lötsäure, Bindedraht u. dgl.

Materialien für den Bau einer Oberleitung nach dem Bügelsystem.

1. Maste (Holzmaste, Rohrmaste, Gittermaste).
2. Armaturen hierfür (Ziersockel, Zierringe, Zierkappen).
3. Schellen zu den Masten.
4. Wandplatten, Mauerhaken.
5. Gabelschrauben zu den Schellen und Wandplatten.
6. Fahrdraht 8 mm ϕ in Längen von 1000 m.
7. Verzinkter Stahldraht 5 mm Durchm. für Querdrähte.
8.   »   »   6 mm   »   » Kurvenzüge und Verankerungen
9.   »   »·   7 mm   »   » Brückenverspannungen.
10. Isolierte Spannvorrichtungen für Querdrähte und Kurvendrähte.
11.   »   »   » Verankerungsdrähte.
12.   »   »   wie 10 vereinigt mit Schalldämpfer.
13.   »   »   » 11   »   »   »
14. Schalldämpfer.
15. Nachspannvorrichtungen für den Fahrdraht.
16. Einfache Aufhängungen für gerade Strecke.
17. Doppelaufhängungen   »   »   »
18. Aufhängungen für Wagenschuppen, Brücken u. dgl.
19. Einarmige Aufhängungen für Bögen.
20. Zweiarmige   »   »   »
21. Einarmige Doppelaufhängungen für Bögen.
22. Zweiarmige   »   »   »
23. (Zusatzdraht.)
24. Tragklemmen.
25. Verankerungsklemmen.
26. Stofs- und Weichenklemmen.
27. Kreuzungsklemmen.
28. Leitungsanschlufsklemmen.
29. Reifer für Weichen.
30. Streckenisolatoren.
31. Streckenausschalter.
32. Blitzableiter.
33. Luftringe zu den Brückenverspannungen u. dgl.
34. Weitspanner zu den Ankerdrähten.
35. Ausleger für Maste.
36. Querseile hierzu samt Spannvorrichtungen.
37. Isoliertes Doppelkabel für Streckenausschalter SGU 2×60.
38. Masteinführungen hierzu.
39. Anschlufskabel für Blitzableiter an die Oberleitung SGU 35.
40. Weichkupferdraht für die Erdleitung B 35.
41. Keilschrauben für Wandplatten.
42. Lötmaterialien: Lötzinn, Lötsäure, Bindedraht usw.

Materialien für Telephonschutz.

a) Schutzleisten.

1. Holzleiste, imprägniert oder asphaltiert.
2. Stützen hierzu.
3. Endhaken.
4. Fanghaken.
5. Schutzbügel für Halter oder Aufhängungen.
6.   »   » Weichen.
7.   »   » Streckenisolatoren.
8. Gummischlauch 15 mm Durchm. mit Hanfeinlage zum Verbinden der Holzleisten untereinander.

b) Geerdeter Schutzdraht.

1. Aufhängungen für gerade Strecken
2. Doppelaufhängungen für gerade Strecken
3. Einarmige Aufhängungen für Bögen
4. Zweiarmige   »   »   »   mit Aufsatz zum Aufnehmen
5. Einarmige Doppelaufhängungen für Bögen   der Stützen und Isolatoren.
6. Zweiarmige   »   »   »
7. Rundeisenstützen.
8. Anhängeisolatoren.
9. Aufsatzisolatoren.
10. Zwischenstützen.

Materialien für die Stromrückleitung durch die Fahrschienen.

1. Längsverbindungen für die Schienenstöfse.
2. Querverbindungen für die Schienen.
3.   »   » » Geleise untereinander.
4. Verbindungen für Weichenstücke.
5.   »   » Kreuzungsstücke.
6. Rückleitungskabelanschlüsse.
7. Lötmaterialien.

Tabelle des spezifischen Gewichtes einiger Materialien.

Aluminium:			Flufseisen	7,85
gehämmert	2,75		Flufsstahl	7,86
gegossen	2,56		Gips:	
Asbest	2,1 — 2,8		gebrannt	1,81
Asbestpappe	1,2		gegossen, trocken .	0,97
Asphalt	1,1 — 1,5		Glas:	
Beton	1,8 — 2,45		Fenster-	2,4 — 2,6
Blei	11,25—11,37		Spiegel-	2,45— 2,72
Bronze (bei 79 bis 14%			Kristall-	2,9 — 3,0
Zinngehalt)	7,4 — 8,9		Glimmer	2,65— 3,20
Cadmium	8,6		Graphit	1,9 — 2,3

Gummi:		
arabisches	1,31— 1,45
vulkanisiert . . .	1,0 — 2,0
Gußeisen	7,25
Guttapercha . . .	0,96— 0,99
Harz	1,07

Holzarten:	lufttr.	frisch
Buchsbaum	0,97	1,04
Eiche	0,92	0,97
Esche	0,69	0,85
Fichte (Rottanne) .	0,43	0,89
Kiefer (Föhre) . . .	0,61	0,91
Lärche	0,47	0,81
Tanne (Weißtanne) .	0,6	0,89
Ulme (Rüster) . . .	0,62	0.91
Kork	0,24	

Holzkohle, luftfrei . .	1,4	—1,5
Kautschuk, roh . . .	0,92	—0,96
Koks	1,4	
Kolophonium	1,07	
Kupfer:		
gegossen	8,8	
Draht	8,8	—9,0
gewalzt	8,9	

Marmor	2,52—2,85
Magnesium	1,74
Mennige	8,6 —9,1
Messing:	
gegossen	8,4 —8,7
gezogen	8,43—8,73
Porzellan	2,3
Schiefer	2,65—2,70
Schnee, lose	0,125
Schweißeisen	7,8
Speckstein	2,6 —2,8
Zink, gegossen	6,86
Zinn, gegossen	7,2

———

Benzin	0,68—0,70	
Petroleum (Leucht-) .	0,79—0,82	bei 15° C
Salzsäure, 10 % HCl .	1,05	
Schwefelsäure, 27 %		
$H_2 SO_4$	1,20	
Teer, Steinkohlen- . .	1,20	

Vorschrift

**für sämtliche bei der Montage oder Erhaltung der Ober-
leitung beschäftigten Monteure und Arbeiter.**

Es wird vor allem aufmerksam gemacht, daß alle Arbeiten an der Oberleitung sowohl bei Benutzung des Turmwagens, als auch der Leitern mit der größten Vorsicht vorgenommen werden müssen; insbesonders ist nachstehendes zu beachten:

1. Die an einem Turmwagen beschäftigten Monteure, Arbeiter und Kutscher haben sich den Anordnungen des leitenden Monteurs vollständig zu fügen.

2. Der leitende Monteur hat dafür Sorge zu tragen, daß die Verhaltungsvorschriften pünktlich und strengstens eingehalten werden.

3. Der Turmwagen muß nach Außerbetriebsetzung auf einem Orte aufgestellt werden, wo er dem Verkehr nicht hinderlich ist.

4. Wird der Turmwagen von oder zur Baustelle gefahren, so muß außer dem Kutscher stets ein mit dem Turmwagen vertrauter Arbeiter anwesend sein.

5. Alle Werkzeuge und Materialien sind in guter Ordnung zu halten und müssen stets unter Verschluß bleiben, wenn sie nicht gebraucht werden.

6. Unbefugte Personen sind vom Turmwagen fern zu halten; vor allem darf kein Stehenbleiben von Personen unter Drähten, an welchen gearbeitet wird, geduldet werden.

7. Die Turmwagen sind standsicher aufzustellen und müssen stets festgebremst sein. Die Pferde sind bei stillstehendem Turmwagen stets abzusträngen.

8. Um ein unbeabsichtigtes Anziehen der Pferde verhindern zu können, hat der Kutscher dieselben während der Arbeit stets im Auge zu behalten und darf sich von ihnen unter keinen Umständen entfernen.

9. Vor dem Anfahren des Turmwagens sind die am Wagen befindlichen Arbeiter von der beabsichtigten Bewegung durch lauten Zuruf in Kenntnis zu setzen. Erst nach erfolgter Bestätigung dieses Zurufs seitens der Arbeitenden am Turmwagen und erst nachdem der Kutscher die Worte: ›Achtung, der Wagen fährt an‹ laut und deutlich den Arbeitenden zugerufen hat, darf angefahren werden.

10. Der Turmwagen soll niemals auf der Innenseite einer Kurve aufgestellt werden.

11. Das Hinauswerfen von Montagegegenständen ist tunlichst zu vermeiden. Müssen dennoch Gegenstände vom Turmwagen geworfen werden, so sind die Umstehenden durch Warnungsrufe hierauf aufmerksam zu machen.

12. Der Antritt und die Fortsetzung der Arbeit darf nur vollkommen nüchternen Arbeitern gestattet werden. Jeder Arbeiter nimmt davon Kenntnis, dafs er aus Sicherheitsgründen von der Arbeit ausgeschlossen werden kann, sobald seine Nüchternheit angezweifelt wird.

13. Alle Werkzeuge und Materialien, namentlich die Montagegeräte, die Spannvorrichtungen und Flaschenzüge, insbesondere deren Seile, sind vor ihrer Verwendung auf ihre Festigkeit und Verläfslichkeit genau zu untersuchen.

14. Turmwagen oder andere Geräte, welche so stark beschädigt sind, dafs ihre Benutzung nicht vollkommen sicher erscheint, sind sofort aufser Gebrauch zu setzen; hauptsächlich ist darauf zu achten, dafs an den Leitern keine Sprossen fehlen. Ebenso sind die Holme und Sprossen vor dem Gebrauch auf ihre Sicherheit zu untersuchen.

15. Auf einer Leiter darf nur dann gearbeitet werden, wenn ein Mann am Fufse derselben aufgestellt ist, der ein etwaiges Ausrutschen der Leiter verhindert.

16. Der auf der Leiter Arbeitende hat zur Verhütung von Unfällen stets einen Sicherheitsgurt zu tragen und den Sicherheitshaken, wenn irgend tunlich, an einem haltbaren Gegenstande festzuhaken.

17. Beim Arbeiten auf dem Turmwagen sind alle an demselben vorgesehenen Schutzvorrichtungen wirksam zu erhalten. Das Stehen auf dem Geländer der Plattform sowie jede Arbeitsweise, bei welcher die Schutzvorrichtungen nicht zur Wirkung kommen können, ist unbedingt verboten.

18. Die Plattform des Turmwagens darf nur dann herabgelassen oder höher gezogen werden, wenn alle Leute die Plattform verlassen haben.

19. Arbeiten an stromführenden Leitungen sind mit großer Vorsicht vorzunehmen; jeder Arbeiter ist vom leitenden Monteur in Kenntnis zu setzen, daß die Leitung unter Strom ist.

20. Bei Arbeiten an einer stromführenden Leitung ist sorgfältigst zu vermeiden, einen mit der Erde in leitender Verbindung stehenden Gegenstand gleichzeitig mit der stromführenden Leitung zu berühren.

21. Unbefugte sind von stromführenden Leitungen gänzlich fern zu halten, und vor allem müssen herunterhängende stromführende Drähte sofort entfernt werden.

22. Bei eintretender Dunkelheit muß der Turmwagen genügend beleuchtet werden.

23. Das Liegenlassen von Materialien auf der Straße nach Schluß der Arbeitszeit zieht eine Bestrafung der betreffenden Arbeitsgruppe nach sich.

24. Das Füllen der Benzinfackeln sowie der Lötlampen darf nur bei Tage und nie in der Nähe einer offenen Flamme sowie nur in Gegenwart eines Monteurs vorgenommen werden. Letzterer wird für jede Ungehörigkeit im Gebrauche des Benzins zur Verantwortung gezogen.

25. Jeder Unfall ist unverzüglich dem bauleitenden Ingenieur anzuzeigen.

26. Falls eine vorgesehene Schutzvorrichtung nicht benutzt oder unwirksam gemacht wurde und sich hierbei ein Unfall ereignet, hat der Verunglückte die Verantwortung hierfür selbst zu tragen.

27. Sämtliche Monteure und Arbeiter haben den Anordnungen des Ingenieurs unweigerlich Folge zu leisten.

28. Sämtliche Monteure und Arbeiter haben durch Unterschrift zu bestätigen, daß sie obige Vorschriften gelesen und verstanden haben und daß ihnen ein Exemplar derselben ausgehändigt wurde.

Auszug aus den Sicherheitsvorschriften für elektrische Bahnanlagen.[1])

(Nach den Beschlüssen der XII. Jahresversammlung Deutscher Elektrotechniker zu Kassel. Juni 1904.)

Die hierunter stehenden Vorschriften gelten für die elektrischen Einrichtungen von Bahnanlagen, deren Betriebsspannung 1000 Volt gegen Erde nicht übersteigen kann.

Auf diejenigen Bahnanlagen oder Teile von solchen, bei denen die Spannung mehr als 1000 Volt gegen Erde beträgt, finden die Hochspannungsvorschriften sinngemäße Anwendung.

---

[1]) Veröffentlicht in der Elektrotechnischen Zeitschrift 1904, S. 462.

II.

Leitungsanlagen.

§ 2.

Für die Leitungsanlagen außerhalb der Kraftwerke und der Fahrzeuge gelten im allgemeinen die Sicherheitsvorschriften; an Stelle des § 23 derselben treten jedoch die folgenden Bestimmungen:

a) Für Bahnen sind wetterbeständig isolierte Freileitungen von mindestens 10 qmm Querschnitt zulässig.

b) Fahrleitungen und oberirdische Speiseleitungen, welche nicht auf Porzellan- oder Glasdoppelglocken verlegt sind, müssen gegen Erde doppelt isoliert sein. Bei Anwendung der sog. dritten Schiene als Fahrleitung ist es zulässig, Holz als zweite Isolation anzuwenden.

c) Leitungen und Apparate sind so anzubringen, daß sie ohne besondere Hilfsmittel nicht zugänglich sind. (Siehe auch unter f.)

d) Querdrähte jeder Art (Trag- und Zugdrähte), welche im Handbereich liegen, müssen gegen Spannung führende Leitungen doppelt isoliert sein.

e) Die Höhe der Luftleitungen über öffentlichen Straßen darf auf offener Strecke nicht unter 5 m betragen. Eine geringere Höhe ist bei Unterführungen zulässig, wenn geeignete Vorsichtsmaßregeln getroffen werden.

f) Bei elektrischen Bahnen auf besonderem Bahnkörper, soweit dieser dem Publikum nicht zugänglich ist, können die Leitungen (Drähte, Schienen usw.) in beliebiger Höhe verlegt werden, wenn bei der gewählten Verlegungsart die Strecke vom instruierten Personal ohne Gefahr begangen werden kann. An Haltestellen und Übergängen sind die Leitungen gegen zufällige Berührung durch das Publikum zu schützen und Warnungstafeln anzubringen.

g) Spannweite und Durchhang müssen derart bemessen werden, daß Gestänge aus Holz eine zehnfache und aus Eisen eine vierfache Sicherheit, Leitungen bei −20° C eine fünffache (bei Leitungen aus hartgezogenem Metall eine dreifache) Sicherheit dauernd bieten. Dabei ist der Winddruck mit 125 kg für 1 qm senkrecht getroffener Drahtfläche in Rechnung zu bringen. Freileitungen müssen mindestens 10 qmm Querschnitt haben.

h) Den örtlichen Verhältnissen entsprechend sind Freileitungen durch Blitzschutzvorrichtungen zu sichern, die auch bei wiederholten atmosphärischen Entladungen wirksam bleiben. Es ist dabei auf gute Erdleitung Bedacht zu nehmen. Fahrschienen können als Erdleitung benutzt werden.

i) Die Fahrdrähte sind mittels Streckenisolatoren in einzelne durch Ausschalter abschaltbare Abschnitte zu teilen, deren Länge in dichtbebauten Straßen in der Regel nicht über 1 km, in wenig bebauten Straßen nicht über 2 km betragen soll. Auf eigenem Bahnkörper und auf offenen Landstraßen können die Ausschalter entbehrt werden.

k) Speiseleitungen, welche Spannung gegen Erde führen, müssen im Kraftwerk von der Stromquelle und an den Speisepunkten von den Fahrleitungen abschaltbar sein.

l) Die Streckenausschalter müssen, soweit sie ohne besondere Hilfsmittel erreichbar sind, mit abschließbaren und verschlossen zu haltenden Schutzkasten versehen sein.

m) Die Lage der Ausschalter muß leicht kenntlich gemacht werden.

n) Bezüglich der Sicherung vorhandener Telephon- und Telegraphenleitungen gegen Störungen durch elektrische Bahnen wird auf § 12 des Telegraphengesetzes vom 6. April 1892 verwiesen.

§ 3.

a) Luftweichen müssen so eingerichtet sein, daß sich ein Stromabnehmer auch nach dem Entgleisen nicht festklemmen kann.

b) Luftweichen sind an der Abzweigstelle zu verankern.

c) Fahrdrahtkreuzungen sind so auszuführen, daß der Stromabnehmer im normalen Betrieb den kreuzenden Fahrdraht nicht berührt.

§ 4.

a) Der Isolationswiderstand der einzelnen Teilstrecken von oberirdischen Fahrdrähten muß bei Regenwetter und mit der Betriebsspannung gemessen mindestens 10000 Ohm für das km einfacher Länge betragen.

b) In mindestens halbjährigen Zwischenräumen sollen besondere Kontrollmessungen vorgenommen werden; über den Befund der Messungen ist Buch zu führen.

c) In mindestens halbjährigem Turnus sind die Isolationspunkte durchzumessen.

§ 5.

Bei Bahnen nach dem Zweileitersystem, deren Schienen als
Leitung dienen, ist, sofern kein regelmäfsiger Polaritätswechsel stattfindet, der negative Pol der Dynamomaschine mit der Gleisanlage zu
verbinden.

§ 6.

Es ist dafür zu sorgen, dafs Gleise, welche dem Publikum zugänglich sind, keine für Menschen oder Tiere gefährliche Spannung
gegen Erde annehmen können.

Anhang.

Kosten der Oberleitungen elektrischer Bahnen.

Bei den elektrischen Strafsenbahnen sind die Kosten der Oberleitungen sehr gering im Verhältnis zu den Kosten des Oberbaues und meist auch den Kosten des Wagenparkes; sie sind ferner sehr verschieden, je nach der Ausführungsart des Tragwerks, dem Material und der Ausstattung der Maste. In verbauten Strafsen können die Quer- und Spanndrähte vielfach an den Häusern befestigt werden, wodurch die Oberleitung billig wird, während man auf freiem Felde Maste aufstellen mufs. Für die Kurvenstrecken, Weichen u. dgl. benötigt man sehr starke Maste und viel Spannmaterial, die Oberleitung wird daher teurer als in geraden Strecken.

Im nachstehenden ist das nötige Oberleitungsmaterial für je einen Kilometer gerader ein- und zweigleisiger Strecke übersichtlich zusammengestellt. Durch Einsetzen der jeweiligen Marktpreise können die Kosten leicht ermittelt werden. Für Kurvenstrecken, Weichen usw. wird man das Material fallweise ermitteln und dann die Kosten bestimmen.

A. Eingleisige gerade Strecke.

I. Tragwerk.

a) Ausführung: Wandplatten an den Häusern.

1. 60 Stück Wandplatten mit Befestigungsschrauben und Gabelösen (Fig. 14a). 100—150 kg Zug . . . . M. ——
2. 60 Stück Schalldämpfer (Fig. 17) . . . . » ——
3. Anbringung der Wandplatten und Schalldämpfer . . . . . » ——
4. Anstrich der Wandplatten . . . . » ——

Summe a) M. ——

b) Ausführung: Holzmaste.

1. 60 Stück imprägnierte Holzmaste, 16—20 cm Zopfstärke, mit
   Querriegeln . . . . M. ——
2. 60 Stück Schellen aus Bandeisen, zum Einhängen der Querdrähte passend . . . . » ——
3. Aufstellen und Einschottern der Maste . . . . » ——
4. Anstrich der Maste und Schellen . . . . » ——

Summe b) M. ——

c) Ausführung: Gittermaste.

1. 60 Stück Gittermaste GI (Fig. 28) . . . . M. ——
2. 60　›　Zierköpfe hierzu . . . . › ——
3. 60　›　Schellen mit Gabelösen (Fig. 14a) . . . . › ——
4. Aufstellen und Einbetonieren der Maste . . . . › ——
5. Anstrich der Maste, Zierköpfe und Schellen . . . . › ——

Summe) c　M. ——

d) Ausführung: Rohrmaste.

1. 60 Stück Rohrmaste, 100—150 kg Zug am oberen Ende . . M. ——
2. 60　›　Ziersockel (Fig. 25) . . . . › ——
3. 60　›　untere Zierringe (Fig. 25) . . . . › ——
4. 60　›　obere　　›　(　›　›　) . . . . › ——
5. 60　›　Zierkappen (Fig. 25) . . . . › ——
6. 60　›　Schellen mit Gabelösen (Fig. 24 u. 14a). . . . . › ——
7. Aufstellen und Einbetonieren der Maste . . . . › ——
8. Anstrich für 1—6 . . . . ›. ——

Summe d)　M. ——

e) Ausführung: Holzmaste mit Auslegern.

1. 30 Stück imprägnierte Holzmaste, 18 cm Zopfstärke . . . . › ——
2. 30　›　Ausleger samt Befestigungsschrauben . . . . . › ——
3. Aufstellen und Einschottern der Maste, Montieren der Ausleger › ——
4. Anstrich der Maste und Ausleger . . . . › ——

Summe e)　M. ——

f) Ausführung: Gittermaste mit Auslegern.

1. 30 Stück Gittermaste (GI) mit Auslegern und Zierköpfen . M. ——
2. Aufstellen und Einschottern der Maste . . . . › ——
3. Anstrich der Maste und Ausleger . . . . › ——

Summe f)　M. ——

g) Ausführung: Rohrmaste mit Auslegern.

1. 30 Stück Rohrmaste (I) mit Auslegern und Zierköpfen . . . M. ——
2. Aufstellen und Einbetonieren der Maste . . . . › ——
3. Anstrich der Maste und Ausleger . . . . › ——

Summe) g　M. ——

II. Hängewerk.

h) Für Wandplatten oder Maste.

1. 60 Stück Wirbelisolatoren (Fig. 32) . . . . M. ——
2. 400 m Querdraht (Stahldraht, 5 mm ϕ, verzinkt) . . . . . › ——
3. 30 Stück Aufhängungen oder Halter (Fig. 37—40) . . . . . › ——
4. 30　›　Klemmen oder Ösen (Fig. 52—56) . . . . . . › ——
5. 1025 m Fahrdraht (460 kg Hartkupfer, 8 mm ϕ) . . . . . › ——
6. Montierung der 30 Stück Querdrähte . . . . › ——
7.　›　　des Fahrdrahtes . . . . › ——

Summe h)　M. ——

i) Für Maste mit Auslegern.

1. 60 Stück kleine Wirbelisolatoren . . . . M. ——
2. 65 m Querseil (Stahlseil, 6 mm φ, verzinkt) . . . . ＞ ——
3. 30 Stück Aufhängungen oder Halter (Fig. 37—40) . . . . . ＞ ——
4. 30 ＞ Klemmen oder Ösen (Fig. 52—56) . . . . ＞ ——
5. 1025 m Fahrdraht (460 kg Hartkupfer, 8 mm φ) . . . . . ＞ ——
6. Montierung der 30 Stück Querseile . . . . ＞ ——
7. ＞ des Fahrdrahtes . . . . ＞ ——

Summe i) M. ——

III. Streckentrennung.

1. 1 Stück Streckenisolator (Fig. 74—77) . . . . M. ——
2. 1 ＞ Streckenausschalter (Fig. 79) . . . . ＞ ——
3. 7—15 m gummiisoliertes Kabel $SGU\,2 \times 60$ zur Verbindung
   der Streckenisolatoren mit den Streckenausschaltern . . . ＞ ——
4. 2 Stück Spannschlösser (Fig. 34—36) . . . . ＞ ——
5. 2 ＞ Ankerklemmen oder Ankerösen (Fig. 60, 61) . . . ＞ ——
6. 75 m Spanndraht (Stahldraht 6 mm φ, verzinkt) . . . . . ＞ ——
7. Montage . . . . ＞ ——

Summe III M. ——

IV. Blitzschutz.

1. 1 Stück Blitzableiter mit (Drosselspule und) Erdwiderstand . M. ——
2. 3—10 m Verbindungskabel $SGU\,35$ vom Fahrdraht zum Blitzableiter . . . . ＞ ——
3. 9—16 m Verbindungsleitung B 35 vom Blitzableiter zu den
   Fahrschienen (Erde) . . . . ＞ ——
4. 1 Stück Anschlußklemme zum Fahrdraht (Fig. 57, 58, 59) . ＞ ——
5. 1 ＞   ＞   zu der Fahrschiene . . . . ＞ ——
6. Montage, Löt- und Kleinmaterial . . . . ＞ ——

Summe IV M. ——

V. Telephonschutz.

Das Material muſs fallweise ermittelt werden.

VI. Schienenverbindungen.

(Schienenlänge mit 10 m angenommen.)

1. 200 Stück Schienenlängsverbindungen . . . . M. ——
2. 30 ＞ Schienenquerverbindungen für . . . . Spurweite . . ＞ ——
3. — ＞ Geleiseverbindungen für . . . . m Geleiseentfernung
   (nur für die Weichen) . . . . ＞ ——
4. — ＞ Verbindungen für Weichen und Kreuzungen . . ＞ ——
5. — ＞ Anschlußbügel für die Rückleitungskabel . . . ＞ ——
6. Montage, Löt- und Kleinmaterial . . . . ＞ ——

Summe VI M. ——

B. Zweigleisige gerade Strecke.

I. Tragwerk.

m) Ausführung: Wandplatten an den Häusern.

1. 60 Stück Wandplatten mit Befestigungsschrauben und Gabelösen (Fig. 14a), 200—300 kg Zug . . . . M. ——
2. 60 Stück Schalldämpfer (Fig. 17) . . . . » ——
3. Anbringung der Schalldämpfer . . . . » ——
4. Anstrich der Wandplatten . . . . » ——

Summe m) M. ——

n) Ausführung: Holzmaste.

1. 60 Stück imprägnierte Holzmaste, 18—22 cm Zopfstärke, mit
   Querriegeln . . . . M. ——
2. 60 Stück Schellen aus Bandeisen, zum Einhängen der Querdrähte passend . . . . » ——
3. Aufstellen und Einschottern der Maste . . . . » ——
4. Anstrich der Holzmaste und Schellen . . . . » ——

Summe n) M. ——

o) Ausführung: Gittermaste.

1. 60 Stück Gittermaste, G_{II} . . . . M. ——
2. 60 » Zierköpfe hierzu . . . . » ——
3. 60 » Schellen mit Gabelösen (Fig. 14a) . . . . . » ——
4. Aufstellen und Einbetonieren der Maste . . . . » ——
5. Anstrich der Maste, Zierköpfe und Schellen . . . . . . » ——

Summe o) M. ——

p) Ausführung: Rohrmaste.

1. 60 Stück Rohrmaste für 200—300 kg Zug am oberen Ende . M. ——
2. 60 » Ziersockel (Fig. 25) . . . . » ——
3. 60 » untere Zierringe (Fig. 25) . . . . » ——
4. 60 » obere » (» 25) . . . . » ——
5. 60 » Zierkappen (Fig. 25) . . . . » ——
6. 60 » Schellen mit Gabelösen (Fig. 24 u. 14a) . . . . » ——
7. Aufstellen und Einbetonieren der Maste . . . . » ——
8. Anstrich für 1—6 . . . . » ——

Summe p) M. ——

q) Ausführung: Holzmaste mit Doppelauslegern.

1. 30 Stück imprägnierte Holzmaste, 18 cm Zopfstärke . . . M. ——
2. 30 » Doppelausleger samt Befestigungsschrauben . . . . » ——
3. Aufstellen und Einschottern der Maste, Montieren der Ausleger » ——
4. Anstrich der Maste und Ausleger . . . . » ——

Summe) q M. ——

r) **Ausführung: Gittermaste mit Doppelauslegern.**

1. 30 Stück Gittermaste (G$_I$) mit Doppelauslegern u. Zierköpfen   M.   ——
2. Aufstellen und Einschottern der Maste . . . .   ›   ——
3. Anstrich der Maste und Auslage . . . .   ›   ——

Summe r)   M.   ——

s) **Ausführung: Rohrmaste mit Doppelauslegern.**

1. 30 Stück Rohrmaste (I) mit Doppelauslegern und Zierköpfen   M.   ——
2. Aufstellen und Einbetonieren der Maste . . . .   ›   ——
3. Anstrich der Maste und Ausleger . . . .   ›   ——

Summe s)   M.   ——

II. Hängewerk.

t) Für Wandplatten oder Maste.

1. 60 Stück Wirbelisolatoren (Fig. 32) . . . .   M.   ——
2. 600 m Querdraht (Stahldraht, 5 mm ϕ, verzinkt) . . . . .   ›   ——
3. 60 Stück Aufhängungen oder Halter (Fig. 37—40) . . . .   ›   ——
4. 60 › Klemmen oder Ösen (Fig. 52—56) . . . .   ›   ——
5. 2050 m Fahrdraht (920 kg Hartkupfer, 8 mm ϕ) . . . . .   ›   ——
6. Montierung der 30 Stück Querdrähte . . . .   ›   ——
7. › des Fahrdrahtes . . . .   ›   ——

Summe t)   M.   ——

u) Für Maste mit Doppelauslegern.

1. 120 Stück kleine Wirbelisolatoren . . . .   M.   ——
2. 130 m Querseil (Stahlseil, 6 mm ϕ, verzinkte Drähte) . . .   ›   ——
3. 60 Stück Aufhängungen oder Halter (Fig. 37—40) . . . .   ›   ——
4. 60 › Klemmen oder Ösen (Fig. 52—56) . . . .   ›   ——
5. 2050 m Fahrdraht (920 kg Hartkupfer, 8 mm ϕ) . . . . .   ›   ——
6. Montierung der 60 Stück Querseile . . . .   ›   ——
7. › des Fahrdrahtes . . . .   ›   ——

Summe u)   M.   ——

III. Streckentrennung.

1. 2 Stück Streckenisolatoren (Fig. 74—77) . . . .   M.   ——
2. 2 › Streckenausschalter (Fig. 79) . . . .   ›   ——
3. 14—30 m gummiisoliertes Kabel $SGU2\times60$ zur Verbindung der Streckenisolatoren mit den Streckenausschaltern . . .   ›   ——
4. 4 Stück Spannschlösser (Fig. 34—36) . . . .   ›   ——
5. 4 › Ankerklemmen oder Ankerösen (Fig. 60, 61) . . .   ›   ——
6. 150 m Spanndraht (Stahldraht, 6 mm ϕ, verzinkt) . . . . .   ›   ——
7. Montage . . . .   ›   ——

Summe III   M.   ——

IV. Speisepunkt mit Streckentrennung.

1. 2 Stück Streckenisolatoren (Fig. 74—77) . . . . M. ——
2. 4   »   Streckenausschalter (Fig. 79) . . . . » ——
3. 14—30 m gummiisoliertes Kabel $SGU\,2 \times 60$ zur Verbindung
   der Streckenisolatoren mit den Streckenausschaltern . . . » ——
4. 4 Stück Spannschlösser (Fig. 34—36) . . . . » ——
5. 4   »   Ankerklemmen oder Ankerösen (Fig. 60, 61) . . . » ——
6. 150 m Spanndraht (Stahldraht, 6 mm ϕ, verzinkt) . . . . » ——
7. Montage . . . . » ——

                        Summe IV M. ——

V. Blitzschutz.

Siehe eingleisige Strecke.

VI. Telephonschutz.

Das Material mufs fallweise ermittelt werden.

VII. Schienenverbindungen.

(Schienenlänge mit 10 m angenommen.)

1. 400 Stück Schienenlängsverbindungen . . . . M. ——
2. 60 »   Schienenquerverbindungen für . . . m Spurweite . » ——
3. 20 »   Geleiseverbindungen für . . . . m Geleiseentfernung » ——
4. — »   Verbindungen für Weichen und Kreuzungen . . » ——
5. — »   Anschlufsbügel für die Rückleitungskabel . . . . » ——
6. Montage, Löt- und Kleinmaterial . . . . » ——

                        Summe VII » ——

Berichtigung.

Seite 37 erste Zeile, statt 40 m mufs es heifsen 100 m.

  » 80 statt $\dfrac{\pi}{32}\dfrac{d_1{}^4 - d_2{}^4}{d}$ soll es heifsen $\dfrac{\pi}{32}\dfrac{d_1{}^4 - d_2{}^4}{d_1}$.

  » 82 in der Fig. 113 soll links statt h h' stehen.

  » 87 in der Fig. 116 fehlt der Buchstabe w für die Spannweite.

TAFEL I OBERIRDISCHE STROMZUFÜHRUNG

für Bügelsystem.

1. Verspannung des Fahrdrahtes in geraden Strecken (im Zickzack)

Mastendistanz: 35m · 35m · 35m · 35m · 35m · 35m · 35m · 35m

$Z_1 = P\frac{s}{r} = 500\frac{s}{r}$

$Z_2 = 2\,Z_1$

3. Schleifbügel

Schleiflänge des Bügels = 1100 mm

Höhe „   „   = H + 0·300 m

H = höchster Punkt des Fahrdrahtes u.m über Schienenoberkante

Fahrdraht

Schienenoberkante

2. Verspannung des Fahrdrahtes in Curven.

$\left(\tfrac{s}{2}\right)^2 = (r+a)^2 - (r-a)^2$

$s = 4\sqrt{r\cdot a}$

$s = 2\cdot4\sqrt{r}\ \text{fur}\ a = 0\cdot30.$

r = Curvenradius

s = Länge der Sehne

Z_1 = Curvenzug bei einem Fahrdrahte und

Z_2 = Curvenzug bei zwei Fahrdrähten für eine Spannung von 500 kg = P

Bei r<60 soll s so klein als praktisch zulässig angenommen werden.

$s = 2\cdot4\sqrt{r}$

r m	s m	Z_1 kg	Z_2 kg
15	7	333	466
20	8·5	212	424
25	9·5	190	380
30	11	183	366
40	13·5	169	338
50	15	155	310
60	17	142	284
75	19	126	252
100	22	110	220
125	24·5	98	196
150	27	90	180
200	31	78	156
250	35	70	140
300	38	63	126

7. Brückenabspannung bis 100 m Spannweite

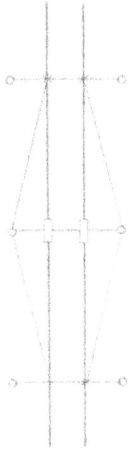

8. Abspannung einer einfachen Weiche.

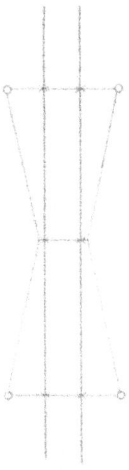

9 Aufhängung in kurzen eingleisigen Strecken.

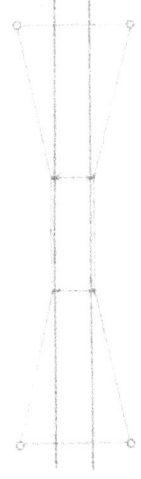

10. Abspannung einer doppelten Weiche

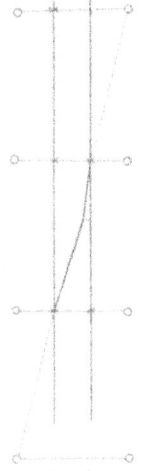

11 Endabspannung einer Curve

12. Curvenverspannung.

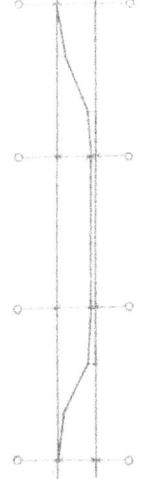

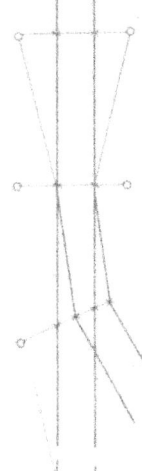

Aus Paschenrieder: Oberleitungen.

Verlag v. R. Oldenbourg München u. Berlin.

TAFEL II.   I-MAST MIT AUSLEGER.

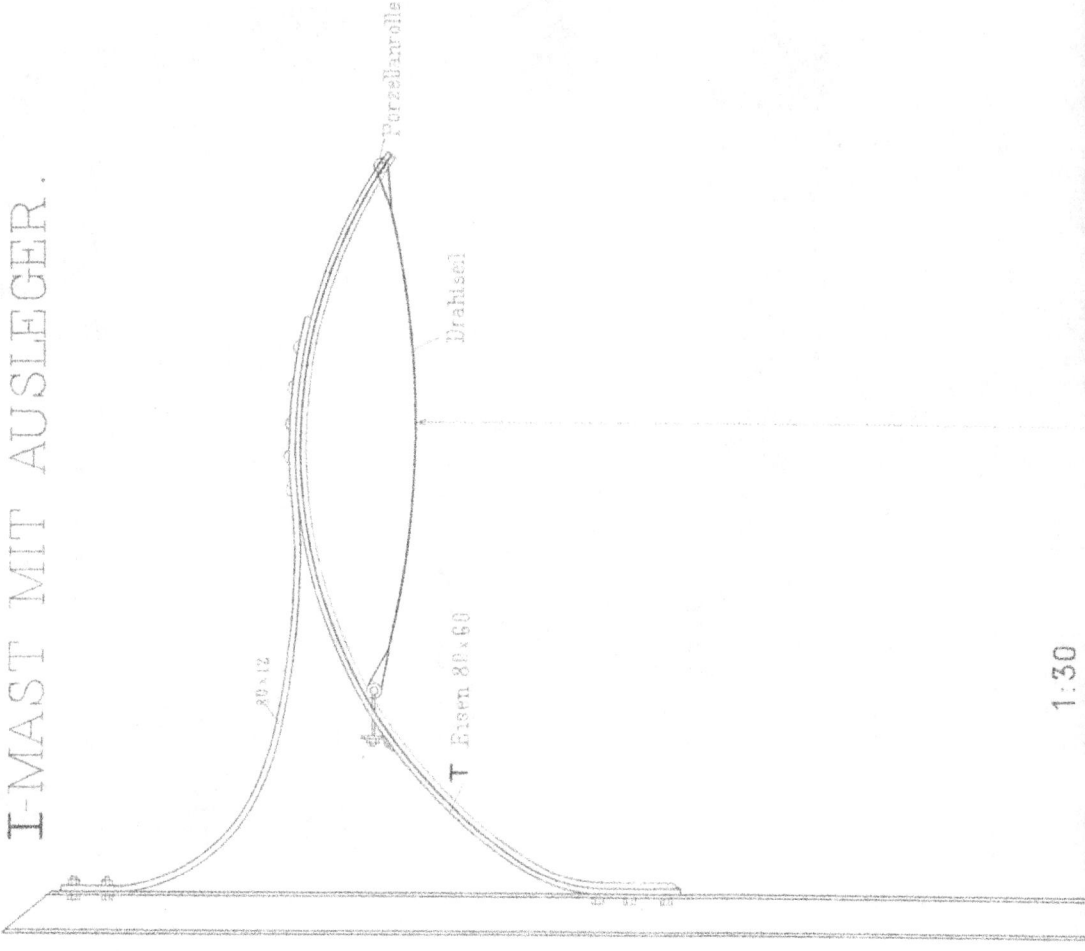

1:30

Verlag v. R. Oldenbourg München u. Berlin.

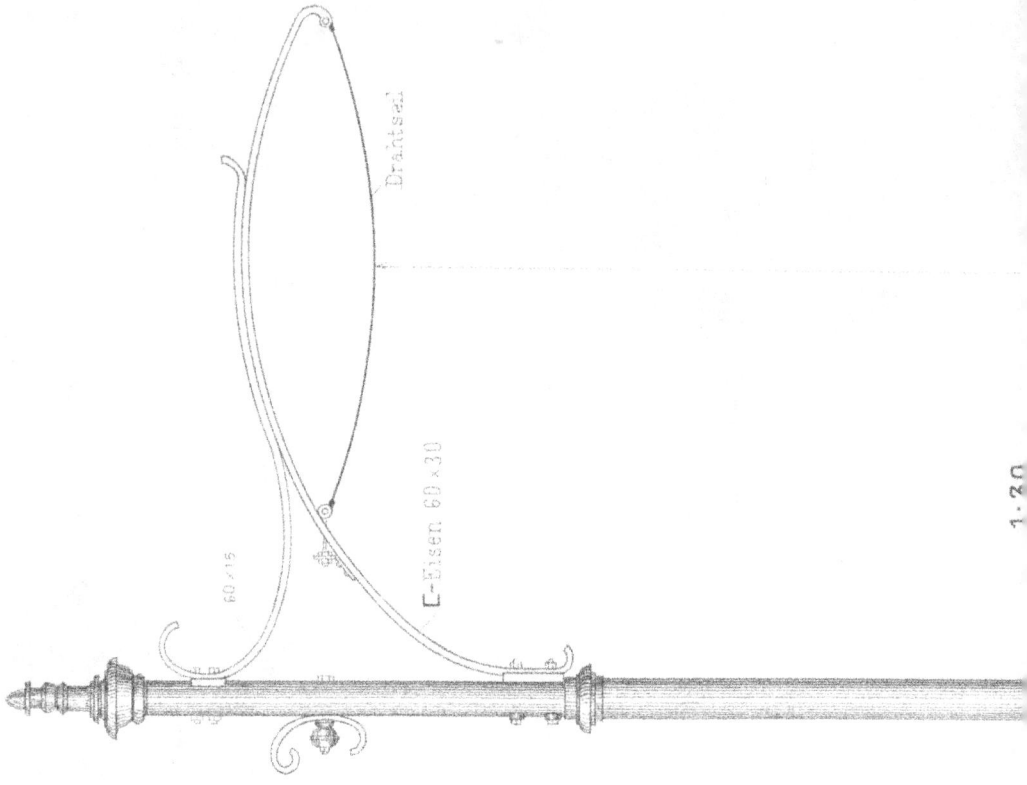

TAFEL II ROHRMAST MIT AUSLEGER.

60×15

C-Eisen 60×30

Drahtseil

1:20

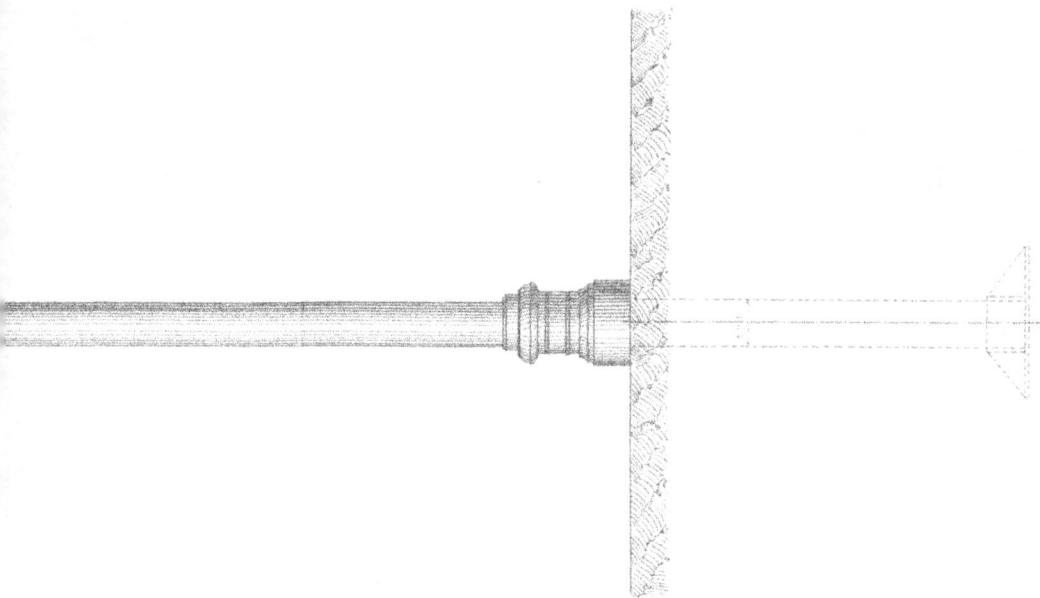

Verlag v. R. Oldenbourg, München u. Berlin

Aus Plessner=... der Oberleitungen

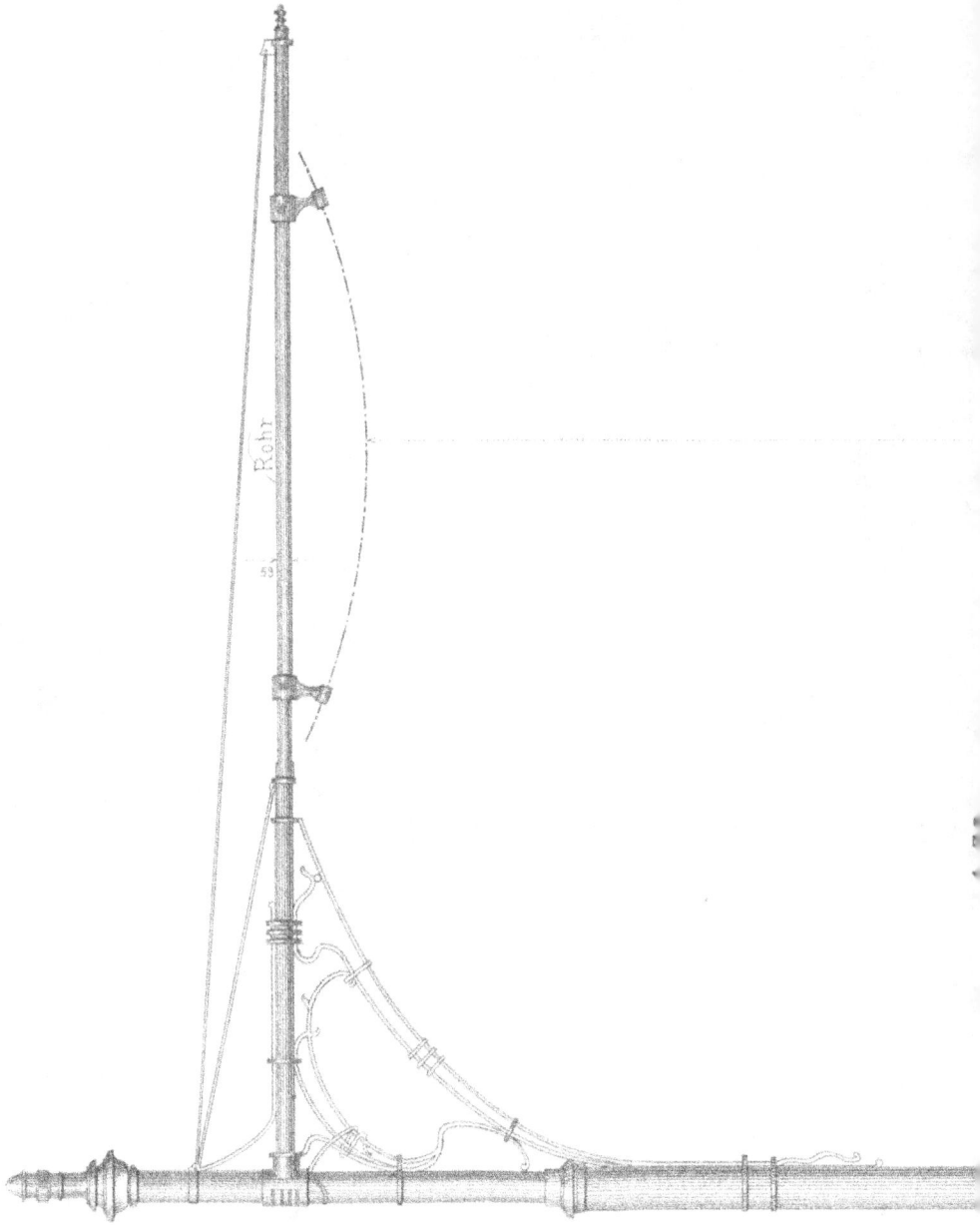

Rohr

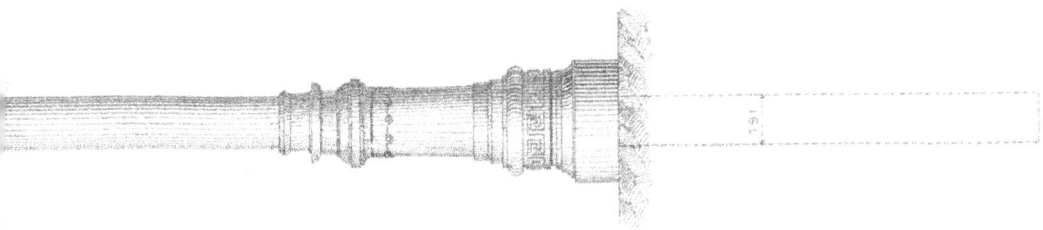

Verlag v. R. Oldenbourg München u. Berlin.

Aus: Poschenrieder Oberleitungen

TAFEL V. HOLZMAST MIT DOPPELAUSLEGER.

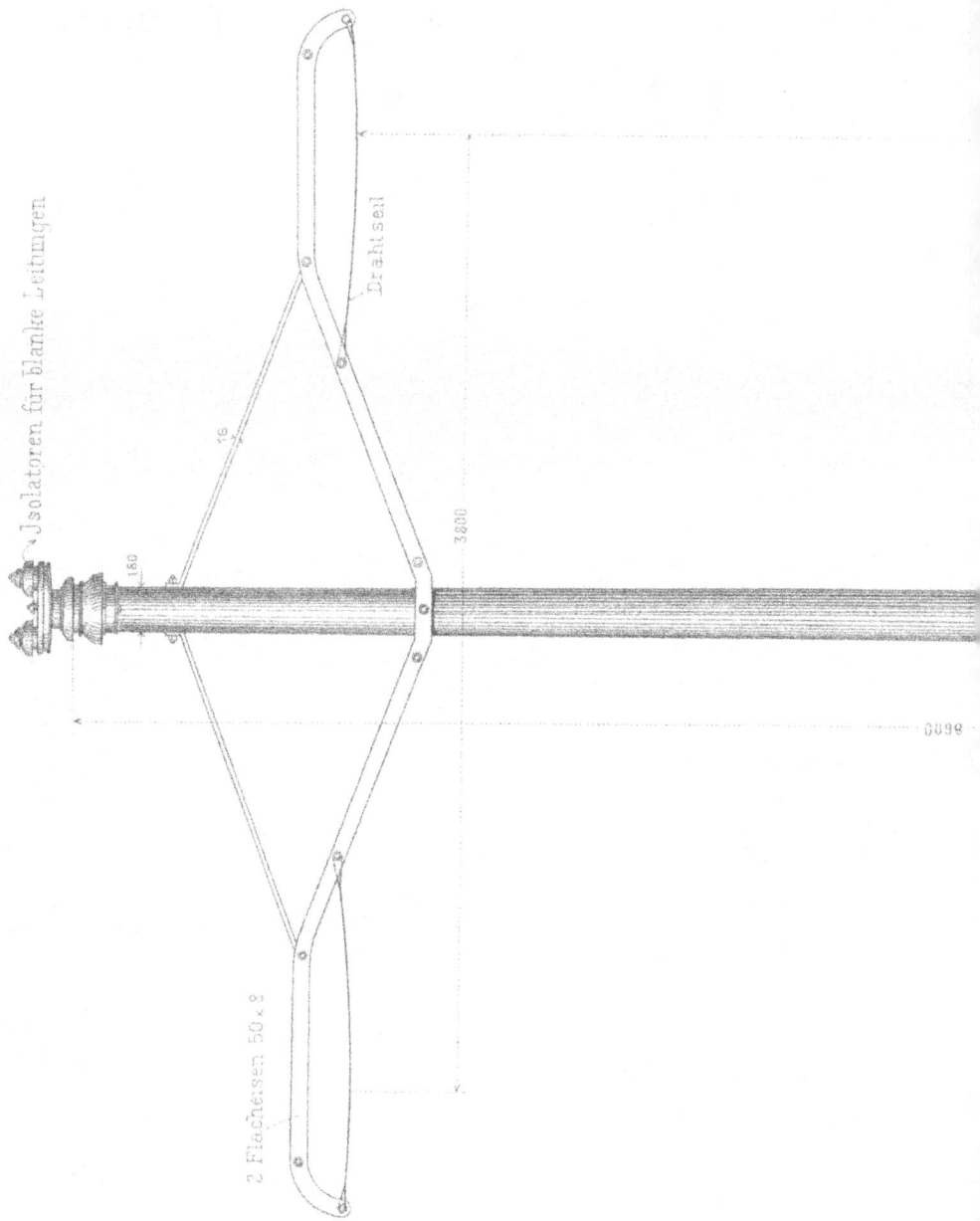

Jsolatoren für blanke Leitungen

Drahtseil

2 Flacheisen 50 × 8

160

3800

6090

1600

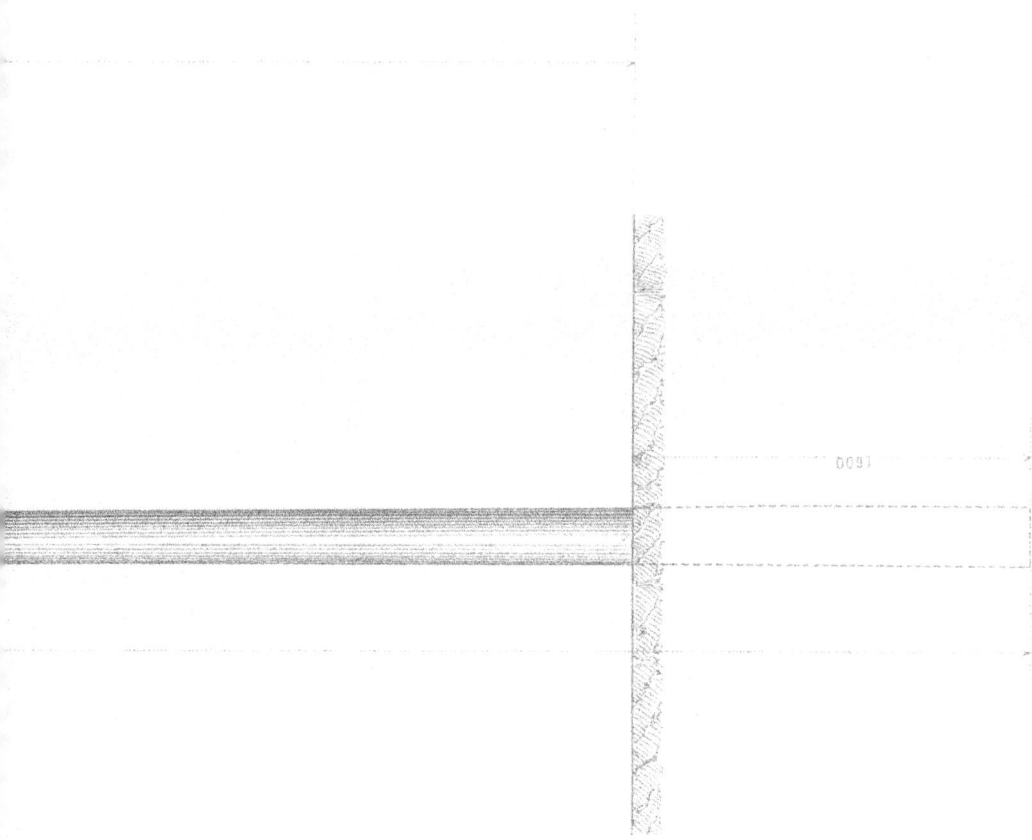

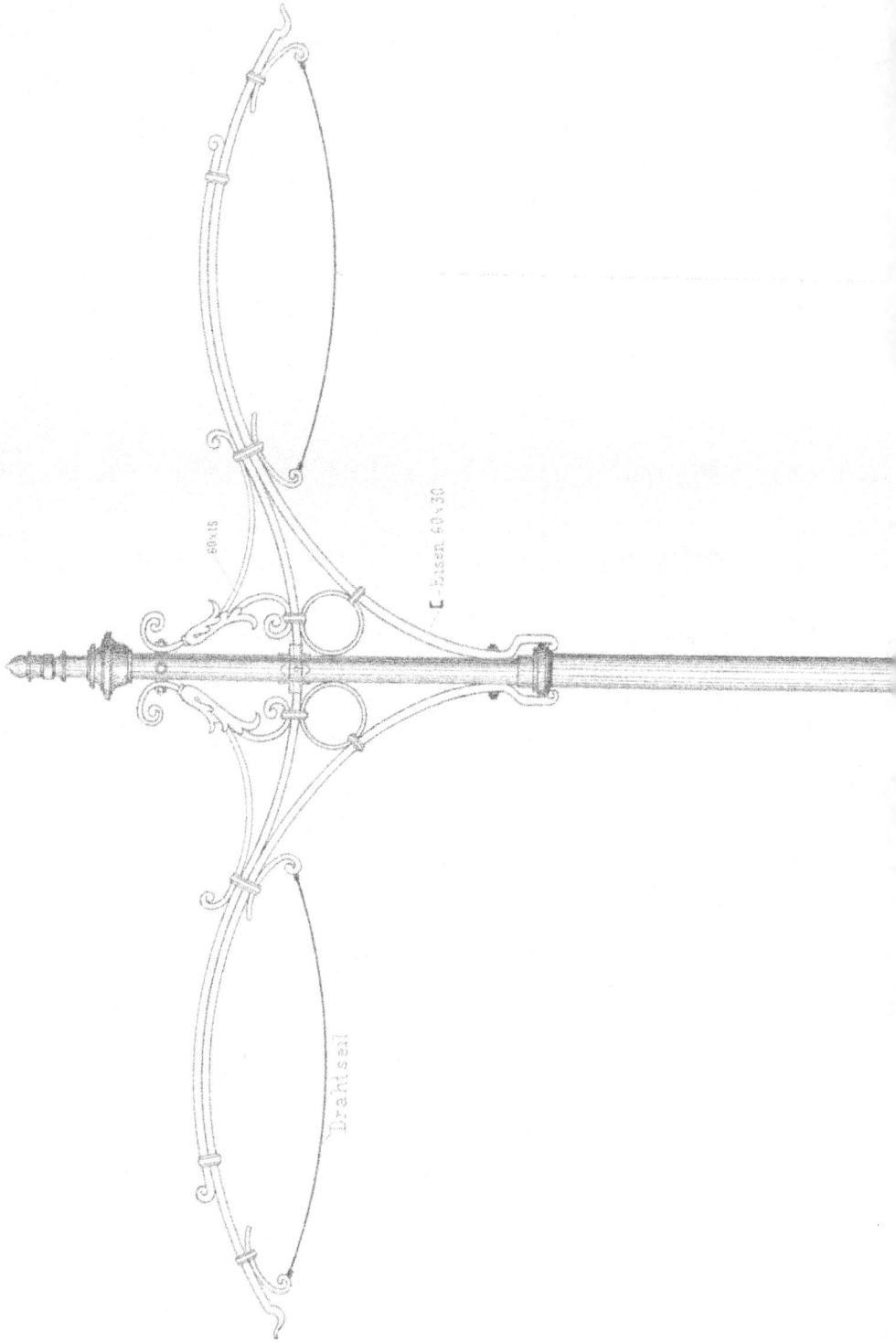

60×15

[- Eisen 60×30

Drahtseil

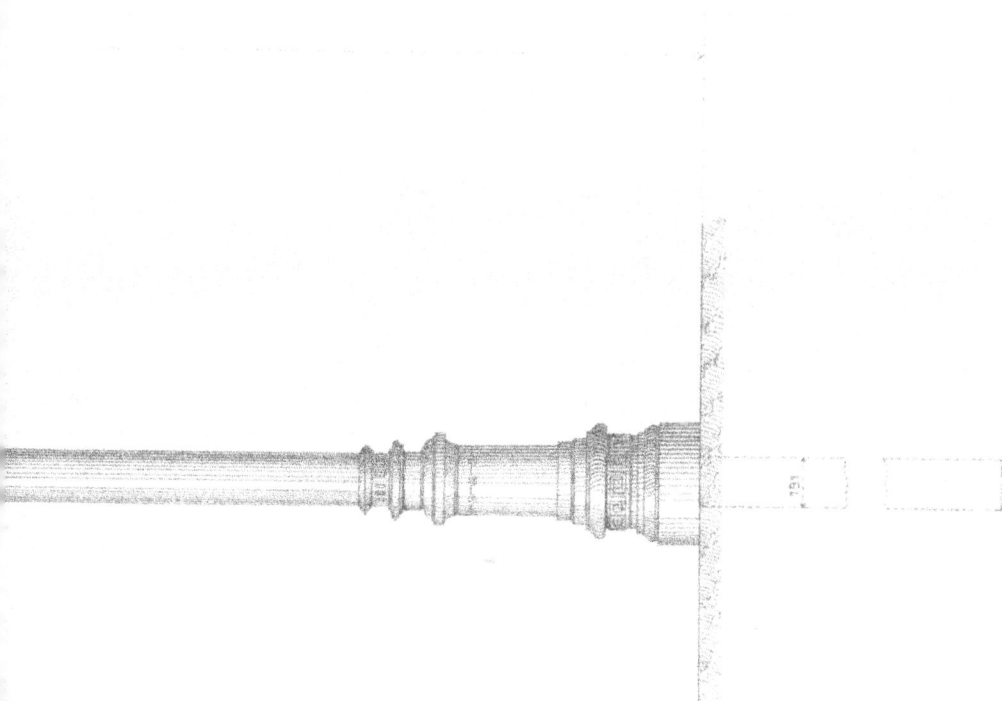

Aus Poschenrieder, Oberbettingen.

Verlag v. R. Oldenbourg München u. Berlin.

www.ingramcontent.com/pod-product-compliance
Lightning Source LLC
Chambersburg PA
CBHW081539190326
41458CB00015B/5597